◆ 南方电网广东广州供电局
《电力数据网运维方法研究（030110KK52220002）》项目资助成果

电力数据网运维实战

林泽兵◎编著

中国电力出版社
CHINA ELECTRIC POWER PRESS

图书在版编目（CIP）数据

电力数据网运维实战 / 林泽兵编著 . -- 北京：中国电力出版社，2023.4

ISBN 978-7-5198-7586-2

Ⅰ . ①电…　Ⅱ . ①林…　Ⅲ . ①电力通信网—研究　Ⅳ . ① TM73

中国国家版本馆 CIP 数据核字（2023）第 031968 号

出版发行：中国电力出版社
地　　址：北京市东城区北京站西街 19 号（邮政编码 100005）
网　　址：http://www.cepp.sgcc.com.cn
责任编辑：周天琦（010-63412243）
责任校对：黄　蓓　马　宁
装帧设计：赵丽媛
责任印制：钱兴根

印　　刷：望都天宇星书刊印刷有限公司
版　　次：2023 年 4 月第一版
印　　次：2023 年 4 月北京第一次印刷
开　　本：710 毫米 ×1000 毫米　　16 开本
印　　张：21.25
字　　数：288 千字
定　　价：75.00 元

前 言

PREFACE

随着电力系统数字化、智能化的发展，电力通信网络作为基础支撑网络，与电力一次系统同时规划、同时建设、同时投运，为电力生产、办公等各类业务提供了可靠、安全的通信通道。鉴于电力系统安全性、可靠性、保密性方面的要求，电力通信网通常以专网的形式部署，并且具备自身独特的部署特点与运行方式。从通信专业的角度出发，电力通信网通常可以分为传输网、数据网、语音视频网等几个大方向，其中传输网、数据网是主体网络，数据网更是占了半壁江山。

为了持续提高电力数据网运维人员的技能水平，以南方电网公司为例，公司总部及各子公司每隔 4 年均会举办一次电力通信专业技能竞赛，通过“以赛促培、以赛促练”的方式，培养了一批批技术骨干，有效地促进了网络管理水平和运维保障能力的稳步提升。

笔者目前就职于广东电网有限责任公司下属的地市供电局，多年来一直在一线生产岗位从事电力通信设备运维工作，积累了丰富的运维经验，先后获得“中央企业技术能手”“广东省技术能手”等多个荣誉称号。

笔者平常在学习工作过程中，感觉到数据网涉及的协议多，每一个协议要学懂不难，但要学深不易。目前国内主流的数据网厂商包括华为、华三等，它们均有自身的认证考试体系，但它们的认证书籍很多时候并没有深入地讲解，一些知识点在书中不会提及，需要读者通过实验或日常运维才能发现。同时，通过多次的竞赛比武，笔者也总结了一套经过实践检验、行之有效的竞赛“套路”，因此萌生了把自己的笔记、总结的方法编辑成书的想法。

本书不是一本入门书籍，建议读者们具备 H3CNE/HCIA(Datacom) 认证或同等级别的技术水平。同时由于数据网厂商较多，不同厂商或者同一厂商不同设备版本在协议的实现细节中都可能存在一定差异，因此本书将以华三设备为例进行介绍，所使用的设备系统版本为 Version 7.1.064（0821P02）或 Version 7.1.075。同时，为了更加聚焦技术细节，书中不对路由器、交换机、网桥以及帧（Frame）、报文（Packet）等标准写法作具体区分。

本书主要定位于电力数据网竞赛备赛及日常运维实战参考学习手册，不仅包含了竞赛常用协议的主要考点等理论知识，还融入了各类日常运维或竞赛过程中常见故障的排查方法。此外，书中包含的很多知识点也是认证考试的考点，可供参加相应认证考试的读者参考学习。

本书具体可以分为以下三大部分：

第 1 章以笔者所在的南方电网公司为例，介绍了电力数据网的网络架构、承载业务以及网络安全防护等内容，从而帮助读者对电力数据网有整体的认识。

第 2 ~ 第 8 章对 OSPF、BGP、MPLS 等日常运维及竞赛场景中常用的协议进行了探讨，详细介绍了各个协议的主要知识点以及各类常见故障的排查流程。

第 9 章包含了 9 道实操模拟考题，练习题均基于华三研发的网络模拟器“华三云实验室”（H3C Cloud Lab，简称 HCL）部署，读者可以使用随书附带的工程文件、预配置以及正确配置，随时随地开展练习。第 9 章的最后一节，详细介绍了笔者总结的竞赛实操解题思路，供读者参考。

本书的目标读者主要包括以下三类：

（1）电力数据网竞赛的参赛选手。在中电联、各级电力公司举办的电力通信专业竞赛中，电力数据网运维方向均占据很大比重。本书紧紧围绕竞赛涉及的考点，同时结合 9 道实操模拟考题，配合笔者总结的排障方法论，可以使读者快速提升自己的技能水平，为竞赛做好准备。

（2）参加相应认证考试的考生。书中涉及的很多知识点，都是认证考试中会考到但相关培训辅导材料不涉及的内容，可供考生在考前参考学习。

（3）电力通信网生产运维人员。书中介绍的理论知识和排障方法，在电力数据网日常生产运维过程中也会用到。本书的实操模拟考题，也可帮助读者提升自己的技能水平，从而更好地从事日常运维工作。

鉴于笔者水平和时间有限，书中难免有错误和遗漏的地方，希望各位读者给予批评指正。如果您在阅读中发现问题，可以随时通过邮箱 linzebing@126.com 与笔者联系。

林泽兵

2022 年 10 月

目　录

CONTENTS

1

基础知识

1.1 电力系统

电力系统是指由发电厂、输电网络、变电站、配电网络、用电网络等“发、输、变、配、用”多个环节组成的电能生产和消费系统。电力系统可以分为电力一次系统和电力二次系统。电力一次系统包括输电线路、变压器、断路器等发电、输电、变电、配电设备，主要作用是完成电能的输送。电力二次系统包括继电保护、安稳控制、通信网络、调度自动化等系统，主要作用是实现运维人员对电力一次系统的监视和控制。

通信网作为电力二次系统的重要组成部分，为包括继电保护、安稳控制在内的其他电力二次系统提供大带宽、高可靠的通信通道，以实现不同厂站间的控制信息交互，为实现电力系统数字化、智能化控制提供底层支撑。

1.2 电力通信网概述

根据《电力二次系统安全防护规定》(国家电力监管委员会第5号令)，电力企业按照“安全分区、网络专用、横向隔离、纵向认证”的原则进行业务分区、网络建设和安全防护。以电网企业为代表的各类电力企业，通常将各类二次业务系统划分为生产控制大区和管理信息大区两个大区，其中生产控制大区又进一步划分为控制区（安全Ⅰ区）和非控制区（安全Ⅱ区)，而管理信息大区则由各电力企业根据自身需求进行细分。

电力通信网是为各类二次业务系统提供通信服务的基础通信网络，它通常包括基于IP技术的路由交换数据网，基于SDH/PTN/OTN技术的电力传输网，基于软交换/程控交换的语音交换网以及包括电源、定时授时、卫星通信在内的其他各类支撑网络等。由于不同电力企业的电力通信网部署方式、网络结构、承载业务等方面均有所不同，本章节后续部分将主要以南方电网公司为例进行介绍。

1.2.1 电力传输网

电力传输网可以分为基于 OTN 技术的大带宽传输网和基于 SDH/ASON 技术的常规传输网两个大类。由于电力系统的特殊性，部分电力二次业务对网络的可靠性、通道时延要求非常高，但对带宽的需求则相对较小。以电力线路纵联差动保护为例，业务数据量不大，一般采用 2Mbits/s 的通道进行承载，但它要求通道的传输时延必须在 12ms 以内，并且误码率要优于 10^{-7}。目前只有基于 SDH 的刚性硬管道电路技术可以，一方面可满足业务时延和可靠性的要求，另一方面又可提供低速通道，不会造成太大的带宽浪费，因此传统的基于 SDH/ASON 技术的传输网在电力行业仍有较大的市场空间和应用场景。

目前 OTN 传输网主要以网、省两级方式进行部署，覆盖调度机构、灾备中心等关键节点，主要满足远距离的大带宽业务传输需求。SDH/ASON 传输网以网、省、地三级方式进行部署，分为 A、B 两个平面进行建设，并且两个传输平面必须完全独立。通常情况下，网级、省级传输 A 网采用 ASON 技术，传输 B 网采用 SDH 技术；而地区级两张传输网均采用 SDH 技术。

传输平面间的完全独立包括组网链路路由、设备电源等的独立，其主要目的是确保两个平面在底层是互不影响或干扰的，从而使网络所承载业务具备真正意义上的冗余保护。以组网链路路由独立为例，两条链路间互相独立是指两条链路所经过的光缆路由是互不相同的，如果两个站点间有多条光缆且这两条链路分别承载在这些光缆上，则要求承载这两条链路的光缆的架设或敷设路径是完全分开的，而不是同塔架设或同沟敷设，组网链路路由独立示意图如图 1-1 所示。

传输网通常采用两层（骨干层、接入层）或者不分层结构组网，上下级、上下层网络必须至少有两条完全独立的互联链路，并且两条互联链路上的节点通常为异地节点，以提升网络的可靠性。一个典型的地区级电力传输网通常如图 1–2 所示。

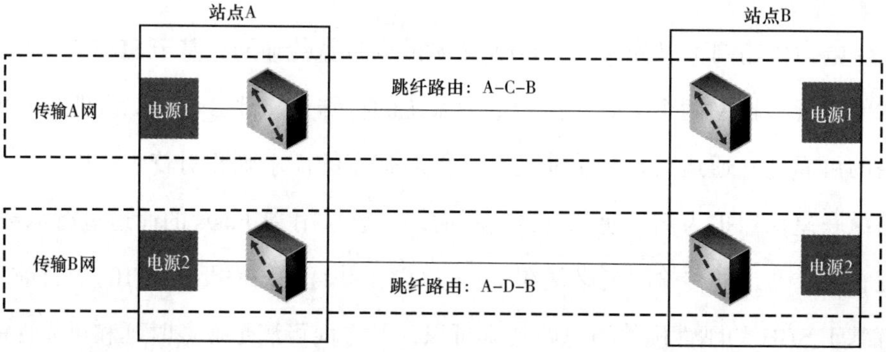

图 1–1 组网链路路由独立示意图

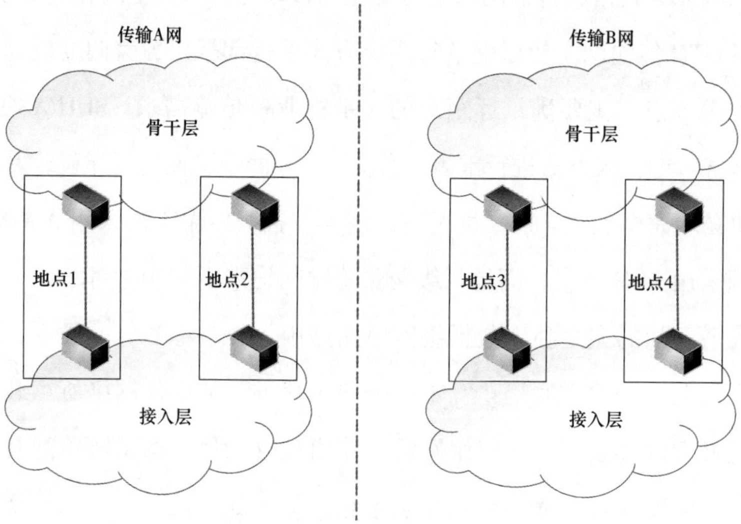

图 1–2 典型地区级电力传输网示意图

1.2.2 电力语音交换网

电力语音交换网承载的业务包括行政电话和调度电话两类，调度电话可以拨打行政电话，但行政电话不能拨打调度电话。语音交换网通常采用程控交换机、PCM 小号、VoIP 等多种方式进行组网，一般情况下行政电话和调度电话要采用独立的设备和网络分开承载，部分站点由于资源、成本限制，采用行政、调度二合一的程控交换机，此时必须在调度用户与行政用户之间进行逻辑隔离，并且保证调度电话业务对资源的优先调用。

传统情况下电力语音交换网采用程控交换机 +PCM 小号的方式进行组网，在号码需求量较大的行政单位及 500kV 变电站部署程控交换机，在号码需求量较小的无人值守变电站通过 PCM 方式接入两路语音电话（一路调度电话、一路行政电话）。随着技术的发展，目前网络逐步向 IP 化方向进行演变，采用软交换 +VoIP 话机 +PC 通话软件方式进行组网。语音 IP 化后，为了保证服务质量，在重要行政单位通常采用建设专用局域网的方式与办公业务隔离开，在城域 / 广域互联互通方面则使用电力数据网进行承载。

1.2.3 电力数据网

电力数据网主要包括调度数据网、综合数据网两种网，调度数据网用于承载生产控制大区业务，综合数据网用于承载管理信息大区业务。电力数据网一般按照调度管辖关系进行分级和 AS 划分。以调度数据网为例，一般分为主干电力调度数据网、省干电力调度数据网和地区电力调度数据网，各级电力数据网覆盖相应调度机构以及调度机构直接调管的变电站。在一个变电站内，最多同时只有两级电力调度数据网设备，例如某 220kV 变电站，可能同时有省干和地区级的电力调度数据网设备。

1.3 电力数据网架构

在南方电网公司内部，不同调度机构管辖的电力数据网独立为一个自治系统（AS），在自治系统内通常按照核心层、汇聚层、接入层三级结构进行分层组网。在业务承载方面，各级电力数据网均基于 MPLS BGP VPN 划分多个 VPN，实现不同业务的逻辑隔离。

在网络互联方面，各级电力数据网采用 MP-BGP 跨域方式实现私网路由的传递。依据《南方电网数据网络技术规范》（Q/CSG 1204016.1—2016），电力调度数据网采用 Option B 方式，电力综合数据网采用 Option A 方式。这主要是因为各级调度数据网均采用了统一的 RT 值规划，因此可以采用 Option B 方式实现跨域互联，而综合数据网由于 VPN 划分各不相同，因此需要通过 Option A 方式实现 VPN 的本地终结与跨域切换。

在组网链路方面，依据《电力调度数据网技术规范》（DL / T 1306—2013），电力调度数据网一般采用电力传输网络（SDH 或 OTN）进行承载；地区级电力综合数据网一般采用裸光纤进行承载，省级及以上一般采用电力传输网络承载。

1.4 电力数据网业务

各类数据网承载的典型业务见表 1-1。

表 1-1　各类数据网承载的典型业务

网络类型	业务分区		
	生产控制大区		管理信息大区
	控制区	非控制区	
调度数据网	（1）调度自动化业务 （2）相量测量业务 （3）保信业务中的控制功能	（1）电能量计量业务 （2）稳控管理信息业务 （3）保信业务中的非控制功能 （4）行波测距 （5）电能质量在线监测	不承载
综合数据网	不承载		（1）雷电定位业务 （2）应急指挥业务 （3）电网管理平台业务

电力调度数据网通常划分为实时与非实时两个 VPN，RT-VPN（实时 VPN）用于承载控制区内的业务，NRT-VPN（非实时 VPN）用于承载非控制区内的业务。下面选取两个典型的业务进行具体说明。

1.4.1 调度自动化业务

调度自动化系统由主站系统、子站系统和传输通道三个部分组成，主要功能是对电网运行状态进行实时的监视和控制。主站系统包括 SCADA（数据采集与监控系统）、EMS（能量管理系统）的主站系统、DTS（调度员培训仿真）系统等多个子系统，子站系统包括 RTU（远动终端设备）、相量测量装置（PMU）等。相量测量业务通常与调度自动化业务合并传输。

调度自动化业务一般同时使用专线（传输网 E1 或 MSTP 专线）和调度数据网两条完全独立的通信通道进行承载。合并传送 PMU 业务时，携带控制信息的 PMU 业务必须承载在专线通道中，监测信息的 PMU 业务承载在调度数据网上。

调度自动化业务承载在调度数据网上时，必须划入 RT-VPN，同时必须设置 QoS 以保证实时性和高优先级带宽（一般纳入 EF 队列中），主站到子站的时延应控制在 100ms 以内。

1.4.2 电能量计量业务

电能量计量系统主要功能为对电网内众多计量点的数据进行自动采集、传输和处理，从而实现对整个电网的负荷需求的监控，也为用电营销系统、调度自动化系统等相关系统提供准确、可靠的电量等基础数据。电能量计量业务主站系统一般设置在省级调度中心，计量对象包括各厂站以及对应用户的电量结算关口计量点。

电能量计量业务一般也同时使用专线和调度数据网两条完全独立的通道

进行承载。由于业务数据量相对较小，这里的专线可以是传输网上的 E1 或 MSTP 专线，也可以是 PCM 四线通道。使用调度数据网承载时，因划入 NRT-VPN，QoS 级别保持默认（BE 队列）即可。

1.5 电力数据网网络安全

按照运维对象的不同，可以把网络安全划分为：业务系统的安全、网络的安全、网管系统的安全三个方面。

◆ 业务系统的安全

承载在电力数据网上的电力二次系统业务，是保障电力一次装置正常动作，以及实现电网智能化、数字化的重要业务，与其他企业专网相比，需要更高的业务网络安全保障等级。生产控制大区的业务需要通过加密认证装置才能接入调度数据网中，终端侧与主站侧间的加密认证装置间建立加密通信信道并基于证书对终端进行认证，保障业务通信的安全性。管理信息大区的业务需要通过防火墙才能接入综合数据网中，以抵御可能的网络攻击。

除了应用网络安全装置以实现端到端的安全，电力数据网还通过一系列的措施来最小化业务的访问范围，常见的措施包括划分 VPN 以实现不同业务间的逻辑隔离，通过 RT 的配置以实现 Hub–Spoken 的逻辑拓扑结构等。

◆ 网络的安全

网络的安全主要包括网络设备的安全以及限制非法接入，主要目的是确保网络设备不被非法控制，非法业务无法正常接入网络。具体的保障措施包括开启高强度口令密码的分级登录验证功能，限制设备上开启的服务和端口，OSPF、BGP 等路由协议建立邻居关系时需要验证密码，封闭空闲的物理端口等。

◆ 网管系统的安全

网管系统的安全保障与业务系统的安全保障有类似的地方，都需要应用一系列网络安全装置，例如堡垒机、审计服务器等设备，对登录用户进行认证、授权和操作审计。此外，网管数据流与业务数据流应通过 VPN 或 VLAN 等方式进行隔离，并且应使用不同的 IP 地址段，两者之间不能互相访问。

电力数据网的典型安全防护模型如图 1-3 所示，其中管理信息大区被分为生产管理区（安全Ⅲ区）和管理信息区（安全Ⅳ区），一般称为“四区四网”（四个业务分区、四个逻辑子网）。

随着网络安全要求的不断提升，网络的安全防护模型也在不断变化，目前正在逐步向“五区五网”发展，将管理信息区进行再次细分。

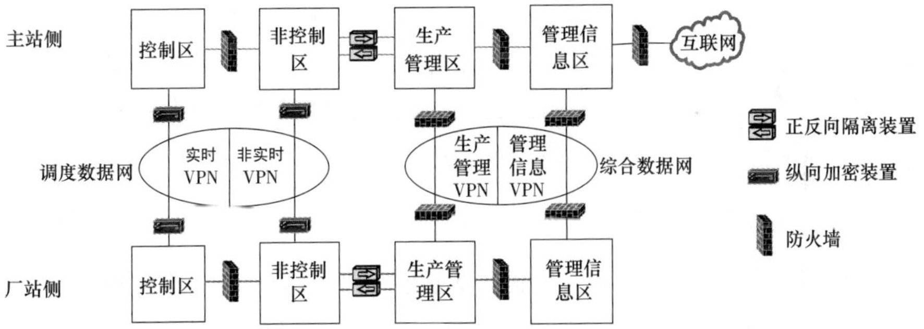

图 1-3 电力数据网的典型安全防护模型

1.6 电力调度数据网的可靠性

由于调度数据网承载电力生产业务，它的可靠性相对而言较为重要。对于地区级调度数据网，在关键节点（如调度机构）应部署两台独立设备以实现设备级别的冗余保护，对于其他核心或汇聚节点，应满足单设备双主控、双电源方式以实现板卡级别的冗余保护。

对于省级及以上的调度数据网，则在地区级调度数据网的可靠性保障级别上更进一步，采用独立组网的双平面方式部署，双平面组网方式部署如图 1–4 所示。

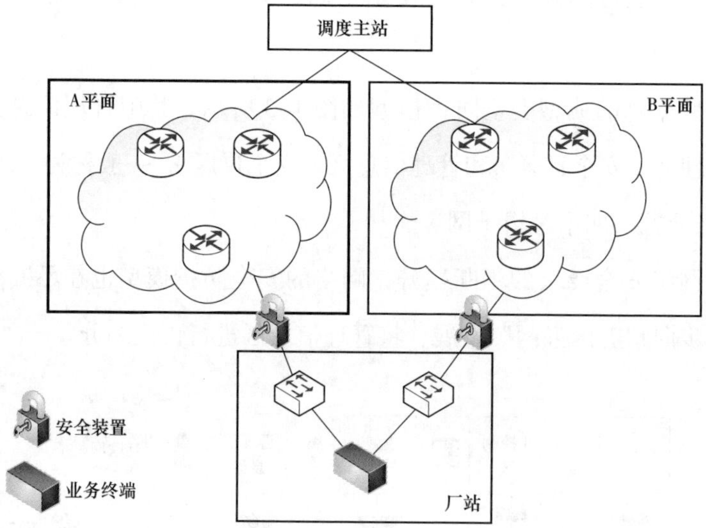

图 1–4　双平面组网方式部署

在双平面部署方式下（我们把两个平面分别称为 A、B 平面），一般把实时业务承载在 A 平面上，非实时业务承载在 B 平面上。当一个平面发生故障导致业务通信中断时，业务会自动切换到另一个平面进行通信。双平面部署方式下业务通信示意图如图 1–5 所示。

在双平面部署方式下，业务来回路径的控制是工程实现中的重要配置要点，既要使业务的路径满足要求，又要使数据报文的来回路径保持一致。

在介绍完电力数据网的基本情况后，后续章节将对电力数据网运维配置时常用的 OSPF、BGP、MPLS、VLAN 等二、三层协议进行具体阐述，重点介绍各个协议的主要知识点和故障排查思路。

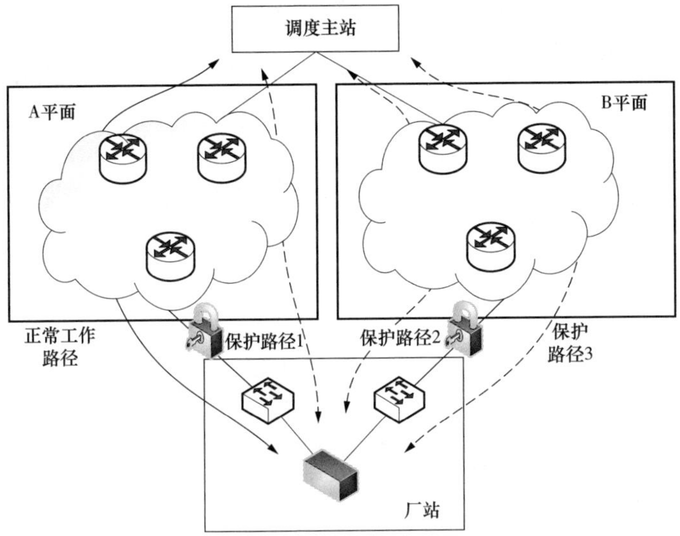

图 1-5 双平面部署方式下业务通信示意图

2

O S P F

目前主流的域内路由协议主要包括 OSPF 和 IS–IS 两种。IS–IS 扩展性强，同时支持 IPv4 和 IPv6 等多种网络层协议。OSPF 与 IP 深度绑定，它包括 OSPFv2 和 OSPFv3 两个版本，其中 OSPFv3 适用于 IPv6 网络。

对于以电力数据网为代表的企业专网来说，OSPF 和 IS–IS 没有孰优孰劣之分，两种 IGP 协议都可以实现相应功能。由于南方电网公司在运的电力数据网主要使用 OSPF 协议，并且目前主体网络仍采用 IPv4 协议，因此本章节将主要讲解 OSPFv2 的相关内容。

2.1 OSPF 相关理论知识

2.1.1 区域边界

对于 IGP 来说，为了降低路由振荡的影响，同时提高路由计算的速度，通常会把一个 AS 划分为多个区域。目前支持划分多区域的 IGP 包括 OSPF 和 IS–IS。

OSPF 的区域边界在设备接口上（或者说区域边界在路由器上），OSPF 的每条链路的两端接口都必须属于同一个区域。在 OSPF 中一台路由器的不同接口可以属于多个不同区域。

IS–IS 的区域边界在链路上，即同一链路的两端接口分属不同区域，不同区域的边界仅体现在不同区域间连接的链路上，而不是像 OSPF 那样体现在不同路由器接口上。一台 IS–IS 路由器的各个接口都必须同属一个区域。

2.1.2 OSPF 路由器角色

每台运行 OSPF 进程的路由器，根据它们在网络中的位置，可以大致分为区域内路由器，区域边界路由器（ABR），AS 边界路由器（ASBR）。

◆ 区域内路由器

当一台路由器所有接口属于同一个区域，它被称为区域内路由器。

◆ 区域边界路由器（ABR）

当一台路由器同时满足以下两个条件时，它被认为是 ABR：

（1）路由器上配置了多个区域，并且有一个是区域 0。

（2）有一个接口属于区域 0，并且该接口处于 UP 状态。

◆ AS 边界路由器（ASBR）

当一台路由器满足以下任意一个条件时，它被认为是 ASBR。

（1）在路由器上配置了路由引入（import-route）或静态路由生成 ([nssa] default-route-advertise) 命令（只需要配置该命令，无论是否成功引入）。

（2）NSSA 区域的 ABR。

2.1.3 OSPF 的三张表

OSPF 运行过程中，主要形成三张表，分别是邻居表、LSDB（也称拓扑表）和路由表。

◆ 邻居表

每个 OSPF 进程维护一张邻居表，记录所有建立了邻居关系的路由器。如果 OSPF 在一定时间内收不到邻居的 Hello 报文，就会认为该邻居失效，将它从邻居表删除。

◆ LSDB

每个区域维护自己独立的 LSDB，SPF 计算独立进行。在同一个区域内，每一个区域内路由器有相同的 LSDB。

◆ 路由表

在获得完整的链路状态描述后，每台路由器会独立运行 SPF 算法，计算出的最优路由加入 OSPF 路由表。

2.1.4 带权有向图

对于任何一个网络拓扑，路由器在进行路由计算时，会把真实的网络抽象为一个带权有向图。具体的抽象方法包括以下几个步骤：

（1）节点抽象。每一个路由器、每一个多路可达网段均抽象为一个节点，路由器上的本地网段（例如 Loopback 接口地址所在网段）也会被抽象为一个节点。值得注意的是，点对点的网段（例如两台路由器之间的 P2P 网络）不需要也不会被抽象。这是因为把多路可达网段抽象为一个节点（通常称为伪节点），可以简化抽象后的网络结构，对于点对点网段，只需要在两个路由器节点间分别添加两个方向的单向路径即可，不需要额外的伪节点。

（2）添加节点间路径。根据链路的开销，在节点间添加带权路径。带权路径都是单向的，并且带有权重值。多路可达网段节点到路由器节点路径的权重值固定为 0，路由器节点到多路可达网段节点路径的权重值会根据链路的开销通过一定的公式计算得出，到本地网段节点路径的权重值固定为 0。

（3）计算最短路径。完成网络抽象后，每台路由器会以自己为起点，计算到达所有网段节点的最短路径，从而形成最终的路由表。

以图 2-1 所示的拓扑进行说明。路由器 R1 与 R2 通过以太网进行互连，路由器设备端口的开销为手工设置。根据上文所述路由器的抽象步骤，首先把图中左侧的实际拓扑抽象为右侧的逻辑拓扑，路由器节点用圆形表示，网段节点用方形表示。节点间的箭头是有方向性的，并且带有权重值。对于设备的本地网段（图中的 N1、N2），会把它作为叶子节点挂在路由器节点上，路径权重值为 0。两台路由器之间的以太网网段会也用一个节点（图中的 N3）表示，路由器节点到网段节点 N3 的开销为设备上接口自动计算或设置的开销值（本示例中端口开销为手动设置），网段节点 N3 到路由器节点的开销为 0。

完成抽象后，每台路由器就可以运行最短路径SPF算法（一般为Dijkstra算法）计算得出路由器到达任何一个网段的最短路径。

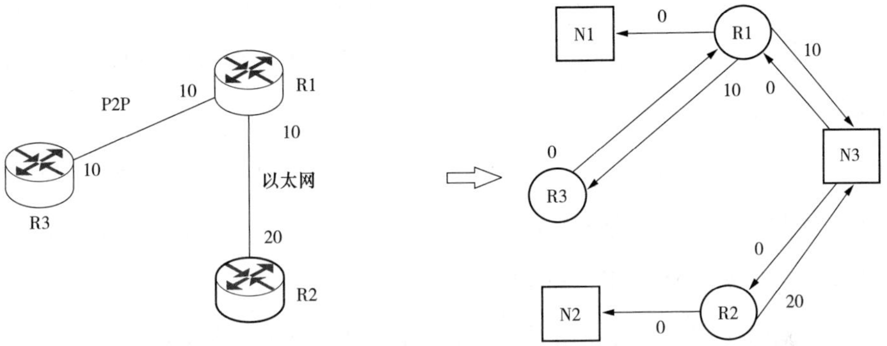

图 2-1　网络拓扑抽象化为带权有向图

2.1.5 SPF 计算

为提高计算效率，在具体实现中，SPF 计算一般会分为完整 SPF 计算和局部 SPF 计算。1 类、2 类 LSA 会触发完整 SPF 计算，仍以图 2-1 为例，在区域内，如果 1 类或 2 类 LSA 的内容发生变化，整个拓扑会有本质改变，因此需要运行完整的SPF算法来得出到达目标网段的最短路径。3类、4类、5类、7 类 LSA 会触发局部 SPF 计算，因为对于这几类 LSA 所携带的网段来说，它们在逻辑图上都表示为叶子节点挂接在某个设备节点上，因此只需要根据针对特定的叶子节点进行局部的 SPF 计算即可。

2.1.6 LSA

OSPF 协议报文分为 5 种，分别是 Hello 报文 Hello 报文、DD 报文、LSR 报文、LSU 报文和 LSAck 报文。所有协议报文都使用相同的报文头格式，报文头长度为 24 字节。

LSU 报文的内容是 LSA 的集合，LSA 用来对设备的链路状态信息进行描述。需要注意的是，LSU 是报文，LSA 是链路状态数据，可以理解为 LSA 是一种数据结构，一个 LSU 中包含了多条 LSA。

◆ LSA 的结构

所有 LSA 具有相同的头部，DD 报文只包含 LSA 的头部信息，LSU 报文包含了完整的 LSA 信息。目前主要使用 6 种 LSA 来交互网络路由信息。这 6 种 LSA 分别是：

1 类 LSA（Router LSA）、2 类 LSA（Network LSA）、3 类 LSA（Network Summary LSA）、4 类 LSA（ASBR Summary LSA）、5 类 LSA（AS-External LSA）、7 类 LSA（NSSA External LSA）。

LSA 头部格式如图 2-2 所示。头部的 LSA Type、Link State ID、Advertising Router 这 3 个字段共同标识了一条 LSA 的唯一性。

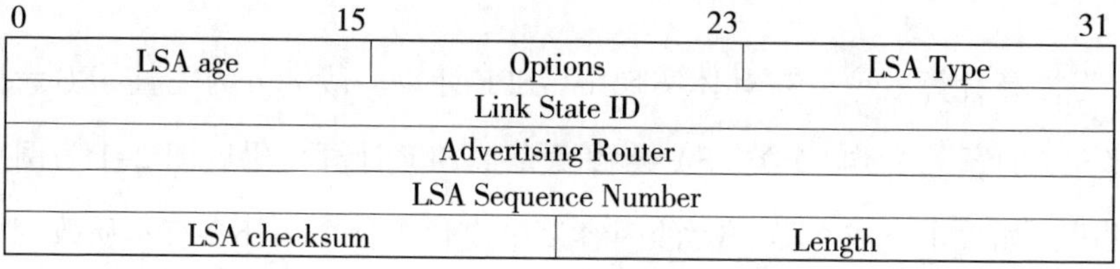

图 2-2 LSA 头部格式

上述标识 LSA 唯一性的 3 个字段的取值方式见表 2-1。

表 2-1 3 个字段的取值方式

LSA Type	Link State ID	Advertising Router
1	宣告路由器的 Router ID	宣告路由器的 Router ID
2	DR 在相应广播网段的接口地址	
3	具体网段	（1）宣告路由器的 Router ID。 （2）每经过一个区域，其 Advertising Router 字段就会变成新区域的 ABR
4	ASBR 的 Router ID	
5/7	外部路由的具体网段	宣告路由器的 Router ID（即 ASBR 的 Router ID）

Options 字段共 8 位，具体见表 2-2。Options 字段会在 Hello 报文体、DD 报文体、LSU 报文体中出现（在 DD、LSU 报文体出现是因为这两种报文均包

含了 LSA 头部）。

表 2-2 Options 字段各比特位名称

DN	O	DC	L	N/P	MC	E	未使用

其中 Options 字段每一位的含义或用途见表 2-3。

表 2-3 Options 字段各比特位用途

名称	含义或用途
DN	用于 MPLS VPN 防环
O	表示（生成本 OSPF 数据包的）路由器是否具备解读不透明（opaque）LSA 的功能（该位只会在 DD 中置 1，此后不透明 LSA 将被泛洪给支持不透明功能的路由器）
DC	表示（生成本 OSPF 数据包的）路由器是否支持按需电路功能，并能解读与该功能相关的“DoNotAge LSA”
L	用于支持 NSF
N/P	在 Hello 报文中该位叫 N 位，置 1 表示该路由器为 NSSA 区域路由器（当 N 位设为 1 时 E 位必须为 0）。在 7 类 LSA 报文中该位叫 P 位，置 1 时表示该 LSA 能够被转换为 5 类 LSA
MC	该位为 1 时，表示（生成本 OSPF 数据包的）路由器支持多播（MOSPF）
E	该位为 1 时，表示（生成本 OSPF 数据包的）路由器支持外部路由（Stub 区域内的路由器该位为 0）

◆ LSA 的生成

在路由器上启动 OSPF 协议并通告相应接口后，路由器就会生成 1 类 LSA 并在区域内泛洪。在多路可达网络中，DR 会生成 2 类 LSA 并在区域内泛洪。跨区域时，ABR 会把一个区域中的路由汇集成 3 类 LSA 在另一个区域泛洪。引入外部路由时，ASBR 会生成 5 类或 7 类 LSA。

需要注意的是 4 类 LSA，4 类 LSA 是由 1 类 LSA 触发的。ASBR 在发出 1 类 LSA 时，会把 LSA 头部 Option 字段的 E 位设置为 1。ABR 在收到 E 位置

1的1类LSA后，会向后面的区域发布4类LSA。如果有多个ABR，则每个ABR都会生成1条4类LSA，因此一个区域中可能会出现多条4类LSA。

◆ LSA的确认

在RFC 2328中，对LSA的确认分为以下几种方式：

（1）显式确认和隐式确认。

1）显式确认。使用LSAck报文对收到的LSA更新进行确认。LSAck可以对一个LSA进行确认，也可以对多个LSA进行确认。

2）隐式确认。使用LSU消息将收到的LSA发回表示确认。

例如，DR在收到某一台DRother的LSU后，会再次发送该LSU给224.0.0.5向其他DRother进行宣告，始发的DRother收到该LSU后则认为进行了隐式确认，其他DRother收到该LSU会向DR发送LSAck报文。

（2）延迟确认和立即确认。

1）延迟确认。收到多个LSU后回复一个LSAck，从而实现一次性确认多条LSA。

2）立即确认。在两种情况下会立即确认，第一是收到了邻居发出的重复的LSA，第二是收到了Age值为3600的LSA。

◆ LSA的周期更新

OSPF每隔30min对路由器始发的每条LSA重新刷新泛洪一次，具体方式是将它的序号加1，老化时间设置为0，然后重新泛洪出去。这种间隔称为LSA的刷新时间。

其他OSPF路由器一旦收到这个LSA的新拷贝，就会用这个新拷贝替换该条LSA的旧拷贝，并将LSA Age字段置为0重新开始计算老化时间。如果一条LSA在1h内未被刷新（即1h内没有收到该LSA的新拷贝），则将该LSA从LSDB中删除。

◆ LSA的老化

（1）自然老化。LSA头部的LSA Age字段表示当前LSA的寿命，该字段每过 1s 递增 1，当 LSA Age 递增到 Max Age（3600，即 1h）时，该 LSA 会从 LSDB 中清除。同时，路由器会把该 LSA 的 LSA Age 置为 Max Age 后泛洪出去，其他路由器在收到 LSA Age 为 3600 的 LSA 时，会把该 LSA 从自身的 LSDB 中删除，从而实现在路由域内清除该 LSA，这叫作自然老化。

（2）提前老化。提前老化就是将 LSA 的 LSA Age 字段直接设置成 Max Age 值，然后在路由域中泛洪，使得其他路由器收到后在 LSDB 中清除该 LSA，实现在整个路由域中删除某个 LSA 的目的。提前老化一般在如下几个情况下发生：

1）本路由器生成的 LSA 序列号已达到最大值，此时需要在路由域中清除原 LSA，重新生成序列号为初始序列号的新 LSA。

2）本路由器通告的路由已不可达。

3）收到自己产生的 LSA，但该 LSA 不是自己期望收到的，这种情况一般发生在路由器 Router ID 冲突的情况下。假设路由器 A 和 B 在同一个路由域且两台路由器的 Router ID 一样，那么 B 会收到 A 发送的 LSA。B 检查时会发现收到的 LSA 的 Router ID 与自己一致，会认为是自己发出的 LSA，但自己本地并不存在相应的路由，于是 B 就会通过提前老化机制来通知其他路由器删除该 LSA。

提前老化只对本系统产生的 LSA 有效，一台路由器不能去提前老化其他设备泛洪来的 LSA，即只有产生该 LSA 的路由器才有资格去提前删除该 LSA。提前老化时序列号不变，只是把 LSA Age 设为 3600。

2.1.7 网络类型

在 OSPF 标准中，定义了 4 种网络类型，分别是广播网络、NBMA 网络、P2MP 网络和 P2P 网络。

◆ 广播网络

以太网接口连接的网络默认为广播网络类型。在这种网络中，需要选举 DR/BDR。

◆ NBMA 网络

NBMA 网络指全连通的、非广播、多点可达的网络。帧中继等网络默认为 NBMA 网络类型。在这种网络中，采用单播方式发送 OSPF 协议报文，需要选举 DR/BDR。

在 NBMA 网络上，无法自动建立邻居关系。这是因为当 OSPF 检测到网络类型为 NBMA 时，默认情况下会认为网络不支持发送组播包，那么 Hello 包就无法发送，也就无法形成邻居。因此在 NBMA 网络中，会通过手工方式直接指定邻居。一旦手工指定了邻居，Hello 包就改为单播发送了。

◆ P2MP 网络

在这种网络中，以组播形式（224.0.0.5）发送 Hello 报文，不需要选举 DR/BDR。

P2MP 网络指的是点到多点网络，不一定是全连通网络。它不是一种缺省的网络类型，即没有一种网络接口默认情况下会被认为是 P2MP 网络，它一定是由其他网络类型通过命令手动修改的，最常见的做法是在接口上把网络类型从 NBMA 改为 P2MP。

◆ P2P 网络

串口连接的网络默认为 P2P 网络类型。在这种网络中，不需要选举 DR/BDR。

【扩展阅读】

对于帧中继等 NBMA 网络，不同厂商支持的处理方式可能有所不同。

（1）标准 RFC。

1）对于全连接的帧中继网络，保持网络类型为 NBMA，同时手动指定 OSPF 邻居，并在接口指定 DR 优先级。

2）对于 hub-spoken 的帧中继网络，修改 OSPF 接口类型为 P2MP（无需指定邻居），同时帧中继网络要允许发送组播包。

（2）思科设备。思科设备除了支持上述 RFC 定义的两种处理方式外，还支持以下三种：

1）修改接口类型为 P2MP non-broadcast，手动指定 OSPF 邻居。

2）修改接口类型为 P2P，同时帧中继网络利用子接口建立起 P2P 连接。

3）修改接口类型为 broadcast，同时允许帧中继转发广播或组播包（使用命令：frame-relay map ip IP 地址 DLCI 号 broadcast）。在 hub-spoken 网络中，还需要手定设定 DR，将 hub 端路由器接口 dr-priority 值设置为非 0 值，spoken 端路由器接口 dr-priority 值设置为 0。

2.1.8 源更新检查

广播、NBMA、P2MP 网络，接口会对收到的 OSPF 报文进行源更新检查，要求发送端与接收端的接口 IP 在同一网段。在具体实现上，OSPF 协议检查 Hello 包的发送源 IP 地址，当发送源 IP 地址与本地接口 IP 地址不在同一网段时，检查不通过，并且通过 display ospf statics error 命令可以发现 bad packet 一栏递增统计信息，同时邻居显示为空。对于 NBMA 网络，由于是手动指定邻居接口地址，只有本路由器存在与指定的邻居接口 IP 在同一网段的接口时才会向外单播发送 Hello 报文。P2P 类型网络不进行源更新检查。

对于以太网链路，如果链路两侧 IP 不属于同一网段，将两侧接口网络类型手动改为 P2P 后，由于 P2P 链路不进行源更新检查，OSPF 邻居状态可以到达 2-Way 并进入 ExStart 状态。但由于 DD 报文是单播发送，链路两侧互相不可达，所以邻居状态会停留在 ExStart 状态。

2.1.9 OSPF 报文目的地址

OSPF 报文在不同的网络类型中使用的目的地址有所不同，OSPF 报文目的地址具体见表 2-4。

表 2-4 OSPF 报文目的地址

<table>
<tr><th></th><th>NBMA 网络</th><th>P2MP 网络</th><th>广播网络</th><th>P2P 网络</th></tr>
<tr><td>Hello 报文</td><td rowspan="5">单播</td><td>224.0.0.5</td><td>224.0.0.5</td><td>224.0.0.5</td></tr>
<tr><td>DD 报文</td><td colspan="3">单播</td></tr>
<tr><td>LSR 报文</td><td>单播</td><td>224.0.0.5</td><td rowspan="3">224.0.0.5</td></tr>
<tr><td>LSU 报文</td><td>情况一：LSU 是对 LSR 的回应，则该 LSU 以单播方式发送；
情况二：LSU 是为了泛洪新的 LSA，则该 LSU 以 224.0.0.5 作为目的地址</td><td rowspan="2">DR 和 BDR 使用 224.0.0.5
其他路由器使用 224.0.0.6</td></tr>
<tr><td>LSAck 报文</td><td>224.0.0.5</td></tr>
</table>

NBMA 作为默认的链路网络类型，当 OSPF 检测到链路为 NBMA 类型时（例如底层采用帧中继网络），会认为二层链路无法发送组播包了，那么 Hello 包就不会自动发送出去，因此默认情况下，NBMA 网络是不能自动发现和建立邻居关系的。可以通过手工方式指定邻居的方法解决，一旦手工指定了邻居，所有的 OSPF 报文都是采用单播方式进行发送了。

对于华为设备，当链路网络类型为 P2P 时，DD 报文采用 224.0.0.5 作为目的地址，其他情况下 OSPF 协议报文使用的目的地址与华三设备相同。

2.1.10 OSPF 认证

OSPF 同时支持接口认证及区域认证。如果同时配置接口认证和区域认证，则优先采用接口认证配置的密码（接口认证优先级高）。

在 OSPF 区域和接口视图下，均可配置多个验证字。初始启动时（未有邻居建立），会使用 KEY ID 最大的验证字来与对方进行验证。如果已经有 OSPF 邻居存在，则配置新的验证字后，会启动平滑迁移功能，以保证与邻居关系不中断。

在旧版的系统（Comware V5）中，OSPF 只支持接口认证。要想启用 OSPF 验证，必须先启动区域验证（此动作为开启验证的开关，区域下验证模式可设置为 md5 或 simple），然后再启用接口验证，接口必须设置密码且验证模式必须和区域相同，否则无法建立邻居。单纯启动接口验证而没有启动区域验证时，OSPF 不会对报文进行验证。

2.1.11 OSPF 邻居建立

OSPF 邻居要建立成功，必须同时满足以下条件：

（1）区域号要一致。

（2）Hello 报文的时间间隔要一致（发送间隔和失效时间都要一致）。

（3）认证密码要一致。

（4）区域类型要一致。

（5）接口子网掩码，对于 Broadcast、NBMA、P2MP 类型网络需要一致，对于 P2P 链路无需完全一致，但要在同一网段内。

（6）MTU 要一致。如果链路两边接口的 MTU 不一致，会卡在 Exstart 状态。

在 DBD 报文中会进行 MTU 的比较，原因主要是 DBD 报文的内容比较大，如果两边的 MTU 值不一致的话很可能会造成 DBD 包丢弃，所以在 Exstart 过程中有 MTU 的协商过程。

如果 OSPF 邻居关系一直处于 Full 的状态时更改 MTU 并不会中断 OSPF 邻居关系，只有在 OSPF 邻居关系重建时才会出现问题，而且一直会出现 OSPF 的振荡（即卡在 Exstart 上然后又重新从 Init 开始）。

（7）Router ID 在区域内需唯一。

（8）能够正常选出 DR。在广播网上需要选举 DR，但如果两边的优先级都是 0 的话，邻居关系会一直卡在 2-Way 状态。

（9）必须使用接口的主地址（使用从地址无法建立邻居）。

2.1.12 OSPF 虚连接

OSPF 虚连接的开销等于该虚链路源路由器到目标路由器的链路开销之和（开销无法手动配置）。虚连接开销不能超过 1 类 LSA 度量字段的最大值 65535，否则不能建立虚连接。

虚链路具有以下特点：

（1）虚链路不能穿越多个区域，不能穿越区域 0，也不能穿越特殊区域，而只能穿越一个标准的非骨干区域。

（2）虚链接属于区域 0，为 P2P 链路。

（3）建立虚链路需指定对端的 Router ID（Router ID 不需要路由可达）。

（4）通过虚链路发送的 Hello 包中“地址掩码”字段是“0.0.0.0”（因为虚链路本身不涉及任何网络掩码），DD 包中 MTU 字段为 0。

（5）通过虚链路建立邻接关系的 ABR 之间会以单播方式交换 Hello 数据包。

（6）5 类 LSA 不会通过虚链路来泛洪（因为即使没有虚链路，5 类 LSA 也会自动在所有区域泛洪）。

（7）在配置了虚连接的路由器上，如果从虚连接学习到一条 3 类 LSA，只有这条 LSA 也从该虚连接所在的 transit 区域中学习到的时候，此 LSA 才会被处理，即该 3 类 LSA 不能是 transit 区域生成的。

2.1.13 路由宣告

OSPF 在配置 network 命令时，必须使用反掩码，同时反掩码的第一个二进制位必须为 0，后面再跟连续的 0 及连续的 1。OSPF 是唯一使用反掩码的地方，其他例如 ACL 都使用通配符掩码，0 与 1 可以不连续。

如果反掩码第一个二进制位配置为 1，在华三设备上会自动地将 0 转成 1，1 转成 0。例如 network 172.16.1.1 252.0.0.0 会被自动转换成 network 172.0.0.0 3.255.255.255。

反掩码 255.255.255.255 比较特殊，分为以下两种情况：

（1）network 0.0.0.0 255.255.255.255 表示宣告所有接口网段（当输入 network 0.0.0.0 0.0.0.0 时会自动转换为 network 0.0.0.0 255.255.255.255）。

（2）network ×.×.×.× 255.255.255.255（其中 ×.×.×.× 非 0.0.0.0），会自动转换成 network ×.×.×.× 0.0.0.0。此时如果 ×.×.×.× 是一个网段，则由于反掩码为 0.0.0.0，相应网段的接口不会宣告出去。如果 ×.×.×.× 是一个接口，如果有匹配的接口，则相应接口会被宣告出去。

接口配置从地址时，从地址必须与主地址在同一区域进行宣告，否则从地址路由无法宣告。

接口两侧 OSPF 网络类型，一侧为 P2P, 另一侧为 Broadcast 时，邻居关系可以正常建立，但无法正常传递路由条目。

在 P2P 链路上，如果一端配置了 IP，另一端配置为借用 IP 地址（没有配置 IP），则会导致 LSA 链路数据值不一致，不会在路由表中添加路由。

2.1.14 链路开销

OSPF 会根据带宽参考值自动计算接口的开销值，计算公式为：接口开销

＝带宽参考值 ÷ 接口期望带宽。各参数取值如下：

（1）带宽参考值，默认为 100Mbps，可通过命令 bandwidth-reference 进行修改。

（2）接口期望带宽，通过命令 bandwidth 进行配置（注意是期望带宽，不是实际带宽）。

当计算出来的开销值大于 65535 时，开销取最大值 65535。当计算出来的开销值小于 1 时，开销取最小值 1。直连路由，对于 OSPF 来说，开销不为 0，等于接口开销值。

2.1.15 OSPF 外部路由

◆ 分类

OSPF 外部路由可以分为两类外部路由。第一类外部路由（E1）的开销为本路由器到相应的 ASBR 的开销加上 ASBR 到该路由地址的开销。第二类外部路由（E2）的开销为 ASBR 到该路由地址的开销。默认情况下，OSPF 在进行路由引入时，会把路由类型设为 E2，并把该路由的开销值设为 1（即默认 ASBR 到该路由地址的开销值为 1）。

◆ FA 地址

外部路由主要通过 5 类或 7 类 LSA 在 OSPF 域内进行泛洪，这两类 LSA 中有一个 FA 地址字段，用于标注到达此外部路由的下一跳地址信息。

FA 地址字段的作用是防止次优路由。对于 5 类 LSA，正常情况下 FA 地址字段取值为 0.0.0.0，但在某个场景下，FA 地址字段会被置为非零值。以某个外部路由网段 N 为例，ASBR 通过接口 F 与外部网络互联，并且通过接口 F 才能到达网段 N。在该 ASBR 上，网段 N 的下一跳地址为 A，地址 A 和接口 F 所处的网段为 S。当同时满足以下 3 个条件时，外部路由 N 的 FA 地址字段取值为非零值（值会被设为地址 A）：

（1）接口 F 没有被设置为被动接口。

（2）接口 F 的链路网络类型为广播或 NBMA 网络（即多路可达网络）。

（3）S 网段被发布在 OSPF 协议中。

当 5 类 LSA 的 FA 地址字段非零时，如果 OSPF 路由表存在到 FA 地址的路由（到达 FA 的路由必须是通过 OSPF 学到的，且必须是内部路由，不能是静态路由或 OSPF 外部路由等），则会把该 5 类 LSA 放入路由表，否则丢弃该 5 类 LSA。

对于 7 类 LSA，在华三设备的实现中，它的 FA 地址取值一定为非零值，并且在转换为 5 类 LSA 时，FA 地址取值保持不变。如果发布 7 类 LSA 的 ASBR 同时满足上面 5 类 LSA 提到的三个条件，则该 7 类 LSA 按照与 5 类 LSA 相同的规则填写 FA 地址值。如果发布 7 类 LSA 的 ASBR 不满足上述条件，那么会从该路由器上启用 OSPF 协议的接口上选择一个作为 FA 地址的值。

在华为设备的实现中，7 类 LSA 的 FA 地址值可以为零值也可以为非零值。当该 7 类 LSA 不可以被转换为 5 类 LSA 时（例如在引入外部路由时通过配置命令限制该路由只能在 NSSA 域内传播），7 类 LSA 的 FA 地址值可以为 0.0.0.0，在其他场景下则一定为非零值。

◆ 选路规则

外部路由在选路时，会遵循以下规则：

（1）对于同一个目的地址，如果同时存在第一类外部路由（E1）和第二类外部路由（E2）时，优选第一类外部路由（E1），此时路由的路径开销不影响选路。

（2）对于同一个目的地址，如果同时通过 5 类 LSA 和 7 类 LSA 学习到时，有两个 RFC 标准对相应的选路规则作了定义，具体采用哪个标准，不同的厂商或者同一厂家不同时期的系统版本均有所不同。

1）RFC3101 标准（华三 Comware V5 版本采用此标准）。当 5 类和 7 类 LSA 携

带的网络前缀、路由开销一致，FA 地址值均为非零值且一致时，优选 P 位为 1 的 7 类 LSA，次选 5 类 LSA，最后选 Router ID 值大的 LSA。

2）RFC1587 标准（华三 Comware V3 版本采用此标准）。当 5 类和 7 类 LSA 携带的网络前缀、路由开销一致时，优选 5 类 LSA，次选 P 位为 1 且 FA 地址为非零值的 7 类 LSA，最后选其他 7 类 LSA。

（3）如果通过上述两个规则均无法选出最优路由时，则分下面两种情况进行分析：

1）FA 地址为零值。此时同样有 RFC1583 和 RFC2328 两个 RFC 标准对选路规则进行了定义。

RFC1583 中定义的选路规则是：对于同一类的外部路由，直接优选路径开销最小的。

RFC2328 中定义的选路规则是：先为每一类外部路由赋予一个优先级，然后按照下列顺序进行路由优选：

（a）选择优先级较高的路由。

（b）优先级相同的情况下，开销值较小的路由优先。

（c）优先级相同、开销值也相同的情况下，区域 Area ID 最大的优先。

路由优先级的赋予规则是：假设 X 为本地路由器到达 ASBR 的下一跳路由，当配置了不兼容 RFC1583 命令，在 X 为非骨干区的 OSPF 区域内路由时，相应外部路由的优先级最高。这样做的效果是，当一台路由器分别从骨干区域和普通区域收到 ASBR 发布的外部路由时，不管路径的开销如何，都采用从普通区域学习到的路由，从而可以减轻骨干区域的压力。

当配置了兼容 RFC1583 命令时，则所有外部路由的优先级相同，相当于跳过上述第一步，直接进行第二步的比较，第二步的比较规则与 RFC1583 相同，如果在第二步还无法选出最优，则执行第三步。

2）FA 地址为非零值。通过 OSPF 路由表计算到达 FA 地址的最优路由，按照区域内路由→区域间路由→一类外部路由→二类外部路由的顺序进行路由选路。

需要注意的是，对于到达同一目的地网段 N 的多条 2 类外部路由，默认情况下在做路由引入时，OSPF 路径开销均为 1。如果它们的 FA 地址均为非零值，那么 OSPF 会优选到达 FA 地址最优的那条路由放入路由表，但网段 N 在路由表中的开销仍为 1。

2.1.16 Router ID 值

每一个 OSPF 进程都需要选择一个 IP 地址作为自身的 Router ID，Router ID 的选择遵循以下顺序：

（1）选择为 OSPF 进程手工配置的 Router ID。

（2）如果没有手工配置，则选择手工配置的系统公共 Router ID。

（3）如果系统未手工配置公共 Router ID，在第一次启动路由进程时（可以是 BGP、IS-IS 或 OSPF 等各类路由进程），设备会先自动选举一个公共 Router ID。后续启动的所有未配置 Router ID 的路由进程都会使用这一步中选举出来的公共 Router ID 作为进程的 Router ID。

公共 Router ID 的自动选举将按照以下顺序：如果设备上配置了 Loopback 地址，则选择最大的 Loopback 地址作为公共 Router ID。如果没有 Loopback 地址，则选择最大的接口 IP 地址作为公共 Router ID。

（4）对于自动选举产生的公共 Router ID，即使系统中后续有更高优先级的接口 IP 地址产生，例如配置了新的地址更大的 Loopback 接口，公共的 Router ID 也不会改变。除非被选作公用 Router ID 的接口本身 IP 地址发生了变化才会重新进行选举。

（5）在 OSPF 运行过程中，如果手工修改了 OSPF 进程的 Router ID 值，为了保证稳定性，OSPF 进程还是会沿用旧的 Router ID 值，除非手工重启进程才能使新的 Router ID 生效。

正常情况下，我们应该保证网络上每一台路由器的 Router ID 值互不相同，这样才可以保证 OSPF 的正常运行。

设备 Router ID 值的冲突会带来一些问题，假设节点 A 和 B 的 Router ID 值产生冲突，并且节点 B 为普通的区域内路由器，设备 Router ID 值的冲突在不同的场景下产生的问题见表 2-5。

表 2-5　设备 Router ID 值的冲突在不同的场景下产生的问题

<table>
<tr><th>所属区域</th><th>是否直连</th><th>节点 A 角色</th><th>产生的影响</th></tr>
<tr><td rowspan="3">同一区域</td><td>是</td><td rowspan="2">区域内路由器</td><td>A 和 B 无法建立邻居关系</td></tr>
<tr><td rowspan="2">否</td><td>区域内产生路由振荡。
对于 A、B 发布的 1 类或 2 类 LSA，在该区域中的所有路由器上序列号不断增加，携带的路由无法被其他区域内路由器正常学习（一会儿存在一会儿消失）</td></tr>
<tr><td>ABR</td><td>区域内产生路由振荡。
对 A、B 发布的 1、2 类 LSA 影响同上。
对于 A 发布的 3 类 LSA，在区域内其他路由器上会不断振荡，序列号不断增加，携带的路由无法正常学习</td></tr>
<tr><td>不同区域</td><td>否</td><td>区域内路由器</td><td>没有影响</td></tr>
<tr><td>—</td><td>否</td><td>ASBR</td><td>对于 A 发布的 5 类 LSA，在整个 AS 域内的其他路由器上会不断振荡，序列号不断增加，携带的路由无法正常学习</td></tr>
</table>

下面对同一区域内两个非直连节点 Router ID 值冲突导致的路由振荡进行分析。

从第 2.1.6 节的内容我们可以知道，一条 LSA 是通过头部的 LSA Type、Link State ID、Advertising Router 这 3 个字段来进行唯一性标识的，路由器不能主动删除其他路由器发给它的 LSA，只能在收到 LSA Age 值为 3600 的 LSA 时，才能从自身的 LSDB 中删除该 LSA。

假设节点 A 和 B 在同一区域内，并且 Router ID 值都为 1.1.1.1。节点 A 会通告自身的 1 类 LSA，LSA Type 值为 1，Link State ID、Advertising Router 值均为 1.1.1.1。为方便分析，我们假设该 LSA 的序列号为 10，并把该 LSA 记为 LSA#10。

LSA#10 在区域内泛洪，节点 B 收到后，会认为是自身发出的，但节点 B 并没有该 LSA 所描述的网段信息，因此节点 B 会认为这是一条过时的 LSA（即之前发出的 LSA），应该在区域内发送一个更新的 LSA，此时节点 B 会生成一条新的 LSA 在区域内泛洪。新 LSA 的 LSA Type、Link State ID、Advertising Router 三个值与 LSA#10 一样，但 LSA 序列号会递增 1，我们把新 LSA 记为 LSA#11。整个过程不断重复，从而导致节点 A、B 发出的 1 类或 2 类 LSA 的序列号不断递增，携带的路由无法被其他区域内路由器正常学习（一会存在一会消失）。

当节点 A 是 ABR 时，它会把其他区域的路由信息通过 3 类 LSA 泛洪进入本区域，我们把该 LSA 记为 LSA#100。节点 B 收到后，发现该 LSA 是自身通告的，但自身并没有相关的路由信息，因此节点 B 需要在区域内删除该 LSA。于是节点 B 会生成一个新的 LSA 并在区域内泛洪，新 LSA 的 LSA Type、Link State ID、Advertising Router 三个值与 LSA#100 一致，序列号也不变，但 LSA Age 值为 3600，我们把新的 LSA 记为 LSA#100(3600)。整个过程同样不断重复，该 LSA 在区域内其他路由器上面会不断振荡，当它的 LSA Age 值小于 3600 时会把它加入 LSDB，等于 3600 时又会把它标记为“删除”状态，同时节点 A 通告的 LSA 的序列号不断递增。

2.1.17 默认路由

OSPF 不能通过路由引入的方式引入默认路由，必须使用命令 default-route-advertise 才能生成默认路由，对于不同的区域类型，该命令的效果有所不同。同时，某些特殊区域，会自动生成默认路由。OSPF 默认路由配置命令见表 2-6。

表 2-6 OSPF 默认路由配置命令

区域类型	前提	配置命令	最终效果	默认路由 LSA 类型
普通区域	全局路由表中有默认路由存在	default-route-advertise	生成默认路由，并在整个 OSPF 域内泛洪	Type 5
	—	default-route-advertise always		
Stub 区域	—	ABR 自动产生，无法手动配置	（1）ABR 自动生成默认路由，但只在区域内泛洪。 （2）在区域内路由器配置 default-route-advertise [always] 命令，不会生效	Type 3
Totally Stub 区域				
NSSA 区域	在 ABR 上配置	nssa default-route-advertise	生成默认路由，但只在 NSSA 区域内泛洪	Type 7
	在 ASBR 上配置，且全局路由表中有默认路由存在		生成默认路由，在整个 OSPF 域内泛洪	
Totally NSSA 区域	—	ABR 自动产生，无法手动配置	（1）ABR 自动生成默认路由，但只在区域内泛洪。 （2）在 ABR、区域内路由器配置 nssa default-route-advertise 命令，不会生效	Type 3

需要注意的是，要让 ABR 自动生成 type3 LSA 类型的默认路由，ABR 必须要至少有一个属于区域 0 的邻居，并且要处于 FULL 状态。

在 Stub、Totally Stub、Totally NSSA 区域中，如果有多个 ABR，则每个 ABR 都会向区域内发布一条默认路由，但每个 ABR 都不会学习其他 ABR 发来的路由（以免产生环路），而非 ABR 的区域内路由器则会有多条默认路由并形成负载分担。

在 NSSA 中有多个 ABR 时，由 Router ID 最大的路由器负责将 type7 LSA 转换为 type5 LSA。一个区域只能有一台路由器负责转换，可以用命令 nssa translate-always 指定。

2.2 常见故障现象及排查流程

2.2.1 OSPF 邻居无法建立

两台设备之间 OSPF 协议无法正常建立邻居，是 OSPF 配置过程中的常见故障。要正常建立 OSPF 邻居需要满足 2.1.11 节中提到的所有条件，但在实际运维中，如果机械式地按照这几个条件逐个去排查的话，会非常耗时耗力。在华三设备上，我们可以通过错误诊断命令（display ospf statistics error）快速发现邻居建立不成功的原因。

在华三设备上运行 OSPF 错误诊断命令后会出现图 2-3 所示的结果。

```
[H3C]display ospf statistics error

         OSPF Process 1 with Router ID 1.1.1.1
                 OSPF Packet Error Statistics

0           : Router ID confusion          0          : Bad packet
0           : Bad version                  0          : Bad checksum
0           : Bad area ID                  0          : Drop on unnumbered link
0           : Bad virtual link             0          : Bad authentication type
0           : Bad authentication key       0          : Packet too small
0           : Neighbor state low           0          : Transmit error
0           : Interface down               0          : Unknown neighbor
0           : HELLO: Netmask mismatch      0          : HELLO: Hello-time mismatch
0           : HELLO: Dead-time mismatch    0          : HELLO: Ebit option mismatch
0           : HELLO: Mbit option mismatch  0          : DD: MTU option mismatch
0           : DD: Unknown LSA type         0          : DD: Ebit option mismatch
0           : ACK: Bad ack                 0          : ACK: Unknown LSA type
0           : REQ: Empty request           0          : REQ: Bad request
0           : UPD: LSA checksum bad        0          : UPD: Unknown LSA type
0           : UPD: Less recent LSA
```

图 2-3 华三设备运行 OSPF 错误诊断命令后的结果

图 2-3 中每一个错误代码都代表一个可能的故障点，需要进一步排查，OSPF 错误代码及可能原因见表 2-7。

表 2-7 OSPF 错误代码及可能原因

错误代码	可能原因	错误代码	可能原因
Router ID confusion	两边 Router ID 冲突	Bad packet	两侧接口不在同一网段（例如鸳鸯纤）
Bad version	两侧 OSPF 版本不一致	Bad checksum	比较少见，一般为物理链路问题
Bad area ID	链路两侧 area ID 不一致	Drop on unnumbered link	在 unnumbered 接口收到了 OSPF 报文，但这个接口的网络类型没有配成 P2P
Bad virtual link	（1）链路两侧 area ID 不一致（仅在一边为 0，另一边为非 0 时出现。此时区域 0 显示 Bad area ID，非 0 区域显示 Bad virtual link）。 （2）链路两侧不在同一网段（例如接错端口）。 （3）v-link 指定对端 Router ID 错误（不在同个区域）	Bad authentication type	一端为 MD5 认证，另一端为 simple 认证
Bad authentication key	MD5 认证时 keyID 不一致或密钥不一致	Packet too small	比较少见
Neighbor state low	链路每震荡一次加 1	Transmit error	比较少见，一般为物理链路问题
Interface down	接口 down（数值不会持续增长）	Unknown neighbor	收到不存在的邻居发来的 update 报文
Hello: Netmask mismatch	链路两侧掩码不一致	Hello: Hello-time mismatch	链路两侧 Hello 报文发送时间间隔不一致
Hello: Dead-time mismatch	链路两侧 Hello 报文失效时间间隔不一致	Hello: Ebit option mismatch	两端 stub/nssa 配置不一致（Ebit 表示当前区域可以传播 ASE LSA）

续表

错误代码	可能原因	错误代码	可能原因
DD: MTU option mismatch	比较少见	DD: Unknown LSA type	比较少见
DD: Ebit option mismatch	两侧 stub/nssa 配置不一致（Ebit 表示当前区域可以传播 ASE LSA）	ACK: Bad ack	可能存在接口网络类型不匹配（数值不会不断增长）
ACK: Unknown LSA type	比较少见	REQ: Empty request	比较少见
REQ: Bad request	比较少见	UPD: LSA checksum bad	比较少见，一般为物理链路问题
UPD: Unknown LSA type	比较少见	UPD: Less recent LSA	收到了一条 LSA，但它比 LSDB 的 LSA 更老。如果不断递增则表明可能有 Router ID 冲突

下面以两个常见的故障现象来对可能出现的错误代码进行分析。

◆ 常见故障一

对于图 2-4 所示的拓扑，两台路由器 R1、R2 通过以太网互联，链路类型保持默认为 Broadcast。

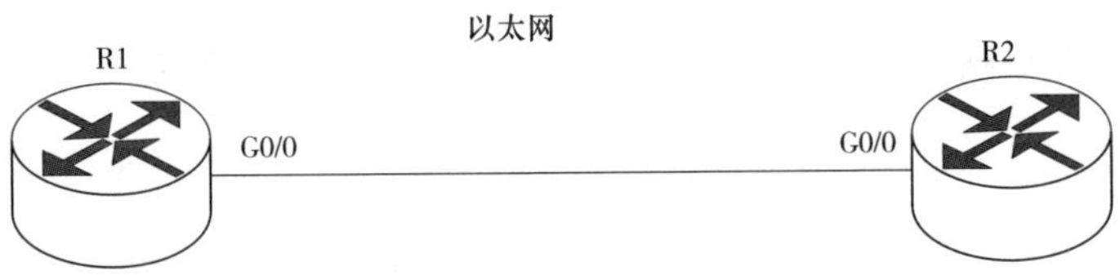

图 2-4 OSPF 常见故障现象一

（1）故障原因。物理拓扑接错线（鸳鸯纤）或者 IP 配置错误（使得两侧接口不在同一网段）。

（2）故障现象。使用命令 display ospf statistic error 时可以看到“Bad

Packet”数不断递增。使用命令 display ospf peer 时显示为空。

（3）现象分析。R1 收到 Hello 包，会进行源更新检查，发现 Hello 包的源地址与自身不在同一网段，因此会丢弃该 Hello 包，并认为是 bad packet（debug 时可以看到 OSPF received packet with mismatch network）。并且由于 Hello 包已丢弃，邻居显示为空。

（4）扩展情况一。如果在 R2 上把链路网络类型改为 P2P，可以观察到以下故障现象：在 R1 上仍可看到“Bad Packet”数不断递增，在 R2 上 display ospf statistic error 时没有异常。在 R1 上 display ospf peer 为空，在 R2 上 display ospf peer 显示为 init。

针对上述现象，R1 产生此现象的原因同上，而 R2 在收到 Hello 包后，会发现 Hello 包中没有自身的 Router ID，因此邻居状态显示为 init。

（5）扩展情况二。现把 R1、R2 的 G0/0 端口的网络类型均改为 P2P，同时设置两个端口的 IP 不在同一个地址段（把 R1 的端口 IP 改为 10.1.1.1/30，R2 的端口 IP 改为 10.1.1.9/30），此时可以观察到以下故障现象：在 R1 和 R2 上，display ospf statistic error 均看不到异常，查看邻居状态，R1 和 R2 均卡在 exstart 状态。

针对上述现象，在华三设备上 OSPF 的 DD 报文为单播发送，由于两侧接口不在同一网段，无法 ping 通，因此卡在 exstart 状态。

◆ 常见故障二

在交换机与路由器互联的场景中，路由器上通常会配置子接口来终结不同的 VLAN，在图 2-5 所示的拓扑中，交换机 SW1 上的 VLAN100 配置了 IP 地址，与路由器 R2 的 G0/0 的子接口 G0/0.100 进行通信，在子接口 G0/0.100 上配置命令 vlan-type dot1q vid 100 to 101 进行 VLAN 标签终结。此时交换机 SW1 与 R2 对应的接口 IP 可互相 ping 通，运行 OSPF 发布对应接口后，运行 display ospf statistic error 命令查看显示无异常。但查看 OSPF 邻居时可以发现，SW1 的 OSPF 邻居显示为空，R2 的 OSPF 邻居显示为 INIT 状态。

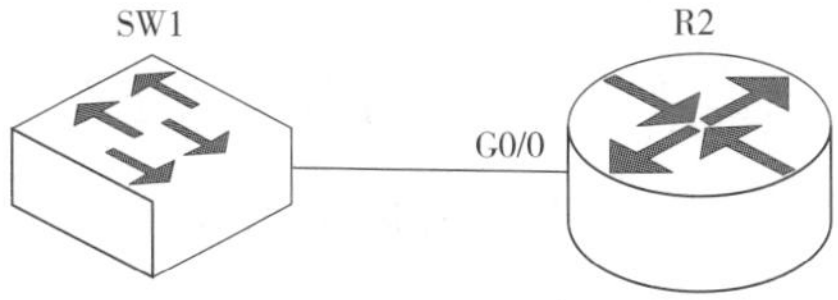

图 2-5　OSPF 常见故障现象二

产生上述故障现象的原因是路由器R2的子接口配置了模糊的VLAN终结，需要依靠ARP来决定发出的报文需要打什么标签。但由于Hello包是组播发送，没有 ARP，所以 R2 不会发送 Hello 包，因此在交换机 SW1 上的 OSPF 邻居表显示为空（因为收不到 Hello 包），而在 R1 上的 OSPF 邻居表显示处于 INIT 状态（因为无法从 Hello 包中看到自己的 Router ID）。

◆ 排查步骤

通过上述两个故障现象，我们可以发现，在排查 OSPF 邻居建立不成功的原因时，display ospf statistics error 命令是一个非常实用的命令，但不能指望单纯通过该命令来发现所有的故障原因。

通常情况下，针对此故障现象，我们可以通过以下几个步骤的排查来找出故障原因：

（1）运行 display ospf interface 命令，查看端口是否被宣告进入 OSPF 进程中。

（2）运行 display ospf statistics error 命令，排除可以发现的故障。如果干扰项过多可以先重置一下 error 计数器。对于启用了验证而产生的邻居建立故障，应先检查接口是否配置了验证以及两侧的验证类型、密码是否一致，然后再检查区域是否配置了验证以及验证类型、密码是否一致。

（3）经过上述两步后，如果邻居关系还无法建立，此时可以 ping 一下对端接口的 IP。若 ping 不通，当链路类型为广播网络时运行 display ospf statistics error 命令会出现 bad packet 错误代码，链路类型为 P2P 时邻居状态会卡在 exstart。如果发现无法 ping 通，接下来应该检查链路的配置和状态，具体见 2.2.4 节。

（4）经过上述三步后，如果邻居关系还无法建立，此时应该查看链路两侧端口配置，检查项包括端口上是否开启了 MTU 检查，链路网络类型为广播但端口的 DR priority 是否都为 0 等。

2.2.2 OPSF 邻居建立了但没有路由

对于这个故障现象，我们可以按照下述步骤进行排查：

（1）检查相应接口是否宣告。

（2）检查 OSPF 进程中是否配置了路由过滤。

（3）对于区域内路由，检查两侧接口的网络类型是否匹配。例如链路一端的网类类型设为 P2P，另一端设为 Broadcast，会出现此现象。

需要注意的是，在 MPLS BGP VPN 场景中，对于 PE 上的私网 OSPF，引入 MP-BGP 路由时，使用 display ospf routing 时会查看不到对端的路由，而使用 display ospf lsdb 可以看到相应的 LSA，这属于正常现象，因为在 PE 上会把从 MP-BGP 引入的路由的 DN 位设为 1，所以 PE 上的私网 OSPF 进程不会学习，但会放入 LSDB 中。

2.2.3 接口没有被宣告

我们可以通过 display ospf interface 命令查看对应的接口是否被正确宣告，如果发现接口没有被宣告，可以进行以下检查：

（1）检查接口的 IP 地址配置是否正确。

（2）检查在 OSPF 进程中宣告的地址段，是否包含了该接口 IP 地址。

（3）检查接口或 OSPF 进程是否绑定了 VRF。当接口绑定了 VRF 的，而 OSPF 没有绑定 VRF，或者 OSPF 绑定了 VRF，但接口没有绑定 VRF，无论如何配置，接口都无法被宣告进入对应的 OSPF 进程中。

2.2.4 链路 ping 不通

链路 ping 不通是一个常见的三层故障。在实际运维中，我们一般会在链路开通后进行 ping 操作以确认链路是否正常。当链路投入运行后，一般只会在 OSPF 邻居关系中断时才会对链路进行 ping 操作，因此本书在这里对链路 ping 不通这个故障的排查过程进行讨论。这里以路由器为例，具体的排查过程可以分为以下几步：

（1）检查链路两侧的接口，物理层和链路层的状态是否都为 UP。如果不是，则需要进行物理层故障的排查，物理层故障排查具体见第 8 章。

（2）检查链路两侧接口的 IP 地址及掩码配置是否正确。

（3）如果使用了子接口，则检查是否配置了 vlan-type 命令对 VLAN 标签进行了终结，并且检查该命令的配置是否与对端一致，同时检查对端发的报文是否携带了标签（如果对端使用了交换机，需要检查 PVID 值以确认发送的报文是否携带标签）。

（4）通过 display arp 查看链路两端设备的 ARP 地址表，检查 ARP 是否正确学习，是否配置了错误的静态 ARP 绑定。

（5）对于直连链路，经过上述检查后如果 ping 不通时则检查物理接线是否正确。

（6）对于非直接链路，除了进行（1）~（4）的检查后，还需要检查两端和中间所经设备的 IP 路由表（注意检查 IP 路由表，而不是某个具体协议的路由表），同时中间设备也要检查 ARP 表。

【实用技巧】

在竞赛场景中，对于第 5 步检查物理连线，我们可以不必去设备上核对链路的接线是否正确。可以通过以下步骤快速判断链路接线是否正确。

在链路两侧端口物理层和链路层状态均为 UP 的情况下，如果端口为网口，可以在本端执行 shutdown 命令关闭端口，检查对端的端口状态是否为 DOWN。如果对端的端口状态从 UP 转变为 DOWN，则说明接线正确。如果端口为光口，同样在本端执行 shutdown 命令关闭端口，在对端通过命令 display transceiver diagnosis interface ××× 检查收光是否正常，如果对端的收光不正常，则说明接线正确。

3

B G P

BGP 是业界目前唯一在用的域间路由协议，各级电力数据网均使用独立的 AS 号，业务数据在各级电力数据网之间流转时，需要借助域间路由协议实现路由互通，因此 BGP 在电力数据网中也得到广泛使用。尤其是电力数据网通常使用 MPLS BGP VPN 进行不同业务的逻辑隔离，BGP 更是不可或缺的协议。

3.1 BGP 相关理论知识

3.1.1 路由通告原则

◆ 基本原则

BGP 对等体间的路由通告遵循以下两条基本原则：

（1）从 EBGP 收到的路由会向所有 BGP 对等体通告（包括 EBGP 和 IBGP）。

（2）从 IBGP 收到的路由不会向 IBGP 对等体通告，是否向 EBGP 对等体通告取决于同步是否打开。

◆ BGP 同步

同步是指 IBGP 协议和 IGP 协议之间的同步。

从 IBGP 对等体收到的路由，如果开启了同步，只有当通过 IGP 也能学习到这条 IBGP 路由时，这条路由才有可能被 BGP 选为最佳路由，从而才会发布给 EBGP 对等体。否则即使该路由有效，也不会参与 BGP 选路计算，更不会发送给 EBGP 对等体。

关闭同步时，从 IBGP 对等体收到的路由会向 EBGP 对等体通告。

3.1.2 路由属性分类

BGP 包含 10 个路由属性，这 10 个属性可分为 4 类：公认必须（well-known

mandatory）、公认自主（well-known discretionary）、可选传递（optional transitive）、可选非传递（optional non-transitive）。

“公认（well-known）”指所有路由器都能识别该属性，“必须（mandatory）”指该属性必须放在 update 报文中，“自主（discretionary）”是指该属性可自主决定是否放在 update 报文中。没有或缺少“公认必须”属性的路由会被认为无效而丢弃。

“可选（optional）”指路由器不一定能识别该属性，“传递（transitive）”指路由器可以把该属性传递给它的邻居。“非传递（non-transitive）”指路由器会直接丢弃该属性，并不会向下传递。

BGP 路由属性见表 3-1。

表 3-1 BGP 路由属性

属性名称	所属类别
Origin	公认必须
AS_PATH	
NEXT_HOP	
Local_Preference	公认自主
Atomic_Aggregate	
Aggregator	可选传递
Community	
MED	可选非传递
Originator_ID	
Cluster_LIST	

3.1.3 路由属性

◆ Origin

Origin 属性取值范围为“i”“?”“e”。

取值为 e 时，代表该路由是通过 EGP 路由协议学习到的。由于 EGP 路由协议现在基本不使用，因此在实践上 e 基本不会出现。

对于 network 的路由，该属性取值为 i；对于自动聚合或 import 的路由，该属性取值为“？”。

对于手动聚合的路由，该属性取值可能为“i”或“？”，具体取决于被聚合的明细路由。当所有明细路由的 Origin 属性取值全部为 i 值，聚合路由该属性的值为 i，其他情况下取值都为“？”。手动聚合时也可手动修改该属性的值。

◆ AS_PATH

AS_PATH 属性用于记录路由经过的 AS 域，分成 4 个部分，分别是 AS_SEQUENCE、AS_SET、AS_CONFED_SEQUENCE、AS_CONFED_SET。

AS_PATH 属性可以看成一个字符串，数值间以空格进行分隔，可以同时包含上述 4 个部分，每个部分使用不同的符号进行区分。其中：AS_SEQUENCE 部分无需使用额外符号；AS_SET 部分在路由聚合时使用，把被聚合的明细路由的 AS 号汇总成一个集合，使用大括号 {} 表示；AS_CONFED_SEQUENCE 部分在联盟内使用，作用与 AS_SEQUENCE 相同，使用普通括号 () 表示；AS_CONFED_SET 部分用于联盟内的聚合路由，使用方括号 [] 表示。

路由每经过一个 AS，新的 AS 号会添加在 AS_PATH 属性的最左侧，一个完整的 AS_PATH 的表示方法如图 3-1 所示。

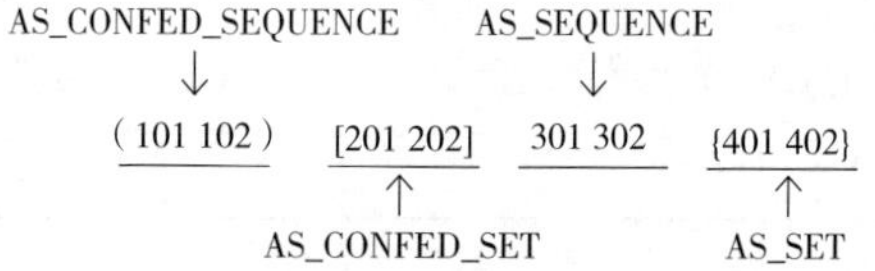

图 3-1　完整的 AS_PATH 的表示方法示例

下面对路由在联盟内进行传递时，AS_PATH 属性的变化情况进行具体介绍：

（1）当路由在联盟内的子 AS 间传递时，AS_SEQUENCE、AS_SET 部分的值不会改变。

（2）当路由在联盟内子 AS 之间传递时，若 AS_PATH 属性的最左端是 AS_CONFED_SEQUENCE，则将自己的子 AS 号加在 AS_CONFED_SEQUENCE 的最左端。否则，创建一个 AS_CONFED_SEQUENCE，包含自己的子 AS 号。

（3）当联盟向联盟外的 EBGP 对等体传递路由时，遵循以下三个步骤：

每一步：若 AS_PATH 属性的最左端是 AS_CONFED_SEQUENCE，则把后面的 AS_CONFED_SEQUENCE 和 AS_CONFED_SET 部分一同删除，转第二步。

第二步：若 AS_PATH 属性的最左端是 AS_SEQUENCE，则把联盟 AS 加在最左端，转第三步。

第三步：若 AS_PATH 属性的最左端是 AS_SET，则增加一个 AS_SEQUENCE，将联盟 AS 加在最左端。

（4）对于本地始发路由的传播。如果是发送给同一个子 AS 内的 IBGP 对等体，则添加一个空的 AS_PATH 属性。如果是发送给联盟内其他子 AS 的 EBGP 对等体，则添加一个 AS_CONFED_SEQUENCE 并加入自身的子 AS 号。如果是发送给联盟外的 EBGP 对等体，则添加 AS_SEQUENCE 属性并加入联盟真正的 AS 号。

◆ NEXT_HOP

我们把建立 BGP 邻居时 TCP 连接使用的源地址称为源接口地址。BGP 把路由发布给 IBGP、EBGP 邻居时，路由下一跳属性使用本地源接口地址填充。BGP 将学到的 EBGP 路由传递给 IBGP 邻居时，不会改变路由的下一跳属性。

BGP 路由的 NEXT_HOP 属性必须满足语法正确和语义正确两个条件，否则该路由会被丢弃。语法正确指的是 NEXT_HOP 属性值必须是一个有效的 IP 地址，语义正确是指它不能是接收路由器的接口地址，而且对于发送给 EBGP 邻居的路由，NEXT_HOP 属性的值必须是本地用来建立 TCP 连接的接口 IP，或者与接收路由器在同一子网（即下面将提到的“第三方下一跳”）。在实践中，可能会遇到一种故障是：当 BGP 协议收到一条路由时，它的下一跳地址在本地存在（即本地某个接口的 IP 与路由的下一跳地址相同，可能是由于配置或规划错误），从而使得 BGP 协议丢弃该路由导致路由无法正常学习。

在图 3-2 所示的特殊场景中，R1 与 R3 分别使用接口地址（图中的 Add1 和 Add3）建立 EBGP 邻居关系。R1 在把 R2 上的业务网段发布给 R3 时，不会使用本地源接口地址（Add1），而会使用业务网段所在路由器的接口地址（Add2）作为路由的下一跳属性，这也被称为第三方下一跳。

仍然以图 3-2 例，需要同时满足以下几个条件才会出现“第三方下一跳”现象：

（1）R1、R3 使用直连接口建立 BGP 邻居。

（2）R1、R3 建立的是 EBGP 邻居关系。

（3）R1、R2、R3 之间的互联网络是多路可达网络（例如以太网），即 R1、R2、R3 三者的接口地址（Add1、Add2、Add3）在同一网段。

（4）要被发布的业务网段 N 在 R1 的 BGP 路由表上，下一跳地址属性为 R2 的接口地址（Add2）。

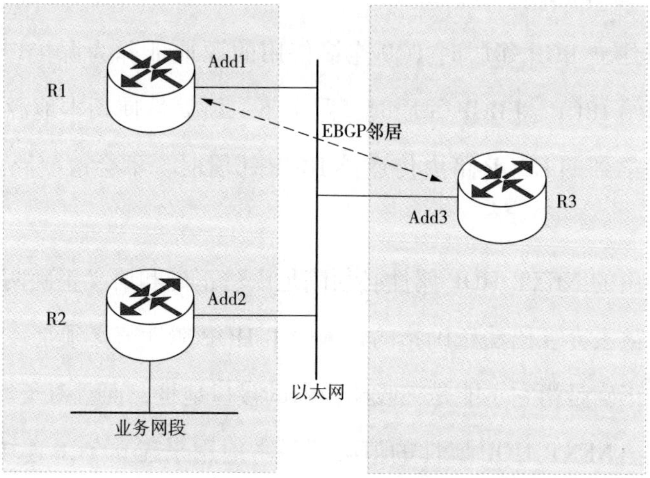

图 3-2 “第三方下一跳”拓扑

那么如果R1和R3用Loopback地址来建立EBGP邻居，然后R1向R3发布一条路由，下一跳为R2的Loopback地址，且三台路由器的Loopback在同一网段内，可以达到“第三方下一跳”的效果吗？答案是不行的。因为R1在路由表查找R3的Loopback地址时，会发现它不是Direct类型（即不是直连路由），因此不会达到“第三方下一跳”特性。

◆ Local_Preference

用于路由选路，默认值为100，值越大越优先。只能在AS域内传播，不能发送给其他AS。

◆ Atomic_Aggregate与Aggregator

Atomic_Aggregate与Aggregator属性均与聚合路由有关。Atomic_Aggregate属性表示该路由是经过聚合的。Aggregator属性携带了发起路由聚合的AS号和形成聚合路由的BGP发布者的IP地址。

◆ Community

标准BGP使用的是标准团体属性，MP-BGP使用的是扩展团体属性（RT）。

（1）标准团体属性。标准团体属性共32bites长，可以解析为一个10进制的数，也可以解析为AA∶NN的格式，其中前16位解释为AA值，后16位解释为NN值。因此，值65537等同于1∶1（65537十六进制表示为：00 01 00 01）。

在RFC1997中规定了BGP标准的团体属性，具体见表3-2。

表3-2 BGP标准团体属性

属性值	效果
Internet	缺省团体属性。 具有此属性的路由可以被通告给所有的BGP对等体
No_Advertise	设备收到具有此属性的路由后，不能被通告给任何其他的BGP对等体

续表

属性值	效果
No_Export	设备收到具有此属性的路由后，不能被发布到本地 AS 之外。如果使用了联盟，则不能被发布到联盟之外，但可以发布给联盟中的其他子 AS
No_Export_Subconfed	设备收到具有此属性的路由后，不能被发布到本地 AS 之外，也不能发布到联盟中的其他子 AS

需要注意的是，默认情况下，BGP 协议不会向对等体发送标准团体属性，必须配置命令 peer advertise-community。

（2）扩展团体属性。扩展团体属性共 64 位。前面 2 个字节（共 16 位）为 TYPE，中间 4 个字节（共 32 位）为 Administrator Field，后面 2 个字节（共 16 位）为 Assigned Number Field，具体取值和解析方式见表 3-3。

其中 TYPE 字节低 2 位为 0x02 时，代表本属性为 RT 值。BGP 扩展团体属性为私网 OSPF 使用，详细内容见第 4.4.1 节。

表 3-3　　BGP 拓展团体属性

<table>
<tr><th>TYPE
（2 个字节）</th><th colspan="2">Administrator Field
（4 个字节）</th><th colspan="2">Assigned Number
（2 个字节）</th><th>备注</th></tr>
<tr><td>0x0002</td><td>16 位 AS 号</td><td colspan="3">用户自定义编号</td><td rowspan="3">RT 值</td></tr>
<tr><td>0x0202</td><td colspan="2">32 位 AS 号</td><td colspan="2">用户自定义编号</td></tr>
<tr><td>0x0102</td><td colspan="2">IP 地址</td><td colspan="2">用户自定义编号</td></tr>
<tr><td>0x0005</td><td>0</td><td colspan="3">OSPF Domain ID</td><td rowspan="3">传递私网 OSPF 路由时使用</td></tr>
<tr><td>0x0107</td><td colspan="2">OSPF Router ID</td><td colspan="2">0</td></tr>
<tr><td>0x0306</td><td colspan="2">Area ID</td><td>Route Type</td><td>Options</td></tr>
</table>

MP-BGP 协议默认情况下会发送扩展团体属性，无需手工配置额外的命令。

◆ MED

用于路由选路，默认值为0，值越小越优先。默认情况下，BGP只会比较来自同一AS的路由的MED值，来自不同AS的路由，不会比较它们的MED值。

MED值只能在相邻的AS间传播。通常在AS边界路由器上使用Route-Policy策略设置MED值，可以应用在in方向或out方向。如果应用在in方向，那么只能在本AS内传递；如果应用在out方向，对端收到后只在对端的AS内传递。即路由器在收到带有MED属性的路由时，MED属性只能发给IBGP邻居，发给EBGP邻居时会去掉MED属性。

◆ Originator_ID与Cluster_LIST

Originator_ID与Cluster_LIST属性主要应用在开启路由反射功能的场景中。路由反射是用来解决大规模网络中IBGP全连接指数增长问题的可选方案之一（另一个方案是联盟），它打破了传统BGP协议下IBGP路由的通告原则，使得在特定场景下，BGP对等体可以把从IBGP收到的路由向其他IBGP对等体通告，因此需要使用这两个属性来避免可能的路由环路。这两个属性均是在路由反射器（RR）反射路由时由RR添加，并且为非过渡属性，即路由条目在被发送给EBGP对等体时会去除这两个属性。这两个属性将在第3.1.10节作详细介绍。

3.1.4 邻居建立

BGP邻居建立过程中，两个对等体都可以发起TCP连接，但在邻居关系成功建立后，两个对等体之间只会保留其中一条TCP连接。

在MPLS VPN场景中，我们通常要使用环回口作为建立BGP连接的源端口。在配置华三设备时，如果一方在建立邻居时使用peer×.×.×.× connect-interface指定环回口作为TCP连接的源端口，另一方没有配置，那么BGP邻居也能正常建立，并且双方都会使用环回口来作为源端口。

在工程实践中，有时我们需要暂时禁用某一些邻居，这里有两条容易引起混淆的命令，分别是 peer ×.×.×.× ignore 和 undo peer ×.×.×.× enable。peer ignore 命令可以用来暂时禁用某个邻居，它会用来禁止与相应对等体间的会话，但不会删除相应配置，禁用之后可以随时再次启用。undo peer enable 命令除了禁止相应会话，还会删除各地址族下与该对等体有关的所有配置，只包留全局会话配置（与地址族无关的），相比而言更加彻底，如果要重新启用相应的对等体则需要在地址族下重新配置。

3.1.5 BGP 邻居状态机

BGP 邻居关系建立的状态机如图 3-3 所示。

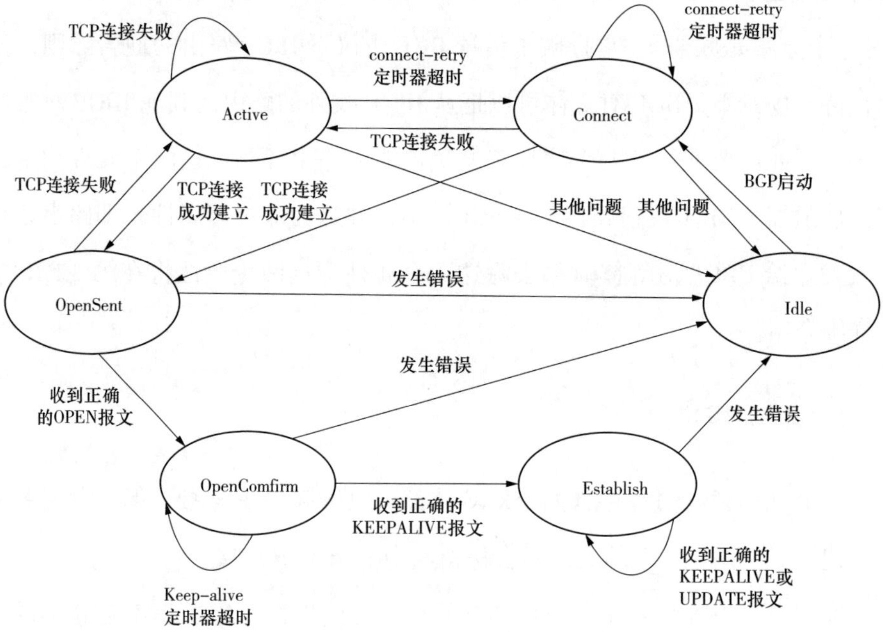

图 3-3 BGP 邻居关系建立的状态机

这里主要分析 Connect 状态和 Active 状态。这两个状态都是 TCP 连接建立前的中间状态，它们两者的关系是：Connect 状态是主动发起 TCP 连接，如果 TCP 连接建立失败，则进入 Active 状态。在 Active 状态下，只能被动等待对端的 TCP 连接请求，而不能主动发起，此时如果定时器超时，则会重新返回 Connect 状态，再次主动发起 TCP 连接。在 Connect 状态下，BGP 进程也会同时监听对端发起的连接请求。

当一方发起 TCP 连接请求，但对端一直没有回应时（例如配置了 ACL 阻隔了报文或对端没有启动 BGP），connect-retry 定时器超时后，BGP 进程会一直停留在 Connect 状态。因为此时 TCP 只是三次握手没有成功（因为没有响应），而不是连接失败。TCP 连接失败是指收到对方发送的 TCP RST 拒绝报文。

当 BGP 进程处在 Active 状态时，如果收到对端的 TCP 连接请求，但 TCP 的源地址不是所预期的，那么会发送 TCP RST 报文来拒绝 TCP 请求，重置 ConnectRetry 定时器，并停留在 Active 状态。

华三设备在具体实现上，与状态机在两个地方有所不同。第一是收到 TCP RST 拒绝报文时，不会认为 TCP 连接失败，而是当对应的 Socket 返回错误时才认为 TCP 连接失败。第二是在当路由器处于 Connect 或 Active 状态时，如果收到的 TCP 请求的源地址不是所预期的，都会发送 RST 来拒绝该 TCP 请求，并保持在原来的状态。

以 BGP 邻居建立过程（见图 3-4）的拓扑为例，对源地址不符合要求的场景进行分析。在该拓扑中，路由器 A 和路由器 B 建立 IBGP 邻居关系，在路由器 A 上配置命令为 peer 10.1.1.2 connect-interface lo0，而路由器 B 配置命令为 peer 10.1.1.1（双方 Loopback0 路由可达）。此时路由器 A 会一直停留在 Connect 状态，而路由器 B 会大部分时间会停留在 Active 状态。

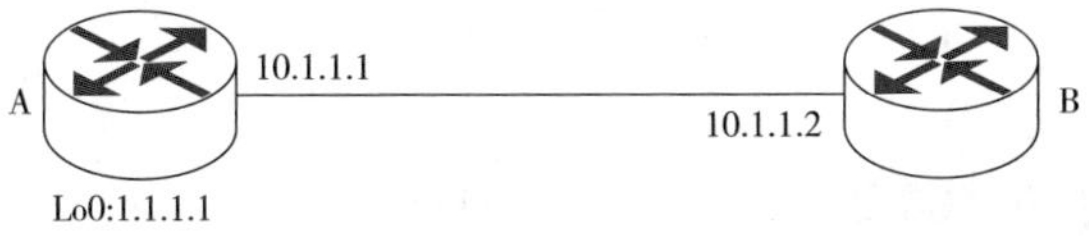

图 3-4 BGP 邻居建立过程

针对上述情况，我们通过 Debug 命令来对两个路由器间的报文交互过程进行抓取。

路由器 A 的 debug 信息如下所示：

```
# 路由器 A 的输出信息
*Jul 25 11:16:40:016 2017 H3C BGP/7/DEBUG:
BGP.: 10.1.1.2 Receive ConnectRetryTimer_Expires event in CONNECT state.

*Jul 25 11:16:40:016 2017 H3C BGP/7/DEBUG:
BGP default.: 10.1.1.2 State is changed from CONNECT to CONNECT.

*Jul 25 11:16:52:665 2017 H3C BGP/7/DEBUG:
BGP.: 10.1.1.2 Connection accepted.

*Jul 25 11:16:52:665 2017 H3C BGP/7/DEBUG:
BGP.: 10.1.1.2 UpdateSource fail to accepted.

*Jul 25 11:16:52:666 2017 H3C BGP/7/DEBUG:
BGP.: 10.1.1.2 Close accepted socket.
```

路由器 B 的 debug 信息如下所示：

```
# 路由器 B 的输出信息
*Jul 25 11:16:20:599 2017 H3C BGP/7/DEBUG:
BGP default.: 10.1.1.1 State is changed from ACTIVE to CONNECT.

*Jul 25 11:16:20:600 2017 H3C BGP/7/DEBUG:
BGP.: 10.1.1.1 Receive Tcp_CR_Acked event in CONNECT state.
```

#注：Tcp_CR_Acked 为正常事件，表明本地的 SYN 收到了 ACK，并向对方发送了 ACK

```
*Jul 25 11:16:20:601 2017 H3C BGP/7/DEBUG:
 BGP.: Connected to 10.1.1.1.

*Jul 25 11:16:20:601 2017 H3C BGP/7/DEBUG:
        BGP.: 10.1.1.1 Send OPEN, Version: 4
        Local AS: 100, HoldTime: 180, Router ID: 2.2.2.2

        OPT Type:     2 (Capability)
        CAP Type:     1 (Multiprotocol)   CAP Len: 4
                                          IPv4-UNC (1/1)
        CAP Type:     2 (RouteRefresh)    CAP Len: 0
        CAP Type:    65 (AS4)             CAP Len: 4 AS4: 100

        Total CAPB Len    : 20
        Total OPT Len     : 20
        Total Message Len : 49

*Jul 25 11:16:20:601 2017 H3C BGP/7/DEBUG:
 BGP default.: 10.1.1.1 State is changed from CONNECT to OPENSENT.

*Jul 25 11:16:20:602 2017 H3C BGP/7/DEBUG:
 BGP.: 10.1.1.1 Receive TCPConnectionFails event in OPENSENT state.
```

```
*Jul 25 11:16:20:602 2017 H3C BGP/7/DEBUG:
BGP default.: 10.1.1.1 State is changed from OPENSENT to ACTIVE.

*Jul 25 11:16:52:599 2017 H3C BGP/7/DEBUG:
BGP.: 10.1.1.1 Receive ConnectRetryTimer_Expires event in ACTIVE state.

*Jul 25 11:16:52:599 2017 H3C BGP/7/DEBUG:
BGP default.: 10.1.1.1 State is changed from ACTIVE to CONNECT.
```

结合上述 Debug 信息，BGP 邻居建立过程的报文交互如图 3-5 所示。

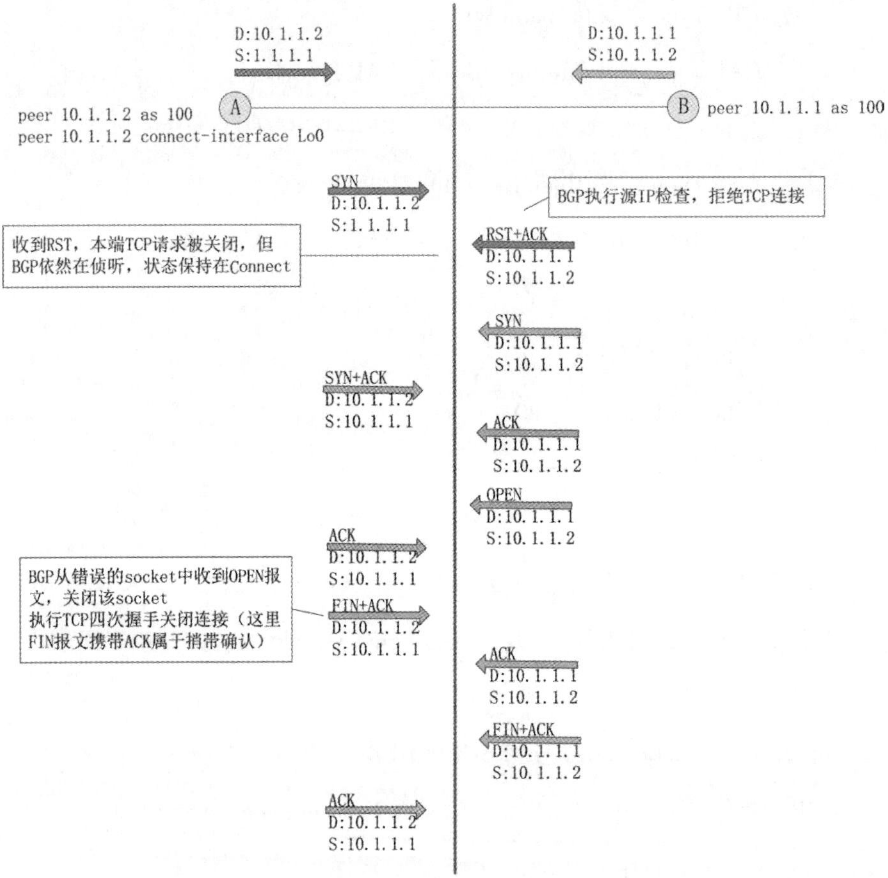

图 3-5 BGP 邻居建立过程的报文交互

思科的实现与华三有所不同。对于思科路由器，A 和 B 都会处于 Active 状态。主要区别有两点：

（1）A 收到 B 的 RST 后，会从 Connect 状态切换至 Active 状态，与 BGP 的邻居状态机切换机制保持一致。

（2）B 发送 OPEN 报文给 A 后，A 会发送 TCP RST 拒绝报文（而不是像华三设备进行正常的四次握手关闭连接），同时 B 的状态会从 OpenSent 切换到 Active 状态。

3.1.6 路由发布

使用 network 命令发布路由时，在路由表中一定要存在该路由才能够引入。而且 network 发布的路由必须与路由表中的路由精确匹配才能发布，即路由的掩码长度要匹配。使用 network 命令不带掩码时默认使用路由的自然掩码。

默认情况下，BGP 向邻居通告的是 BGP 路由表中的最优路由，不管该路由在 IP 路由表中是否为最优路由。

3.1.7 默认路由

BGP 可以通过以下三种配置方式向邻居通告默认路由。

（1）第一种方式为：

```
[Sysname] bgp 100
[Sysname-bgp] address-family ipv4 unicast
[Sysname-bgp-ipv4] peer ×.×.×.× default-route-advertise
```

（2）第二种方式为：

```
[Sysname] ip route-static 0.0.0.0 0.0.0.0 null0
[Sysname] bgp 100
[Sysname-bgp] address-family ipv4 unicast
```

```
[Sysname-bgp-ipv4] default-route imported
[Sysname-bgp-ipv4] import static
```

（3）第三种方式为：

```
[Sysname] ip route-s 0.0.0.0 0.0.0.0 null0
[Sysname] bgp 100
[Sysname-bgp] address-family ipv4 unicast
[Sysname-bgp-ipv4] network 0.0.0.0 0
```

3.1.8 选路原则

BGP 协议在进行选路时，会根据路由接收的先后顺序，一个一个地比较，最终被选中的路由为最佳路由（即把新接收的路由与当前 BGP 路由表保存的最优路由进行比较）。因此路由的到达顺序可能会影响最终的选路结果。

当 BGP 协议向对等体 A 发布了某个路由，然后又从对等体（可以是 A 或其他对等体）收到相同的路由并优选了新的路由，那么它就会向 A 再发一个 UPDATE 报文去撤销之前发布过的路由，然后再向所有对等体（除了学习到这条路由的 BGP 邻居外）宣告自己新优选的路由（对于 VPNv4，路由相同指的是 RD+ 路由前缀相同）。

BGP 协议总共有 13 条选路规则，并按照顺序依次比较进行路由优选。这 13 条规则分别是：

（1）丢弃下一跳不可达的路由。下一跳（NEXT_HOP）不可达的路由包括以下两种情况：

1）下一跳无法通过 IGP 学到（跳由会接收，但不会被认为是 valid）。

2）本地路由器某个接口 IP 与路由的下一跳地址相同（路由被认为是语义错误，直接忽略并记录 log）。

（2）优选 Preferred-Value 值最大的路由。Preferred-Value 属性是华三设备

的私有属性。各大厂商都设置了自己的私有属性来左右 BGP 选路规则，例如思科设备的对应属性值称为 Weight（权重）。私有属性只在本地有效，并且不能传递给其他对等体。

（3）优选 Local_Preference 值最大的路由。

（4）优选本地发布的路由以及聚合过的路由。

本地发布的路由包括了三种情况，分别是 network 命令发布的路由、import-route 命令引入的路由、aggregate 命令形成的聚合路由。BGP 协议会按照 network、import-route、aggregate 的顺序依次进行路由优选。

如果 BGP 收到两条相同的路由，一条聚合过，一条未聚合过，则优选聚合过的路由。而且通过 aggregate 命令生成的手动聚合路由的优先级高于通过 summary automatic 命令生成的自动聚合路由。

针对这条规则，这里再以两个场景为例进行具体说明。当 BGP 协议本地引入某个路由时（通过 network 或 import），如果从另一个对等体收到相同的路由（不管该路由是否经过聚合），BGP 都会优选本地引入的路由。如果 BGP 协议通过 network 命令发布的路由与某条本地生成的聚合路由相同，则优选 network（未聚合）的路由。

（5）优选 AS_PATH 最短的路由。AS_Path 的长度不包括 AS_CONFED_SEQUENCE 和 AS_CONFED_SET 部分，而且 AS_SET 的长度固定为 1（无论 AS_SET 中包括多少 AS 号）。

（6）依次选择 Origin 值为“i”“e”“?”的路由。

（7）优选 MED 值最小的路由。默认情况下，BGP 协议不会比较来自不同 AS 的路由的 MED 值。

（8）优选从 EBGP 对等体学习的路由。BGP 协议会按照 EBGP → 联盟 EBGP →联盟 IBGP → IBGP 的顺序依次进行路由优选。

（9）优选到下一跳的 cost 值最小的路由。

（10）优选 Cluster_List 最短的路由。

（11）优选 Originator_ID 最小的路由。

（12）优选 Router ID 最小的对等体发布的路由。

（13）优选 IP 地址最小的对等体发布的路由。

3.1.9 路由振荡

在华三设备上配置 BGP 路由振荡监控的命令为：

dampening [可达路由半衰期] [不可达路由半衰期] [可用阀值] [不可用阀值] [阀值上限]

路由振荡具体是指路由从可达状态变为不可达状态，或者可达路由的属性发生变化。这里有一点需要特别说明，不可达状态变成可达状态，不会认为是振荡，并且会改为按照可达路由的半衰期进行计算。路由振荡只对 EBGP 路由生效，对 IBGP 路由无效。

路由每发生一次振荡，处罚值增加 1000，超过 [不可用阀值] 时，路由不可用（被抑制）。每经过半衰期时间，处罚值减少一半。如果该路由是可达路由，则半衰期值为 [可达路由半衰期] 指定的值。

处罚值降到 [可用阀值] 以下时，该路由可重新使用并标注为可达或不可达。在 BGP 中，不可达路由也会加入 BGP 路由表，只是不能被优选。

路由处罚值高于 [不可用阀值] 时被抑制，低于 [可用阀值] 时可使用，等于时没有变化。

在路由被抑制期间，如果还发生路由振荡，直接忽略（不再增加处罚值）。

3.1.10 路由反射

路由反射是工程实现上最常用的解决 IBGP 全连接指数增长问题的技术，它与联盟技术相比，配置简单且无需更改网络结构。

◆ 路由反射规则

开启路由反射功能后，所有 IBGP 对等体可以分成路由反射器（RR）、客户机、非客户机三种类型。路由反射器在通告路由时遵循以下原则：

（1）对于通过 IBGP 协议学习到的路由。从非客户机收到的路由仅反射给客户机；从客户机收到的路由会反射给所有非客户机和客户机，除了这个路由更新的始发者。

（2）对于通过 EBGP 协议学习到的路由。从 EBGP 对等体收到的路由会反射给所有的客户机和非客户机（RR 从客户机或非客户机收到的路由是否发给 EBGP 对等体要根据同步是否打开来确定）。

◆ 路由反射的防环机制

路由反射器（RR）在以下两种情况下，会在反射的路由条目中添加 Originator_ID 与 Cluster_LIST 属性：

（1）将非客户机的路由反射给客户机时（这里的非客户机不包括 EBGP）。

（2）将客户机路由反射给非客户机及客户机时（这里的非客户机不包括 EBGP）。

如果被反射的路由条目中已经有 Cluster_LIST 属性，则 RR 会把本地 Cluster_ID 添加到 Cluster_List 的前面。如果 Cluster_LIST 属性为空，RR 就创建一个，同时添加 ORIGINATOR_ID 属性。

上述两个属性的主要作用是防止可能存在的路由环路。

任何一台路由器在收到路由时，都会检查路由的 Originator_ID 属性，如果发现接收到的路由的 Originator_ID 属性的值是自己的 Router ID，则表示出现了路由环路，因而忽略该路由。

路由反射器（RR）除了 Originator_ID 属性，还会检查接收的路由的 Cluster_LIST 属性中是否包含有自己的 Cluster_ID，如果包含则将该路由丢弃，不再转发。

◆ RR 的可靠性部署

RR 的可靠性部署可以分为冗余 RR、同级 RR、分级 RR 三种方式。

（1）冗余 RR。冗余 RR 也称为备份 RR，是指 AS 中存在两个 RR，其中一个 RR 为另一个 RR 的备份。在这种场景下，AS 中其他非 RR 的路由器都需要与这两个 RR 建立 IBGP 邻居关系并作为它们的客户机，两台 RR 之间只需要建立普通的 IBGP 邻居关系（也可以互为客户机）。同时，两台 RR 的 Cluster_ID 要设置为一致以避免可能的路由环路。冗余 RR 的典型结构如图 3-6 所示。

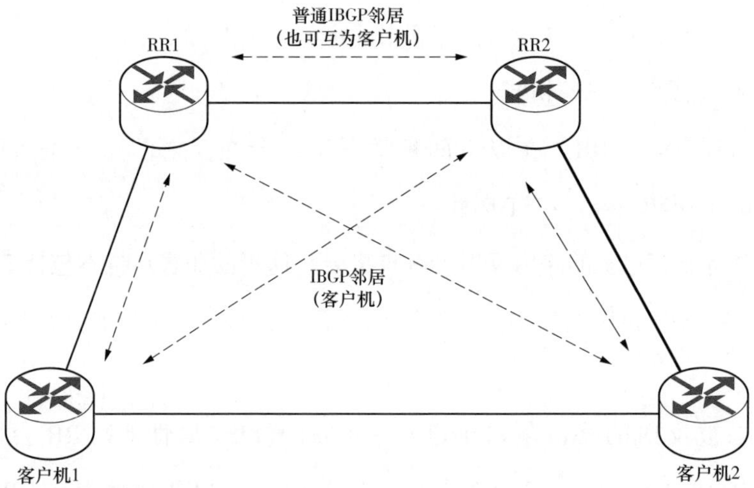

图 3-6　冗余 RR 的典型结构

在实际的工程实现中，很少使用冗余 RR 的方式，因为这种方式要求所有客户机都需要与所有 RR 建立 IBGP 邻居关系。在实际应用上，客户机一般只与某几台 RR（而不是所有 RR）建立 IBGP 邻居关系，这时候就形成了同级 RR 的部署方式。

需要注意的是，只有冗余 RR 方式才需要把所有 RR 的 Cluster_ID 设置为一致，同级 RR 和分级 RR 无需进行此配置，只需要保持 RR 的 Cluster_ID 为默认值即可。

（2）同级 RR。在这种部署方式下，所有 RR 之间建立 IBGP 全连接，且每个 RR 都将其他的 RR 配置成非客户机。其他非 RR 的客户机只与所在集群的 RR 建立 IBGP 连接。同级 RR 的典型结构如图 3-7 所示。

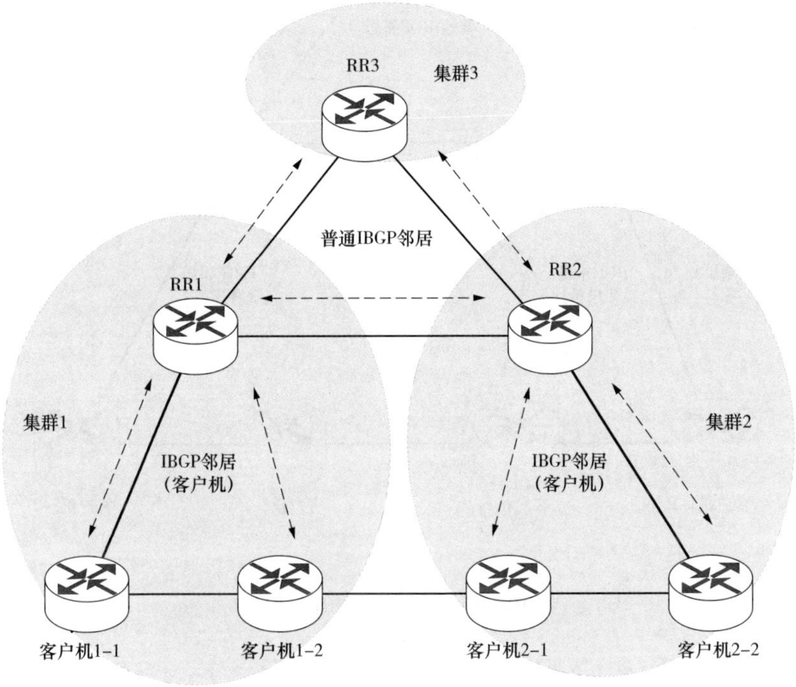

图 3-7　同级 RR 的典型结构

（3）分级 RR。同级 RR 部署方式中的 RR 之间如果不建立 IBGP 全连接关系，就会变为分级 RR 部署方式，它的典型结构如图 3-8 所示。

3.1.11 联盟

BGP 联盟技术把一个 AS 划分为多个子 AS，子 AS 内所有 BGP 对等体之间建立 IBGP 全连接，子 AS 之间、联盟与外部 AS 间建立 EBGP 连接。一个联盟内最多可配置 32 个子 AS。外部 AS 与联盟建立 EBGP 邻居时指定的是联盟真正的 AS 号（非私有 AS 号）。华三设备配置 BGP 联盟的典型方法如下：

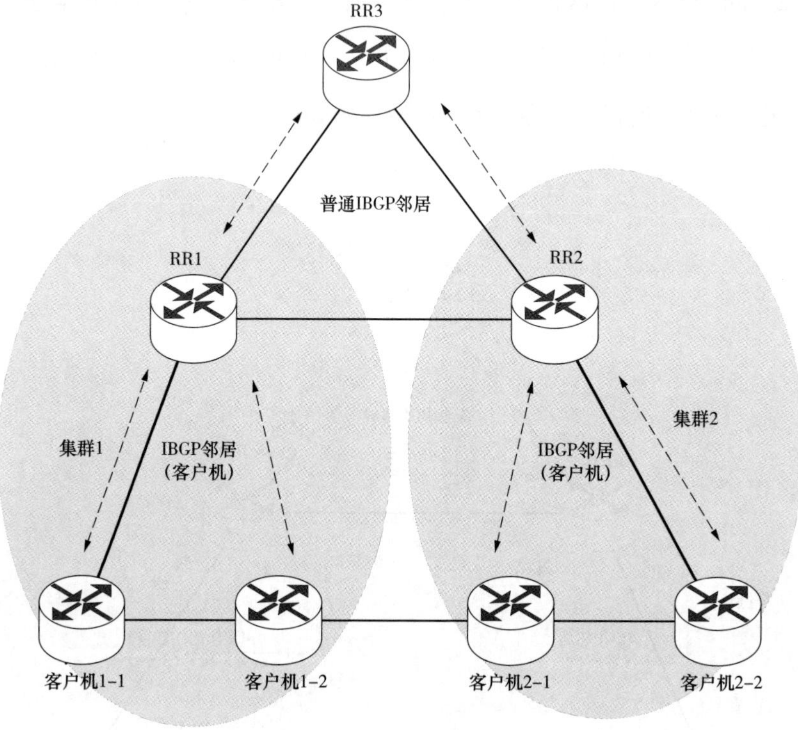

图 3-8 分级 RR 的典型结构

[Router] bgp 私有 AS 号（64512-65535）

[Router-bgp] confederation id 联盟 ID（即真正的 AS 号）

当路由器需要与其他子 AS 建立 EBGP 邻居关系，要继续配置以下命令：

[Router-bgp] confederation peer-as 子 AS 号的列表

列出真正 AS 中所包含的全部子 AS，但本身的子 AS 号不用列出

在路由属性传递方面，NEXT_HOP、MED 和 Local_Preference 三个属性在联盟内是透明传递的，不会做任何修改。

对于 MED 属性，缺省情况下，联盟内部在进行路由优选时不会进行 MED 值的比较。如果在联盟内要进行 MED 的比较必须配置 bestroute med-confederation 命令，并且只有当 AS_PATH 属性中不包含外部 AS 号（即不属

于联盟的子 AS），且 AS_CONFED_SEQUENCE 的第一个 AS 号相同时，才能比较 MED 值的大小。

对于 AS_PATH 属性，联盟内部在计算长度进行比较时，不会计算 AS_CONFED_SEQUENCE 和 AS_CONFED_SET 的长度。

3.2 常见故障现象及排查流程

3.2.1 BGP 邻居无法建立

BGP 邻居无法成功建立，是竞赛以及实践中经常碰到的故障现象。碰到这个问题，我们需要对两侧对等体的 BGP 配置进行检查，而不能只检查其中一个的配置。在检查时可以按照以下顺序逐项进行检查。

（1）检查 BGP 配置是否正确。

这一项检查主要是通过查看 BGP 命令行配置，判断是否存在明显的配置错误。具体操作上可以检查以下几个方面的配置：

1）检查是否在对应的地址族下配置 peer×.×.×.× enable 命令。如果没有配置对等体使能的话，使用命令 display bgp peer 不会显示相应的对等体信息。

2）检查 peer 后的对等体地址是否正确。如果对等体地址错误，BGP 协议会处于 Connect 状态。这一步可以利用 display bgp peer ipv4 命令来检查，BGP 对等体地址示例如图 3-9 所示，其中 peer 项中的 10.1.1.1 指的是对端 TCP 连接的地址，我们可以检查是否与要求的地址一致。

3）检查 peer connect-interface 中使用的源接口地址是否正确。如果源接口地址错误，两侧的 BGP 对等体会一个处于 Connect 状态，另一个处于 Active 状态，但在未超时前两端都会处于 Connect 状态。

（2）带源地址 ping 对端，查看能否 ping 通。

当 ping 不通时，BGP 协议会处于 Connect 状态。

```
[H3C]dis bgp peer ipv4

 BGP local router ID: 1.1.1.1
 Local AS number: 100
 Total number of peers: 1                    Peers in established state: 0

  * - Dynamically created peer
  Peer                    AS  MsgRcvd  MsgSent OutQ PrefRcv Up/Down  State

  10.1.1.1               100        1        1    0       0 00:00:29 Idle
```

图 3-9　BGP 对等体地址示例

（3）使用命令 display acl all 检查是否配置了禁止 179 端口的 ACL。

禁止 179 端口后 BGP 协议会处于 Connect 状态。

（4）检查 AS 号配置是否正确。

如果 AS 号配置不正确，一端会处于 Connect 状态，另一端会处于 Active 或 Idle 状态。

（5）检查两端的 Router ID 是否冲突。

如果 Router ID 冲突，一端会处于 Connect 状态，另一端会处于 Idle 状态。

（6）检查是否配置了密码。

3.2.2 BGP 邻居建立了但收不到对端发的路由

由于电力数据网通常情况下使用 MP-BGP 协议，并且会使用 RR 来实现域内路由的传递，因此这里主要对基于 RR 的 MP-BGP 协议接收不到路由的故障来进行分析，并且假设所有 MP-BGP 邻居均正确建立，OSPF、LDP 协议方面也不存在故障。其他 BGP 场景下路由无法正常学习的故障也可以借鉴本小节的内容进行排查。

在基于 RR 的 MP-BGP 连接场景中，针对接收不到对端路由的故障，我们可以按照以下步骤进行故障排查：

◆ 检查源端是否发送了路由

我们可以通过命令 display bgp rou ipv4/vpnv4 peer ×.×.×.× advertise 来检

查本地路由器是否向对等体 ×.×.×.× 发送了相应的路由。

如果发现本地没有向对端发送相应路由，则按照以下步骤进行检查：

（1）检查本地路由表中有没有相应路由。如果是通过 network 命令发布路由，则检查发布时指定的掩码是否正确。这里有一个竞赛小技巧，如果 network 发布的是直连路由，则通过查看接口配置（不检查路由表）来检查掩码是否一致；如果 network 发布的是通过路由协议学习的路由时，才查看 IP 路由表。因为设备上可能配置了多余的环回接口，如果这时候我们通过查看路由表来检查 network 直连路由的掩码时，多余的环回接口会对我们的排查造成干扰，而通过检查接口配置则没有这个问题。

如果是通过 import 命令引入路由，则检查路由是否成功引入。一个常见的配置注意点是，在 MP-BGP 协议中，如果在 ip vpn-instance 视图下想要引入 OSPF 路由，那么这个 OSPF 必须是私网 OSPF，不能是全局 OSPF。

（2）检查路由发布时是否进行了过滤。

◆ 检查宿端是否接收到路由

如果发现源端正确地发出了路由，但宿端没有学习到路由，则可以通过下列步骤进行排查：

（1）检查两端的 RT 值配置是否正确。

（2）检查路由是否被过滤或丢弃。

这时候需要检查是否存在以下 4 个问题：

1）宿端使用 community 属性进行过滤但发送端并未配置 peer ×.×.×.× advertise-community 命令。

2）发送方与接收方的 BGP Router ID 相同。这时候会由于 RR 的防环机制导致接收端不会接收路由。

3）本地某个接口 IP 与路由的 NEXT_HOP 相同（或 NEXT_HOP 不可达）。

4）本地 Cluster_ID 出现在 Cluster_List 中。

在上述两个故障现象中，我们会发现，BGP 协议的 Router ID 如果配置不正确，也会造成一定的网络互通故障。对于 BGP 协议，原则上要求 Router ID 在 AS 范围内保持唯一。如果不唯一，则会出现以下两种故障现象：

（1）故障现象一：邻居无法建立。如果两个路由器的 Router ID 相同，则它们无法建立 BGP 邻居。

（2）故障现象二：路由无法学习。在拓扑 R1--RR--R2 中，RR 是路由反射器，如果 R1 与 R2 的 Router ID 相同，则 R1、R2 之间无法互相学习路由，因为路由器会丢弃 Originator_ID 与自身相同的路由。工程中，我们可以在每台设备上运行 display bgp peer ipv4 来查看自身的 Router ID。

4

MPLS VPN 技术

电力数据网运维实战

电力数据网由于较强的安全保障要求，同一张物理网络中不同安全分区的业务需要进行逻辑隔离。MPLS BGP VPN 技术由于其简单易用，扩展性强，且可建立多点到多点的访问隧道，与电力数据网业务安全保障和业务访问等需求一拍即合，在实践中得到了广泛应用。

4.1 MPLS

4.1.1 体系结构

MPLS 架构由控制平面和转发平面组成。

控制平面是无连接的，主要功能是负责标签分配、标签转发表建立、标签交换路径（LSP）的建立、拆除等。

转发平面是面向连接的，主要功能是对 IP 包进行标签的添加和删除，同时依据标签转发表对收到的报文进行转发。

4.1.2 环路避免机制

MPLS 基于三种方式来实现网络的无环通信：

（1）利用 IGP 产生无环的 LSP。

（2）MPLS 标签中的 TTL 字段。

（3）采用 LDP 分配标签时，利用 LDP 的环路检测机制，即距离向量法、最大跳数法。

4.1.3 标签空间

标签空间分为全局标签空间和接口标签空间，全局标签空间指 LSR 为每一个 FEC 只分配一个在 LSR 上唯一的标签，接口标签空间指 LSR 的每个接口都可以为特定 FEC 生成一个标签。目前主要使用全局标签空间，接口标签空间一般用于 ATM 上的 MPLS。

在全局标签空间中，标签值的分配满足以下规则：

（1）标签值 0 ~ 15。特殊标签，用于特定用途。

（2）标签值 16 ~ 1023。用于静态 LSP 和静态 CR-LSP。

（3）标签值 1024 及以上。由 LDP、MP-BGP 等动态信令协议进行动态分配。

4.1.4 MPLS 标签操作

MPLS LSP 为单向通信路径，全程标签需要执行以下三步操作：

◆ PUSH 操作

在 LSP 入节点执行 PUSH 操作为报文打上标签，如果收到的报文是普通的 IP 报文，则 MPLS 标签中各字段取值的设置规则如下：

（1）Label 字段。根据报文的下一跳地址查找 LSP，根据 LSP 的出标签为该字段赋值。

（2）EXP 字段。如果系统设置了相应的 QoS 策略，则根据策略要求设置 EXP 字段的值。如果未设置 QoS 策略，当报文携带了 IP 优先级或 DSCP 优先级时，根据一定的规则换算为 EXP 字段的值（具体换算规则见 6.4.3 节报文 QoS 处理流程）。

（3）S 字段。该字段设为 1，表示本标签是最底部的标签。

（4）TTL 字段。默认情况下会把 IP 报文头的 TTL 值减 1 后复制到标签的 TTL 字段中。然而这种方式可能会令标签转发域的网络结构对外暴露，这时可以通过命令 undo mpls ttl propagate 禁止 TTL 复制，使得打上标签时，标签的 TTL 值直接设为 255。在 MPLS VPN 场景中，新添加标签的 TTL 值默认为 255（即默认禁止 TTL 复制）。

如果收到的报文已经带有 MPLS 标签，打上新标签时，S 字段取值为 0，EXP 和 TTL 字段直接复制原标签的值，Label 字段根据 LSP 的内容进行赋值。

◆ SWAP 操作

在 LSP 中间节点执行 SWAP 操作进行标签交换。通过查找标签表，使用新标签替换掉旧标签，同时新标签的 TTL 值减 1。新标签 EXP 和 S 字段直接复制旧标签的值。

◆ POP 操作

当标签 label 字段值为 3 时，在 LSP 的倒数第二个节点执行 POP 操作弹出标签。如果报文还有下一层标签，则把弹出标签的 EXP 和 TTL 值复制到下一层标签中（注意这里的 TTL 值已经完成减 1 操作。因为在收到报文时，会先把 TTL 值减 1，然后再进行后续的其他操作），然后进行下一层标签转发。如果报文没有下一层标签，则把报文的 TTL 值减 1，然后进行 IP 转发（标签的 EXP 字段不会对报文的 IP 或 DSCP 优先级字段产生影响）。

当标签 label 字段值为 0 时，在 LSP 的最后一个节点执行 POP 操作，具体操作步骤与上面一致，不再赘述。

4.2 VPN 技术

VPN 技术按照网络所处的层次可以分为二层 VPN（L2 VPN）和三层 VPN（L3 VPN）。二层 VPN 技术主要包括 L2TP、MPLS L2 VPN 等，三层 VPN 技术主要包括 GRE、IPSec、MPLS VPN 等。三层 VPN 技术的特点见表 4-1。

表 4-1 三层 VPN 技术的特点

技术	优点	缺点
GRE VPN	（1）支持路由协议和组播。 （2）可封装多种协议（如 IPX）	（1）点对点隧道。 （2）静态配置参数。 （3）缺乏安全性（不能加密）。 （4）不能分隔地址空间

续表

技术	优点	缺点
L2TP VPN	(1)点到多点隧道，可自动协商建立。 (2)适应能力强，可支持任意的网络层协议(只要 PPP 能承载即可)。 (3)支持验证和动态地址分配(PPP 的特性)	不提供加密能力
IPSec VPN	可引入多种验证算法、加密算法	(1)配置复杂、消耗运算资源、增加延迟。 (2)不支持组播

目前在电力数据网中，主要应用的 VPN 技术为 MPLS VPN，利用 LDP 在 AS 域内分配公网标签，利用 MP-BGP 分配私网标签，从而实现不同业务间的逻辑隔离。

4.3 LDP

4.3.1 工作方式

华三设备的 LDP 协议，默认工作在“DU+ 有序 + 自由”的模式下，即标签分配方式为 DU（下游自动分配标签，无需上游请求），标签控制方式为有序（只有收到下游的标签后才向更上游发送标签），标签保存方式为自由（保留所有邻居发送过来的标签）。

LDP 的协议报文除 Hello 报文基于 UDP 外，其他报文都基于 TCP，TCP 端口号为 646。

4.3.2 LDP 会话建立

通信双方要成功建立 LDP 会话，需要同时满足以下几个条件：

（1）双方传输地址可达。传输地址（transport-address）指 LDP 建立 TCP

会话连接时使用的源地址。默认情况下使用 LSR-ID 作为 TCP 连接的源地址，可手动修改使用本地的其他地址作为传输地址。通过命令 display mpls ldp discovery verbose 可查看 LDP 会话建立使用的源地址。LDP 会话传输地址检查示例如图 4-1 所示。

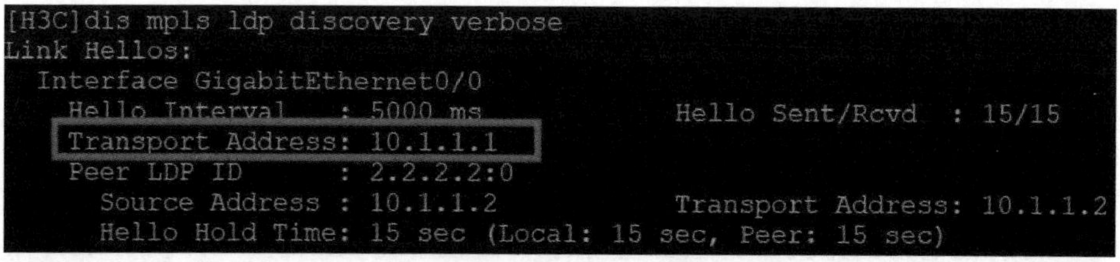

```
[H3C]dis mpls ldp discovery verbose
Link Hellos:
  Interface GigabitEthernet0/0
    Hello Interval    : 5000 ms                   Hello Sent/Rcvd  : 15/15
    Transport Address: 10.1.1.1
    Peer LDP ID       : 2.2.2.2:0
      Source Address : 10.1.1.2                   Transport Address: 10.1.1.2
      Hello Hold Time: 15 sec (Local: 15 sec, Peer: 15 sec)
```

图 4-1　LDP 会话传输地址检查示例

（2）LDP 邻居的 MD5 验证配置一致。

（3）双方 LSR-ID 不能冲突。这里注意与 OSPF、BGP 的区别。对于 OSPF、BGP，相邻设备 Router ID 冲突不能建立邻居，隔设备冲突可以建立邻居但会产生路由震荡。对于 LDP，对于某一台设备，它的所有 LDP 邻居的 LSR-ID 互相之间均不能冲突，否则会出现某些 LDP 会话无法成功建立的问题。

4.3.3 LDP 标签分配

LDP 默认只能为 32 位的主机路由分配标签，如果配置了 lsp-trigger all 也只能为 IGP 和静态路由分配标签，不能为通过 BGP 学习的路由分配标签。

LDP 会为主机路由分配特殊标签 3。对于接口所在网段或指向 NULL0 的静态路由网段，都只分配普通标签（不是 3），这是因为 LDP 只为下一跳 IP 为 127.0.0.1 的 FEC 分配标签 3。指向 NULL0 的静态路由网段下一跳为 0.0.0.0，接口所在网段下一跳为接口 IP 地址。路由器自动生成的 32 位地址不会分配标签，例如 0.0.0.0/32，255.255.255.255/32。

4.4 MPLS BGP VPN

4.4.1 单域 MPLS BGP VPN

◆ MP-BGP 发布路由

对于 MP-BGP 协议，设备上必须启用 MPLS（配置 MPLS LSR-ID 或在接口启用 MPLS），MP-BGP 才能把路由发送给对等体。这是因为发送路由时需要分配标签，未启用 MPLS 时无法分配标签，也就不能发送路由。

◆ PE 与 CE 的私网路由交互

PE 与 CE 之间可运行静态路由、RIP、OSPF、IS-IS、BGP（EBGP 或 IBGP）等各种路由协议交互私网路由。

值得注意的是，使用 BGP 协议时，如果 PE 与 CE 之间建立 IBGP 邻居关系，在某些网络结构中，可能会出现私网路由无法传递的问题。具体我们可以考虑以下两个场景：

（1）场景一。以拓扑 CE1-PE1-RR-PE2-CE2 为例，CE1 与 PE1 运行 BGP 建立 IBGP 邻居，PE1、RR、PE2 之间运行 MP-BGP，RR 是 PE1 和 PE2 的 MP-BGP 路由反射器，那么会存在以下问题：由于 PE 不会向 IBGP 对等体（包括 VPNv4 的 IBGP 对等体）发送从 IBGP 对等体 CE 学习的路由，因此 RR 不会有 CE1 的路由。

此时可以在 PE1 上配置路由反射，那么 PE1 就会把 CE1 上的路由反射给 RR。但下一跳没有改变，依然是 CE1 的接口地址，而 RR 没有 CE1 的接口地址路由，因而不会放入路由表，最终 PE2 和 CE2 也不会有 CE1 的路由。

（2）场景二。在拓扑 CE1-ASBR1-ASBR2-CE2 上，CE 与 ASBR 之间可以建立 IBGP 邻居（ASBR1 与 ASBR2 之间运行 MP-EBGP）。

基于上述限制，在 PE 与 CE 之间如果要运行 BGP 协议，一般建立 EBGP 邻居关系。

运行EBGP时，需要注意在缺省情况下，BGP不会接受AS_PATH属性中已包含本地AS号的路由，以避免形成路由环路。但是，在某些特殊的组网环境下（例如两端的CE都处于AS300），需要允许本地AS号在接收路由的AS_PATH属性中出现，否则无法正确发布路由。可通过命令peer×.×.×.× allow-as-loop [number]对本地AS号允许出现的次数进行设置。

PE与CE间的私网路由交互，典型做法是使用OSPF协议，具体内容后面会详细介绍。

◆ MCE

MCE是指在CE上划分多个VRF，与PE上对应的VRF进行通信。目前电力数据网中，主流的做法是在MCE上启用多个私网OSPF进程，每个进程均与VRF绑定，并与PE上对应VRF的私网OSPF进程建立邻居关系，互相传递私网路由。在这种配置方式下，MCE上VRF的RD/RT值可以与PE上的不一致，没有影响。此外，在MCE的OSPF进程中通常需要配置vpn-instance-capability simple命令，才能进行正常的私网路由传递与学习。

◆ PE与CE间的OSPF路由交互

以MPLS VPN典型拓扑（见图4-2）为例进行介绍。PE1与PE2间运行MP-BGP协议建立邻居，CE1与PE1通过OSPF100，CE2与PE2通过OSPF200交互私网路由。在PE1和PE2上，执行私网OSPF进程与BGP的路由互相引入，使得CE1与CE2的私网路由能够实现互通。

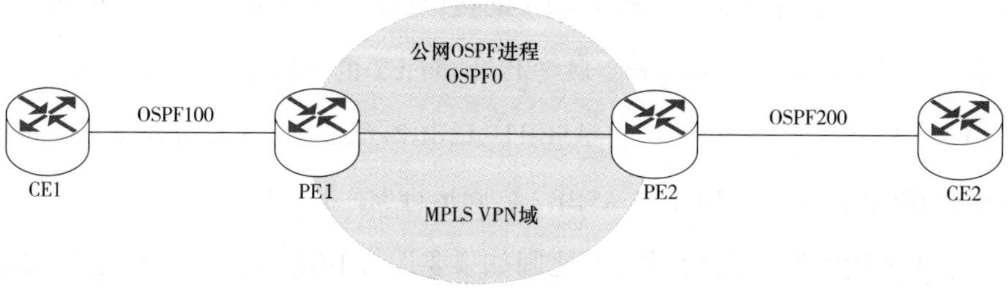

图4-2 以MPLS VPN典型拓扑一

下面以路由从 CE1 传递到 CE2 为例，对路由的交互过程进行分析。

（1）PE1 上，私网路由从私网 OSPF 导入 MP-BGP 中。私网路由导入 MP-BGP 后会发送给其他对等体。私网路由属性设置见表 4-2。

表 4-2 私网路由属性设置

属性	取值	备注
NEXT_HOP	PE1	华三设备只支持 MP-BGP 修改下一跳方式。即发布路由时，将下一跳地址修改为自身
MED	路由的 OSPF 开销值 +1	这里与普通 BGP 不同，普通 BGP 引入 OSPF 路由时，路由的 MED 值等于该路由在 OSPF 中的开销值
Origin	?	采用 import 方式引入，路由来源为 incomplete
RT	路由包含多个 RT 属性，具体分为两类： （1）VPN 本身的 export RT。 （2）与私网 OSPF 相关的 RT。 1）<Domain ID> 2）<Router ID> 3）<AreaNum:Route Type:Option>	（1）3 个 OSPF 相关的 RT 值 +VPN 本身的 export RT 值。 （2）Domain-ID 为 PE 私网 OSPF 进程中手工配置的值，默认为 0。 （3）Router ID 为 PE1 上私网 OSPF 进程的 Router ID 值。 （4）AreaNum 为 PE1 上私网 OSPF 进程配置的区域，Route Type 表示路由类型（区域内、区域间或区域外路由）
其他属性	默认值	—

（2）PE2 上，私网路由从 MP-BGP 导入私网 OSPF 中。将 PE2 本地私网 OSPF 进程的 Domain ID 值，与路由的 <Domain ID> 属性进行对比，如果两个值相同，且路由的 <Route Type> 属性表示该路由为区域内或区域间路由时，则将远程的 OSPF 路由在本地会恢复为 3 类 LSA 引入到 PE2 本地的私网 OSPF 进程中，否则恢复为 5 类或 7 类 LSA 引入（PE2 本端 OSPF 区域如果为普通区域就恢复为 5 类 LSA，如果为 NSSA 区域就恢复为 7 类 LSA）。

当远端的路由被恢复为 3 类 LSA 引入时，会把路由的 DN 位会置 1。

当远端的路由被恢复为5类或7类LSA引入时，会为路由打上一个tag值。tag共32位，取值见表4-3。PE2为路由打的tag值，AS号为PE2上BGP进程所处的AS号。

表4-3 tag取值

前4位	中间12位	后16位
1101	ArbitraryTag（缺省为全0）	AS号

Domain-ID的设置通过命令[sysname-ospf] domain-id <ID> 进行设置。每个OSPF进程只能配置一个Domain-ID，不同进程的Domain-ID相互没有影响。不同VPN内PE上OSPF进程的Domain-ID配置没有限制。但同一VPN的所有OSPF进程应配置相同的Domain-ID，以保证路由传递的正确性。

上述PE恢复路由时执行的两个操作（DN位置1或打上tag值）都是为了防止路由环路。具体以MPLS VPN典型拓扑（见图4-3）进行说明。

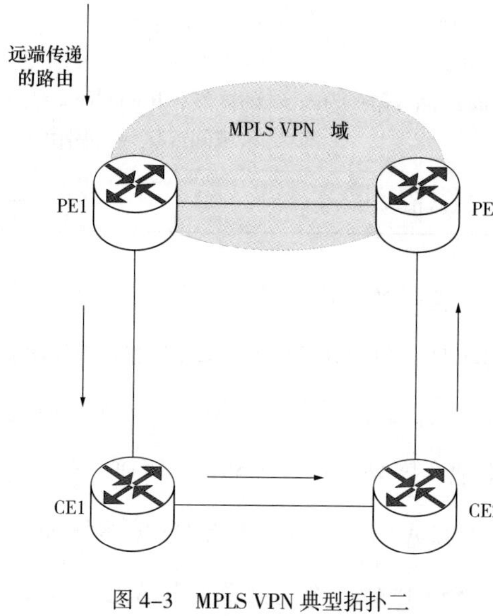

图4-3 MPLS VPN典型拓扑二

PE1、PE2 与 CE1、CE2 建立 OSPF 邻居传递私网路由，这里先假设 CE1、CE2 为普通 CE（非 MCE），上面运行普通的 OSPF 协议。PE1 将从远端收到的私网路由从 BGP 引入到私网 OSPF 进程中，下面分两个情形分析：

1）远端与本端的 Domain-ID 不一致。

远端的路由在本端都会转换成外部路由引入本地 OSPF 进程，并打上相应的 tag 值，CE1、CE2 会学习相应的路由并传递给 PE2。

PE2 会检查收到路由的 tag 值，由于 tag 值默认与 AS 号是对应的，因此 PE2 会认为路由的 tag 值与本地的 tag 值是一致的，该路由会放入 OSPF LSDB 中但不会参与 OSPF 计算，也不会放入私网路由表中，从而避免路由环路（因为正常情况下，PE2 应该通过 MPLS 域学习对端的私网路由，而不是通过私网 OSPF 来学习对端的私网路由）。

2）远端与本端的 Domain-ID 一致。

远端的 1 类、2 类、3 类 LSA 在本端时会被转换成 3 类 LSA，同时把 DN 位置 1。远端的 5 类、7 类 LSA 在本地相应地转换为 5 类、7 类 LSA，并打上 tag 值，转换后的 LSA 在 PE1 上会导入到本地 OSPF 进程中。

外部路由（5 类或 7 类 LSA）的判断逻辑与前面一致，这里不赘述。PE2 在收到 DN 值置 1 的 3 类 LSA 时，会把该 LSA 放入 OSPF LSDB 中但也不能参与 OSPF 计算，以避免路由环路。

前面介绍的情况，是基于 CE1、CE2 均为普通 CE 的情况。如果 CE1、CE2 为 MCE，运行的 OSPF 进程与 VRF 进行了绑定，则 CE1、CE2 也会执行与 PE 相同的判断逻辑，即不会学习 DN 值置 1 的 3 类 LSA 路由（会放入 LSDB 但不能参与计算。另外 MCE 不判断 tag 值，因为 MCE 上没有 AS 号的概念）。这在某些应用场景下会使得 MCE 上无法正常学习对端的私网路由，此时，我们可以在 MCE 上配置命令 [Sysname-ospf-100]vpn-instance-capability simple 来关闭上述环路检测机制，使得 MCE 可以正常学习 DN 值置 1 的 LSA。

在 PE 的私网 OSPF 进程中执行 import-route bgp 命令时，默认会引入 IBGP 和 EBGP 路由，并执行上述的路由类型转换。如果在 PE 的私网 OSPF 进程内执行了 vpn-instance-capability simple 命令，则在执行 import-route bgp 命令时，将只能引入 EBGP 路由。如果要引入 IBGP 路由需要执行 import-route bgp allow-ibgp，此时引入的路由将全部转换为外部路由（全部转换为 5 类或 7 类 LSA，而不会转换成 3 类 LSA，与前面所述规则有些许不同）。

4.4.2 跨域 MPLS BGP VPN

目前 MPLS BGP VPN 跨域主要包括三种方式，以 MPLS VPN 典型拓扑（见图 4-4）为例进行分析。

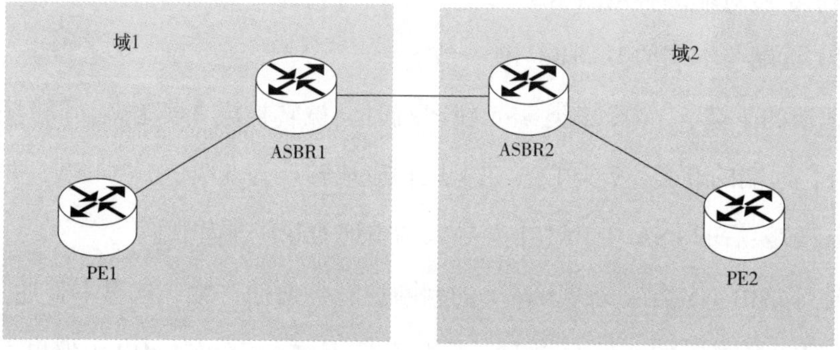

图 4-4　MPLS VPN 典型拓扑三

三种不同的 MPLS BGP VPN 跨域方式的特点见表 4-4。

表 4-4　三种跨域方式的特点

跨域方式	特点	缺点
A 方式	（1）ASBR 上需要为每一个 VPN 创建 VRF，需要为每一个 VRF 分配一条物理或逻辑链路。 （2）两个域之间的 ASBR 通过普通的路由协议或静态路由交互路由。 （3）数据报文在域间传递时，不携带标签	（1）ASBR 配置工作量大，工作量与网络中的 VPN 数量成正比。 （2）域间需要多条物理或逻辑链路互联，每个 VPN 分配一条。 （3）ASBR 是网络中的性能瓶颈，需要保存所有 VPN 路由

续表

跨域方式	特点	缺点
B 方式	（1）两个域间的 ASBR 建立单跳 MP-EBGP 邻居关系，交互私网路由。 （2）数据报文在域间传递时，携带一层标签，该标签为 ASBR 上的 MP-BGP 协议分配的私网标签	（1）ASBR 上不需要创建 VRF，但需要保存所有 VPN 路由。 （2）域间只需要一条物理链路，可以传递所有 VPN 路由。 （3）与 A 方式相同，ASBR 上需要保护所有 VPN 路由，是网络中的性能瓶颈
C 方式	（1）两个域的 ASBR 之间建立普通的 EBGP 连接，在需要建立 VPN 隧道（即有数据互访需求）的两台 PE 之间利用 Loopback 地址建立多跳 MP-EBGP 连接。 （2）如果多个 PE 需要互相通信，则需要建立多个 MP-EBGP 连接，因此存在扩展性问题。解决方法是两端 AS 的 RR 建立多跳 MP-EBGP 连接，而不是在 PE 间建立连接。 （3）ASBR 上的 BGP 协议，需启用标签分配功能。报文在域内传递时，最多可以携带 3 层标签。第一层（最外层）为公网标签，由 LDP 协议分配。第二层为 ASBR 上的 BGP 协议分配的标签。第三层（最里层）为私网标签，由 PE 上的 MP-BGP 协议分配。 （4）ASBR 上不需要保存 VPN 路由，最符合 VPN 的要求，即中间设备不感知 VPN 信息。与 B 方式相比，本方式将 VPN 路由的处理压力分散到 PE 上，适合于更加大型的网络。当 VPN 业务大规模发展时，可以使用本跨域方式	（1）在域间需要互相通告对端 PE 的环回接口的路由，存在一定的路由泄露问题。 （2）由于需要建立跨域的 LSP，在配置、运维和管理上较为麻烦

在具体的设备配置层面，A 方式与普通的路由配置差异不大，下面对 B、C 方式的配置要点进行重点介绍。

◆ B 方式跨域

针对 B 方式，ASBR 上主要有以下几个配置要点：

（1）ASBR 之间需建立单跳 MP-EBGP 邻居。

（2）ASBR 与同一 AS 的 PE 之间的 BGP 邻居需要配置 next-hop-local 命令。在华三设备上，默认情况下对于 MP-EBGP 路由，在发往 MP-IBGP 时是修改下一跳的，因此可以不配置该命令。

（3）ASBR 之间的互联接口上必须启用 MPLS 功能（不需要启用 LDP）。

（4）在 ASBR 上必须保存所有 VPN 路由，可以通过创建相应的 VRF 或配置 undo policy vpn-target 命令实现。

◆ C 方式跨域

针对 C 方式，主要有以下几个配置要点：

（1）PE 与 ASBR 之间需建立 IBGP 邻居，同时互相之间需要开启 label-route-capability 功能，即能够交换并识别带标签的 IPv4 路由，就是在 UPDATE 中携带标签，因为 C 方式中 ASBR 上的 BGP 协议也需要为私网路由分配标签。需要注意的是，每一条 BGP 连接（特指普通 BGP，非 MP-BGP）均需开启该功能。

（2）ASBR 配置标签分发策略。

1）对于从本 AS 的 PE 接收的路由，在向对端 ASBR 发布时，分配 MPLS 标签（这一步主要向对端通告本侧 PE 的 Loopback0 地址，同时分配标签）。

2）对于向本 AS 的 PE 发布的路由，如果是带标签的 IPv4 路由，为其重新分配 MPLS 标签（必须重新分配，因为要执行标签的 SWAP 操作）。

这里要注意配置路由策略时的方向性，执行分配标签操作时，应在向对端 AS 发布路由的方向上配置策略；执行重新分配标签操作时，应在向自身 AS 发布路由的方向上配置策略。

（3）两个 AS 的 PE 之间建立多跳 MP-BGP 邻居。

（4）两个 PE 的 Loopback 地址，必须且只能在 ASBR 上进行宣告并发布给对方 AS。

（5）如果使用路由反射器通告 VPNv4 路由，则需要在路由反射器上配置命令 peer ×.×.×.× next-hop-invariable，使得 RR 向 EBGP 邻居和客户通告 VPNv4 路由时，不改变路由的下一跳，以保证私网路由下一跳不会被修改。如果不配置这条命令，所有的 VPN 流量都要经过 RR 进行中转，从而会使得 RR 成为网络中的流量瓶颈，因此现网中一般要配置该命令，使 VPN 流量直接按照最优路径进行通信。

常用 C 方式的标签交换过程如图 4-5 所示。

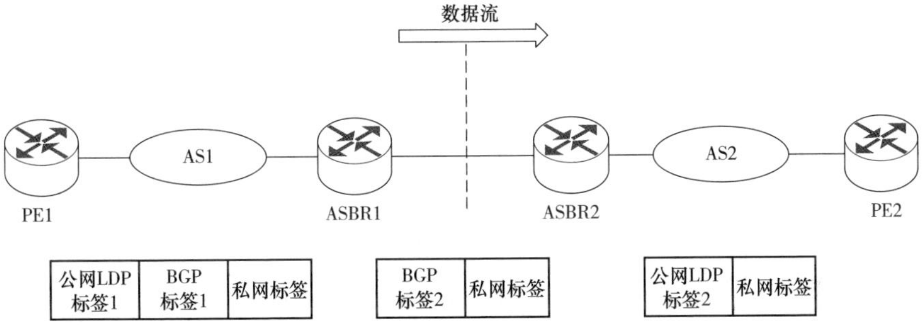

图 4-5 常用 C 方式的标签交换过程

（1）私网标签全程不变（由 PE 的 MP-BGP 负责分配）。

（2）公网 LDP 标签由每个 AS 的 LDP 协议负责分配。

（3）BGP 标签由 ASBR 上的 BGP 协议负责分配。

在通告 PE2 的 Loopback0 时，ASBR2 向 ASBR1 通告标签 2，ASBR1 向 PE1 通告标签 1，BGP 标签在 AS 内部以及 ASBR 之间会进行 SWAP 操作，从而使得 PE1-ASBR1-ASBR2 形成一条 LSP。进行 AS2 后，PE2 的 Loopback0 地址已经由 LDP 分配了公网标签，因此不再需要 BGP 标签。

ASBR1 把路由发布给 PE1 时需要重新分配第二层标签。因为正常情况下两个 AS 进行跨域配置时，ASBR1 在向 PE1 通告外部路由时一般会修改下一跳为自身，此时路由信息是从 ASBR2 传给 ASBR1 再传给 PE1，MPLS 要求标签是逐跳重新分配（即路由或报文每经过一跳要有一个新的标签），因此在 ASBR1 上重新分配标签后就可以形成 PE1–ASBR1–ASBR2 的 LSP。如果不在 ASBR1 上重新分配标签，则相当于 PE1–ASBR2 是一条 LSP，此时要求报文传送过程中，PE1–ASBR2 间的所有设备均不需要识别第二层标签。然而实际上报文到达 ASBR1 后，第一层标签（LDP 标签）会被剥离，ASBR1 上需要对第二层标签进行识别，然而本地却不存在相应的标签交换表，这样就会导致两端无法通信，也就不能实现 C 方式互联了。

【扩展阅读】

上述 C 方式配置，是大多数厂商都支持的配置方法。除此之外，华为设备还支持另外一种实现方式，即 PE 与 ASBR 间不建立 BGP 邻居，而是把 BGP 分配的标签与 LDP 分配的标签结合起来，共同作为报文的外部标签，以 C 方式的标签交换过程方法二（见图 4–6）进行说明。

在这种实现方式下，PE1 与 PE2 建立 MP–EBGP 邻居，ASBR1 与 ASBR2 建立普通 EBGP 邻居，ASBR 与 PE 间不建立 BGP 邻居，PE 上的 MP–BGP 会为私网路由分配私网标签。以 PE1 到 PE2 的数据流为例，在路由学习的过程中，ASBR2 需要把 PE2 的 Loopback0 地址（下面简称为 PE2–lo0）通过 EBGP 发布给 ASBR1 并分配 BGP 标签。ASBR1 收到后，需要把 PE2–lo0 发送给 PE1 并分配标签，但由于 PE1 与 ASBR1 间没有 BGP 邻居关系，此时需要使用 LDP 来为 PE2–lo0 分配标签。

数据报文从PE1到PE2的过程中，首先为报文打上私网标签，私网标签全程不变。PE1在标签交换表中查看PE2-lo0对应的出标签，打上LDP标签1在AS1中传递。报文到达ASBR1后，继续查看标签交换表，在ASBR间的标签是由BGP协议分配的，因此继续打上BGP标签2作为公网标签。到达ASBR2后，通过SWAP操作将BGP标签2替换为LDP标签3在AS2中传递。通过上述过程可以看出，通过BGP标签与LDP标签的结合，PE1-P-…-P-ASBR1-ASBR2-P-…-P-PE2全程形成一条公网LSP。

这种方式的优点是可以简化ASBR上的配置，当AS中有大量PE时，采用这种方式的话，ASBR不需要与PE建立BGP邻居，从而可以减轻用户的配置量。

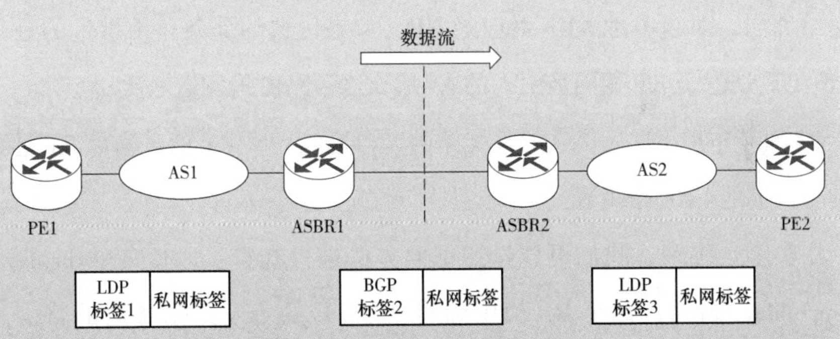

图 4-6 C方式的标签交换过程方法二

4.4.3 VPN 路由表和 VPNv4 路由表

VPNv4路由表指的是路由器收到的各个VPNv4路由（按RD值排序），VPN路由表指的是对应VPN实例（通过BGP学习到）的路由表。命令display bgp routing-table vpnv4命令用来显示VPNv4路由表；命令display bgp routing-table ipv4 vpn-instance vpn_name 用来显示特定实例的 VPN 路由表。

路由器对于收到的所有 VPNv4 路由，根据路由携带的 RT 属性，执行以下操作：

（1）如果本地不存在对应的 VRF（即 VPNv4 路由不需要放入 VRF 的 VPN 路由表中）。将收到的路由按照 RD 值排序，每个 RD 下的路由按照规则进行优选，选出最优路由后发送给邻居。

（2）如果本地存在对应的 VRF（即 VPNv4 路由需要放入特定 VRF 的 VPN 路由表中）。

1）先把除本地 RD 外的其他路由按 RD 值排序，然后选出最优路由。

2）将满足 RT 过滤条件的其他 RD 值的最优路由、携带本地 RD 值的邻居路由、本地 VRF 发布的路由放在一起进行路由优选。

3）经过上述比较后，每个 RD 值都有最优路由，将每个 RD 的最优路由发送给邻居。对于本地 VRF 对应的 RD，如果优选的那条路由携带的是其他 RD 值（只是由于 RT 相同被引入的），那么这条路由只发送一次。

4）对于本地 RD 所优选的最优路由，再比较一次 RT 值，满足 RT 过滤条件的写入本地 VRF 路由表。

在实际运维中，我们可以按照下面方法进行查看：运行命令 display bgp routing-table vpnv4，每个 RD 值中标有 *> 符号的为发送给邻居的路由。有可能不同 RD 优选的路由其实是同一条路由（由于 RT 相同被引入的），那么该路由只发送一次。本地 VRF 对应的 RD 值标有 *> 符号的为准备写入本地 VRF 的 VPN 路由表的路由（如果 RT 满足过滤条件则写入，不满足则不写入）。

4.4.4 VPN 路由过滤

如果要对 VPN 路由进行过滤，可以在 VRF 或 VPNv4 地址族中配置相应的过滤策略。

◆ 在 VRF（vpn-instance）中配置路由过滤

具体配置方法为：

```
[Sysname] ip vpn-instance vpn1
[Sysname-vpn1] import route-policy poly-1
[Sysname-vpn1] export route-policy poly-2
```

上述配置命令的效果等同于以下配置命令：

```
[sysname] bgp 100
[sysname-bgp] address-family vpnv4
[sysname-bgp] peer ×.×.×.× route-policy poly-1 import
[sysname-bgp] peer ×.×.×.× route-policy poly-2 export
```

◆ 在 BGP VPNv4 地址族中配置路由过滤

具体配置上，可以分为以下三种方式：

（1）方式一。在 peer 邻居时指定 route-policy（或 filter-policy），只宣告及接收某些路由。具体配置方法为：

```
[sysname] bgp 100
[sysname-bgp] address-family vpnv4
[sysname-bgp] peer ×.×.×.× route-policy poly-1 import
[sysname-bgp] peer ×.×.×.× route-policy poly-2 export
```

（2）方式二。利用 community 或 ext-community 进行过滤。

（3）方式三。在 RR 上利用 rr-filter 对反射的路由过滤。具体配置方法为：

```
[RR] bgp 100
[RR-bgp] address-family vpnv4
[RR-bgp] rr-filter ext-com-1
```

4.5 常见故障现象及排查流程

4.5.1 LDP 邻居无法建立

LDP 邻居无法成功建立，是竞赛及实践中经常碰到的故障现象。碰到这个问题，我们需要对链路两侧的 LDP 运行状态进行检查，而不能只检查其中一侧的状态。在检查时可以按照以下顺序逐项进行检查：

（1）运行 display mpls summary 命令，查看 lsr-id 是否正确。

（2）运行 mpls ldp 命令，进入 LDP 视图查看是否配置了 lsr-id 以及验证。

（3）运行 display mpls interface 命令，检查启用 MPLS 的端口是否齐全。

（4）运行 display mpls ldp interface 命令，检查启用了 LDP 的端口是否齐全。

（5）以本地 lsr-id 为源，ping 对端的 lsr-id，检查是否能 ping 通。

（6）运行 display acl all 命令，检查是否过滤了 LDP 协议的端口。

4.5.2 LDP 邻居建立成功但没有 LSP 路径

针对 LSP 路径建立不成功的故障现象，可以通过以下几个步骤进行排查：

（1）检查本机路由表是否有到达相应 FEC 的精确路由（必须是 32 位掩码的精确路由）。例如本机有到达 3.3.3.0/24 的路由，但没有到达 3.3.3.3/32 的路由，此时本机不会建立到达 3.3.3.3/32 的 LSP，运行命令 display mpls ldp fec 可以看到以下信息：

```
FEC: 3.3.3.3/32 (No Route)
    Flags: 0x0
    Downstream Info:
        Peer: 2.2.2.2:0
        Out Label: 1150        State: Idle
```

（2）检查上游路由表是否有相应的 FEC，如果没有的话，上游不会宣告标签，从而导致 LSP 无法建立。

（3）检查环回口掩码是否为 32 位。默认情况下，LDP 协议只会为 32 位掩码的地址分配标签。在检查环回口掩码时，我们没有必要每台路由器都去检查。这里有一个小技巧，我们通过运行 display mpls lsp 命令，查看哪几台路由器的环回口没有形成 LSP，然后再针对性地去对应路由器检查环回口的掩码配置，这样可以提高排查效率。

环回口掩码如果不是 32 位，除了会给 LDP、MP-BGP 协议的正确运行带来问题外，还可能造成 ping 不通，具体分析如下。当环回接口配置的 IP 地址不是 32 位掩码时，会在路由表中自动生成 4 条路由。例如配置 IP 为 192.168.1.1/28，会自动生成以下路由表：

Destination/Mask	Proto	Pre	Cost	NextHop	Interface
192.168.1.0/28	Direct	0	0	192.168.1.1	Loop0
192.168.1.0/32	Direct	0	0	192.168.1.1	Loop0
192.168.1.1/32	Direct	0	0	127.0.0.1	InLoop0
192.168.1.15/32	Direct	0	0	192.168.1.1	Loop0

即生成接口所在网段路由，接口真正 IP、接口广播地址、接口网络地址的 32 位路由。在这种情况下，对于拓扑 R1–R2，如果 R1、R2 均运行 OSPF 并且宣告全部路由，在 R1 上配置 lo0 为 192.168.1.1/28，在 R2 上配置 lo0 为 192.168.1.15/32，那么就会出现 R1 以 lo0 为源地址 ping 192.168.1.15 能通，而 R2 以 lo0 为源地址 ping 192.168.1.1 不能通的故障现象。这是因为 R1 虽然学到 192.168.1.15 的 OSPF 路由，但本地存在 direct 路由，优先级更高，带源 ping 192.168.1.15 时 ping 的是本地，数据包其实并没有发送出去。

4.5.3 VPN 路由正常学习但无法 ping 通

我们可以通过以下步骤进行故障排查：

（1）检查 LSP 是否正确建立。对于单域 MP-BGP，使用 display mpls lsp 命令查看对应的 LDP LSP 是否已建立；对于跨域 MP-BGP，先检查跨域的互联接口上是否启用了 MPLS，然后在 PE、ASBR 上通过 display bgp routing-table vpnv4 inlabel 查看私网标签，再根据私网标签下一跳查看 LDP LSP 是否建立，如果私网标签的 outLabel 为空说明是本地处理，不需要再查看 LDP LSP。

（2）检查 MP-BGP 是否使用了正确的 Loopback 接口来建立邻居。如果使用接口地址来建立 MP-BGP 邻居，虽然邻居关系可以正常建立，但标签无法正确迭代，从而无法 ping 通。

5

路由控制与过滤

路由控制与过滤是网络运维的重要内容。在工程实现上、各级电力数据网的边界处，均会部署一定的路由控制与过滤措施，既保证正常业务的互联互通，也防止不必要的路由传播，确保网络的安全性。

5.1 路由控制与过滤概述

5.1.1 不同路由协议的对比

路由协议总体可以分为距离矢量型路由协议（RIP）、链路状态型路由协议（OSPF、IS-IS）和路径矢量型路由协议（BGP）三类。

一台设备上可以同时运行多种路由协议，在进行路由优选时，按照三个步骤进行比较：第一步是先比较子网掩码，完成子网最长匹配，第二步是在子网掩码长度相同的情况下，比较路由协议的管理距离，管理距离越小越优，对于相同的管理距离（即通过同一种路由协议学习到的路由条目），则进行第三步，比较对应路由协议的度量值。在华三设备上，常见路由协议的管理距离见表 5-1。

表 5-1 常见路由协议的管理距离

路由协议	管理距离
RIP	100
OSPF	内部路由：10 外部路由：150
IS-IS	15
BGP	EBGP：255 IBGP：255 本地产生的 BGP 路由：130
静态路由	60

其中，本地产生的 BGP 路由，管理距离为 130，具体指在路由器上使用手动聚合命令生成的聚合路由。这条手动聚合路由在本地路由器上查看时，管理距离为 130。但该聚合路由被宣告给其他邻居后，在其他邻居路由器上查看，该聚合路由的优先级仍为 255。

不同路由协议间的特性对比见表 5-2。

表 5-2 不同路由协议间的特性对比

协议	RIPv1	RIPv2	OSPFv2	IS-IS	BGP
特点	(1) 有类路由协议。 (2) 不支持 VLSM。 (3) 广播数据包	(1) 无类路由协议。 (2) 支持 VLSM。 (3) 组播数据包	(1) 通过 Hello 报文来发现邻居，建立邻接关系后，只发送 LSA（链路状态公告）。 (2) 根据自己的 LSDB（链路状态数据库），采用 SPF 算法计算路由。 (3) 链路状态变化时，马上发送 LSA 到区域内所有路由器		(1) 仅在邻居刚建立时发送全部路由表。 (2) 邻居建立后发送增量路由。 (3) 如果邻居失效，则认为路由失效
协议端口	基于 UDP，端口 520		基于 IP，协议号 89	基于链路层协议	基于 TCP，端口 179
验证	不支持	支持			
路由更新	周期性（每隔 30s）发送全部路由	(1) 周期性（每隔 30s）发送全部路由。 (2) 支持触发更新	触发更新		
Hello 定时器	无		广播链路 10s	10s	60s
保活定时器（Dead Time）	无		4 倍 Hello 定时器	4 倍 Hello 定时器	3 倍 Hello 定时器

续表

协议	RIPv1	RIPv2	OSPFv2	IS-IS	BGP
邻居失效机制	无邻居机制。 路由在 Invalid Timer 时间内，没有收到更新，置为不可达。并在 Hold-down 时间内，向外发送不可达信息。到达 Flush Timer 时间后，从路由表消除路由 *		在 Dead-Time 时间间隔内，若未收到邻居的 Hello 报文，就认为该邻居已失效		若路由器在设定的会话保持时间（Holdtime）内未收到对端的 Keepalive 消息或 Update 消息，则认为此 BGP 会话已中断，从而断开此 BGP 会话
自动聚合	支持	支持	不支持		支持
手动聚合	不支持		支持	支持	
等价路由	支持（默认为 4 条）		支持（默认为 8 条）	—	默认不支持，需配置命令后支持

*RIP 协议定时器包括：①更新定时器，默认为 30s；② Invalid Timer（失效定时器），默认为 180s；③ Flush Timer（清除定时器），默认为 120s；④ Hold-down 定时器，默认为 60 秒 s。

5.1.2 packet-filter 的使用

对于华三设备，默认动作为 permit。当把默认动作设为 deny 后：引用不存在的 ACL 时，所有数据包都被 deny；ACL 中不包含任何 rule，所有数据包都被 deny。

5.1.3 OSPF 协议的路由控制

在 OSPF 中使用 filter-policy 时，可以使用 ACL、ip-prefix、route-policy 工具（使用 route-policy 工具的典型场景是匹配外部路由的 tag 值）。

只有 OSPF、IS-IS 协议可以在 filter-policy 中使用 route-policy 工具，BGP、RIP 协议不支持。

5.1.4 BGP 协议的路由控制

BGP 协议的路由控制如下：

（1）引用不存在的 route-policy 或 prefix-list，没有任何变化，相当于没有做控制。Route-policy 中引用不存在的 ACL 或 prefix-list，也没有任何变化，相当于空节点。

（2）引用的 route-policy 或 prefix-list，最后没有 permit all 的话，则没有匹配的路由都会被 deny：对于 route-policy，最后使用一个空节点可以实现 permit all；对于 prefix-list，必须显式地 permit all。

（3）当对一个 BGP 邻居配置了多个路由选择工具时，prefix-list 先执行，然后再执行 route-policy。

（4）使用 BGP 路由反射器反射路由时，不会修改 NEXT_HOP、AS_PATH、MED、LOCAL_PREF、community 等 BGP 属性。在 BGP 路由反射器场景中，对于 community、MED、LOCAL-PREF 属性，如果使用 route-policy 来

修改的话需要分为两种情况来进行分析。以路由策略设置典型拓扑（见图 5-1）为例，RR 为路由反射器，R1 发送的路由经 RR 反射后到达 R2。

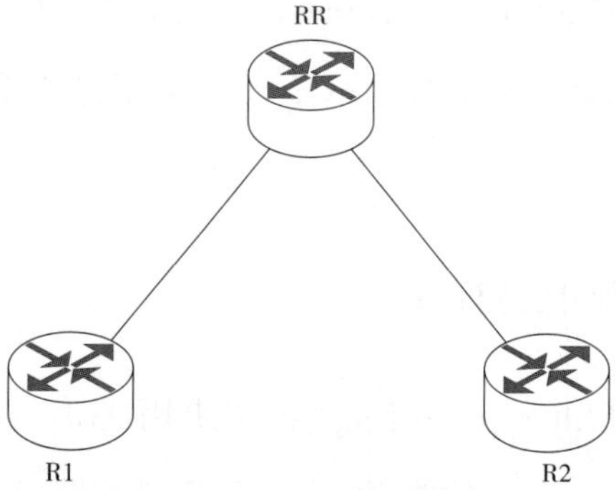

图 5-1 路由策略设置典型拓扑一

1）第一种情况。如果 RR 对 R2 配置了 export 的 route-policy，无法修改被反射路由条目的 community、MED、LOCAL-PREF 属性。

2）第二种情况。如果 RR 对 R1 配置了 import 的 route-policy，可以修改被反射路由条目的 community、MED、LOCAL-PREF 属性。

（5）跨 AS 的 Route-policy 属性设置。当配置 peer×.×.×.× route-policy Y export 时（路由策略应用在 export 方向），路由器会先执行策略的操作，然后再把路由发送出去。

例如，对路由策略设置典型拓扑（见图 5-2）中 R1 始发一条路由，路由属性的变化具体分析如下。

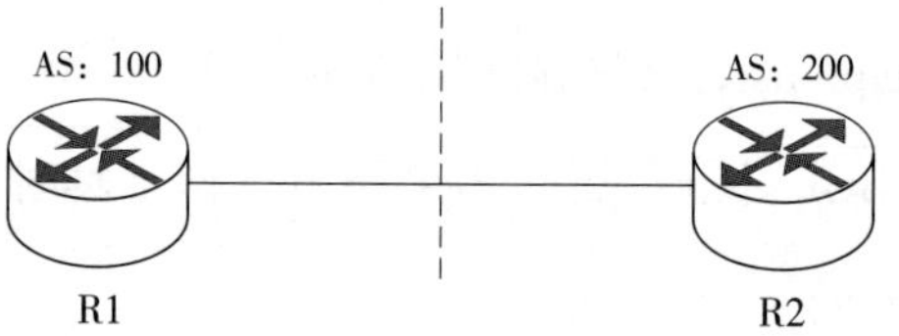

图 5-2 路由主策略设置典型拓扑二

1）对于 AS-PATH 属性。

·如果 R1 在 export 方向添加 AS 65000，则 R2 收到的路由，AS-PATH 值

为（100，65000）。

· 如果 R2 在 import 方向添加 AS 65000，则 R2 收到的路由，AS-PATH 值为（65000，100）。

另外需要注意的是，AS-PATH 属性在 AS 内无法利用 route-policy 等进行修改，只能在发给 EBGP 邻居或者从 EBGP 邻居接收时进行修改。

2）对于 Local-Preference 属性。如果 R1 在 export 方向添加 Local-Pref 属性，由于发送给其他 AS 时，路由器删除 Local-Pref 属性。因此，R2 收到的路由，Local-Pref 属性依然为空。在具体操作时，路由器先按照策略内容加上 Local-Pref 属性，然后在发给对端 AS 时，会再去掉 Local-Pref 属性。

5.1.5 MP-BGP 跨域时的路由过滤

VPN 跨域时，可通过识别 RT 及识别路由条目这两种方法进行路由过滤，其中识别路由条目可使用普通的地址前缀列表（ip prefix）或 ACL。识别 RT 时，需要使用扩展团体属性列表（ip extcommunity）进行过滤，如果采用跨域 Option A 互联，则本地 extcommunity 列表指定的 RT 值应为本地 VPN 的 export RT 值，如果采用跨域 Option B 互联，则本地 extcommunity 列表指定的 RT 值应为对端 VPN 的 export RT 值。

理论上，跨域 Option A 方式不能通过扩展团体属性方式过滤路由，因为 AS 之间建立的是普通 BGP 邻居而不是 MP-BGP 邻居，但华三设备在进行跨域 Option A 方式互联时，ASBR 可以通过扩展团体属性进行路由过滤。以路由策略设置典型拓扑（见图 5-3）为例进行分析。

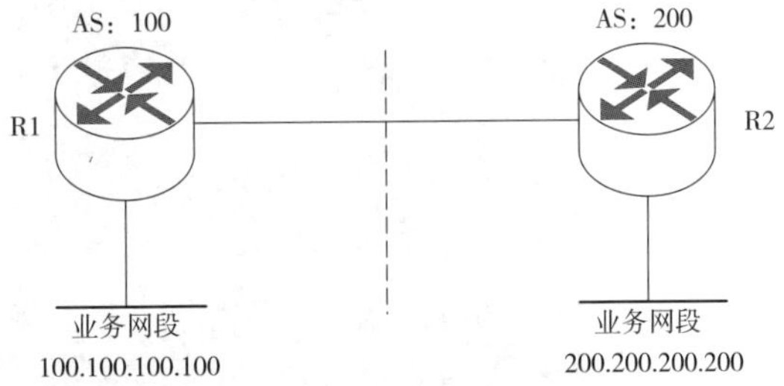

图 5-3　路由策略设置典型拓扑三

R1、R2 为两个 AS 的 ASBR，

并通过 Option A 方式进行跨域互通，两个 AS 中有一个 VPN，命名为 vpn1。

R1 上的 VRF 配置为：

```
ip vpn-instance vpn1
 route-distinguisher 100:1
 vpn-target 100:1 300:3 import-extcommunity
 vpn-target 100:1 export-extcommunity
```

R2 上的 VRF 配置为：

```
ip vpn-instance vpn1
 route-distinguisher 100:1
 vpn-target 100:1 import-extcommunity
 vpn-target 100:1 200:2 export-extcommunity
```

完成上述配置后，我们分别查看相应路由的扩展团体属性。

在 R1 上查看收到的 200.200.200.200 路由，属性如图 5-4 所示。在 R2 上查看收到的 100.100.100.100 路由，属性如图 5-5 所示。

```
[r1]dis bgp rou vpnv4 200.200.200.200

 BGP local router ID: 1.1.1.1
 Local AS number: 100


 Route distinguisher: 100:1(vpn1)
 Total number of routes: 1
 Paths:   1 available, 1 best

 BGP routing table information of 200.200.200.200/32:
 From              : 192.1.1.2 (2.2.2.2)
 Rely nexthop      : 192.1.1.2
 Original nexthop: 192.1.1.2
 OutLabel          : NULL
 Ext-Community     : <RT: 100:1>
 RxPathID          : 0x0
 TxPathID          : 0x0
 AS-path           : 200
 Origin            : igp
 Attribute value : MED 0, pref-val 0
 State             : valid, external, best
 IP precedence     : N/A
 QoS local ID      : N/A
 Traffic index     : N/A
```

图 5-4　R1 上查看 RT 值检查结果

```
[r2]dis bgp rou vpnv4 100.100.100.100

 BGP local router ID: 2.2.2.2
 Local AS number: 200


 Route distinguisher: 100:1(vpn1)
 Total number of routes: 1
 Paths:   1 available, 1 best

 BGP routing table information of 100.100.100.100/32:
 From              : 192.1.1.1 (1.1.1.1)
 Rely nexthop      : 192.1.1.1
 Original nexthop: 192.1.1.1
 OutLabel          : NULL
 Ext-Community     : <RT: 100:1>, <RT: 200:2>
 RxPathID          : 0x0
 TxPathID          : 0x0
 AS-path           : 100
 Origin            : igp
 Attribute value   : MED 0, pref-val 0
 State             : valid, external, best
 IP precedence     : N/A
 QoS local ID      : N/A
 Traffic index     : N/A
```

图 5-5 R2 上查看 RT 值检查结果

从运行截图可以看出，两侧 ASBR 收到的路由，扩展团体属性互不相同，并且为本地 VPN 的 export RT 值。

5.2 路由聚合

不同路由协议的聚合方式有所不同，下面分别进行介绍。

5.2.1 RIP 协议

RIPv1 目前基本不使用。RIPv2 支持自动聚合和手动聚合，它们的配置方式分别如下：

（1）自动聚合。在进程视图中配置 [Sysname-rip-1] summary。

（2）手动聚合。在接口视图中配置（要开启手动聚合必须关闭自动聚合）[Sysname-Ethernet1/1] rip summary-address ×.×.×.×。

RIPv2 手动聚合后聚合路由和明细路由都会发送出去（手动聚合不会在本地生成黑洞路由），自动聚合时明细路由不会发送出去。

5.2.2 OSPF 协议

OSPF 协议不支持自动聚合，只能进行手动聚合。手动聚合有两种方式，一种是在 ABR 上，使用 abr-summary 命令，另一种是在 ASBR 上使用 asbr-summary 命令。OSPF 聚合路由的开销取所有路由中开销最大的。OSPF 聚合路由的掩码可以与明细路由相同。配置命令分别如下：

（1）在 ABR 上配置聚合 [Sysname-ospf-1-area-0.0.0.1] abr-summary 10.1.0.0 255.255.0.0。

上述命令的意思是，把区域 1 中属于 10.1.0.0 网段内的明细路由聚合成 10.1.0.0 并向区域 0 宣告。ABR 的聚合命令需要在区域视图中配置，在哪个区域配置就是聚合对应区域内的明细路由。

（2）在 ASBR 上配置聚合 [Sysname-ospf-1] asbr-summary 10.1.0.0 255.255.0.0。

OSPF 的聚合不能指定源明细路由，只要符合条件的明细路由都会被聚合并且不会发送给邻居。OSPF 聚合时，在聚合路由器上会自动生成一条黑洞聚合路由，具体如图 5-6 所示。

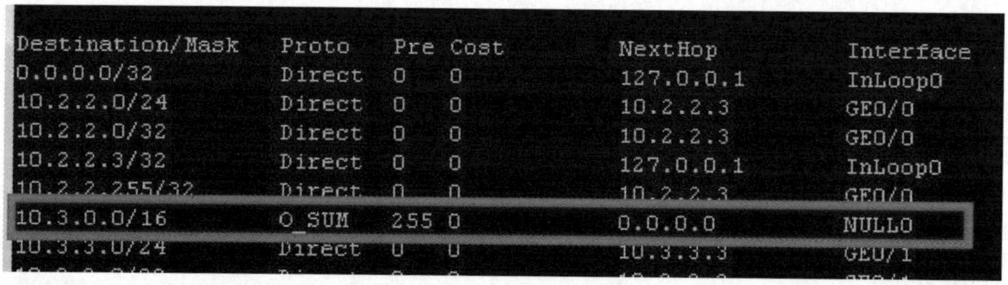

Destination/Mask	Proto	Pre	Cost	NextHop	Interface
0.0.0.0/32	Direct	0	0	127.0.0.1	InLoop0
10.2.2.0/24	Direct	0	0	10.2.2.3	GE0/0
10.2.2.0/32	Direct	0	0	10.2.2.3	GE0/0
10.2.2.3/32	Direct	0	0	127.0.0.1	InLoop0
10.2.2.255/32	Direct	0	0	10.2.2.3	GE0/0
10.3.0.0/16	O_SUM	255	0	0.0.0.0	NULL0
10.3.3.0/24	Direct	0	0	10.3.3.3	GE0/1

图 5-6　OSPF 聚合时生成黑洞聚合路由

5.2.3 IS–IS 协议

IS–IS 协议同样不支持自动聚合，只能手动聚合，并且只能在 L1/L2 或 L2 路由器上进行手动聚合。路由器只对本地生成的 LSP 中的路由进行聚合，被聚合的路由可以是 IS–IS 协议发现的路由或引入的外部路由，聚合后路由的开销值取所有被聚合路由中最小的开销值。

5.2.4 BGP 协议

BGP 同时支持自动聚合和手动聚合。聚合路由默认情况下会向所有满足条件的对等体发送，包括产生相应明细路由的对等体。手动聚合（在没有配置 as–set 参数）时，具备 Atomic_Aggregate、Aggregator 两个属性。自动聚合不会携带额外的属性。

◆ 自动聚合

BGP 自动聚合是按照自然网段进行聚合，而且只能对引入的 IGP 子网路由（即 import 命令引入的 IGP 路由）进行聚合，对从 BGP 邻居学习来的路由和通过 netwrok 命令生成的 BGP 路由不起作用。因此 BGP 自动聚合命令一般只在 import 的始发路由器配置。

自动聚合时，将只发送聚合路由给对等体，明细路由不发送。自动聚合生成的路由可以再次参与手动聚合，配置自动聚合后，查看 BGP 路由表只有聚合后的路由，没有引入的明细路由。自动聚合生成的路由不会加入到 IP 路由表中。

开启自动聚合的命令为 [Sysname–bgp] summary automatic。

◆ 手动聚合

BGP 手动聚合是对 BGP 路由表（非 IP 路由表）中的路由进行聚合，手动聚合命令如下所示，其中有很多内容可以手动控制：

[Sysname-bgp]aggregate *ip-address* { *mask* | *mask-length* }[as-set | attribute-policy *route-policy-name* | detail-suppressed | origin-policy *route-policy-name* | suppress-policy *route-policy-name*]

对命令中的一些配置参数说明如下：

（1）origin-policy 用于选择聚合的源路由。如果某条路由属于聚合路由，但是该路由没有通过 origin-policy 路由策略的过滤，则该路由不作为聚合路由的具体路由。路由通告时，该路由不受本命令中 detail-suppressed 和 suppress-policy 参数的控制。

（2）当没有 detail-suppressed 选项时，BGP 默认会把明细路由和聚合路由一起发给对等体（这里与 OSPF 聚合不同，OSPF 聚合不发明细路由）。

（3）如果同时配置了 detail-suppressed 和 suppress-policy，则所有明细都会被抑制（detail-suppressed 优先）。如果只想抑制部分路由，只配置 suppress-policy（不要配置 detail-suppressed ）。

（4）BGP 不会聚合与聚合路由掩码相同的明细路由。例如设备上配置了 network 1.1.1.0 24，然后又配置 aggregate 1.1.1.0 24，则所配置的聚合路由不会生成（即聚合路由所覆盖的明细路由的掩码必须大于该聚合路由）。

（5）as-set 参数的配置。

as-set 参数会直接影响聚合路由的属性，见表 5-3。

表 5-3 as-set 参数对聚合路由的影响

聚合路由的属性	默认情况 （未配置 as-set 参数）	配置 as-set 参数
AS-PATH 属性	空	所有被聚合的路由条目 AS_PATH 的并集（即把所合被聚集的路由条目的 AS_PATH 合并在一起，这个操作可能会引起路由震荡）*

续表

聚合路由的属性	默认情况（未配置 as-set 参数）	配置 as-set 参数
Origin 属性	如果参与聚合的具体路由所包含的 Origin 属性不同，那么聚合路由按照 Incomplete、EGP、IGP 的顺序选择 Origin 属性。 例如，存在 Origin 属性为 Incomplete 和 IGP 的具体路由时，聚合路由的 Origin 属性为 Incomplete	
MED、LOCAL_PREF 属性	取默认值。（聚合路由不会继承源路由的 MED、LOCAL_PREF 等属性）	
团体属性	空	携带对应明细路由所有的团体属性（或扩展团体属性）值
ATOMIC_AGGREGATE 属性	携带	不携带

* 配置 as-set 后，AS_PATH 的显示格式为 101 102 { 10 20 }，其中方括号为聚合路由包含的 AS_PATH 的并集。

BGP 中对已经聚合过的路由可以再重新聚合（重新聚合后 aggregate ID 会改变）。BGP 聚合路由会向所有可以发送的对等体进行发送（可能会发送给产生相应源路由的对等体）。

在配置 aggregate 命令的路由器上会生成一条聚合路由，路由优先级默认为 130（可以通过 preference 命令修改）。这时即使在路由器上配置静态路由（因优先级关系路由表不显示 BGP 聚合路由），这条聚合路由还是会通告给其他对等体（因为 BGP routing-table 中有该聚合路由）。

BGP 手动聚合，可以理解为在本地生成一条聚合路由（非黑洞路由），如图 5-7 所示。BGP 手动生成的聚合路由的下一跳为 127.0.0.1，匹配该聚合路由的数据包要送 CPU 处理。而手动配置或协议自动生成的黑洞路由下一跳为 0.0.0.0（可把图 5-7 与图 5-6 作对比），匹配黑洞路由的数据包直接丢弃，不用送 CPU 处理。

Destination/Mask	Proto	Pre	Cost	NextHop	Interface
0.0.0.0/32	Direct	0	0	127.0.0.1	InLoop0
10.1.1.0/24	Direct	0	0	10.1.1.1	GE0/0
10.1.1.0/32	Direct	0	0	10.1.1.1	GE0/0
10.1.1.1/32	Direct	0	0	127.0.0.1	InLoop0
10.1.1.255/32	Direct	0	0	10.1.1.1	GE0/0
127.0.0.0/8	Direct	0	0	127.0.0.1	InLoop0
127.0.0.0/32	Direct	0	0	127.0.0.1	InLoop0
127.0.0.1/32	Direct	0	0	127.0.0.1	InLoop0
127.255.255.255/32	Direct	0	0	127.0.0.1	InLoop0
192.168.0.0/16	BGP	130	0	127.0.0.1	NULL0
192.168.1.0/24	Direct	0	0	192.168.1.1	Loop0

图 5-7　BGP 手动聚合生成聚合路由

5.3 路由过滤

5.3.1 路由匹配工具

常用的路由匹配工具包括 ACL 和地址前缀列表（ip prefix-list）两种。

◆ ACL

ACL 分为基本 ACL 和高级 ACL。ACL 可以应用在两个场景中，分别是报文过滤（packet-filter）和路由匹配。在报文过滤场景中，可以使用基本 ACL 和高级 ACL；在路由匹配场景中，一般使用基本 ACL（高级 ACL 也能用，但相对复杂，实际上很少用）。

ACL 在路由匹配场景中也存在一些局限性：如果现在有两条路由条目，分别为 192.168.1.0/24 和 192.168.1.0/25，如果只想过滤其中一条路由，用 ACL 是无法实现的。因为 ACL 只能实现网络位的匹配，不能识别掩码。上述两个地址，网络位是一模一样的。

◆ 地址前缀列表（ip prefix-list）

一个典型的地址前缀列表配置为：ip prefix-list 列表名称 index 序号 permit 10.1.0.0 24 greater-equal 25 less-equal 32。它匹配的路由是那些网络位为 10.1.0.0/24，然后掩码范围在 [25,32] 区间内的路由。

greater-equal 参数指定最长的掩码长度 *max-mask-length*，less-equal 参数

指定最短的掩码长度 *min-mask-length*，其中必须满足以下公式：

$$mask\text{-}length \leqslant min\text{-}mask\text{-}length \leqslant max\text{-}mask\text{-}length \leqslant 32$$

一个特殊的地址前缀列表是 0.0.0.0/0，它表示通配地址，此时不论掩码指定为多少，都表示掩码长度范围内的所有路由全被匹配（即不看网络位，只看掩码是否在指定区间内）。例如：

```
ip ip-prefix 3 permit 0.0.0.0 0 greater-equal 32   将匹配所有 /32 主机路由
ip ip-prefix 3 permit 0.0.0.0 0 less-equal 32      将匹配任意路由 (any)
```

5.3.2 OSPF 路由过滤

OSPF 的路由过滤有两种方法。第一种方法是对路由表的过滤，即不把计算出的路由放入路由表中，这种方式只对配置过滤的路由器起作用，不能阻止 LSA 的泛洪，因此也不能影响其他路由器产生路由。第二种方法是阻止 LSA 的生成，相应 LSA 无法生成，也就无法泛洪给其他邻居，从而对其他路由器的路由计算产生影响。不同过滤方式的配置命令及应用场景见表 5-4。

表 5-4　不同过滤方式的配置命令及应用场景

过滤方式	配置命令	应用点	特点
对路由表的过滤	[OSPF 视图] filter-policy 策略名 import	所有路由器	（1）只在配置了该命令的路由器上生效。 （2）通过过滤的路由可以放入本地路由表中，不能阻止 LSA 的泛洪
阻止 LSA 的生成	[OSPF 视图] import-route route-policy 策略名	ASBR	选择性地导入外部路由
	[OSPF 视图] filter-policy 策略名 export		选择性地向邻居发布外部路由
	[OSPF 视图] asbr-summary 聚合路由 not-advertise	ASBR/ NSSA ABR	（1）把明细路由聚合后不发布，从而实现路由过滤的目的。 （2）与 filter-policy export 的共同点是都只能阻止本地生成的外部路由向外发布，无法限制其他邻居泛洪的外部路由 LSA。

续表

<table>
<tr><th>过滤方式</th><th>配置命令</th><th>应用点</th><th>特点</th></tr>
<tr><td rowspan="3">阻止 LSA 的生成</td><td></td><td></td><td>（3）与 filter-policy export 的区别在于，本命令还可以用于 NSSA 的 ABR 上，实现在 7 类 LSA 转换成 5 类 LSA 后，对转换后的 5 类 LSA 进行过滤，而 filter-policy export 无法实现该功能</td></tr>
<tr><td>[区域视图] filter 策略名 import/export</td><td rowspan="2">ABR</td><td>过滤指定的 3 类 LSA</td></tr>
<tr><td>[区域视图] abr-summary 聚合路由 not-advertise</td><td>（1）把本区域内的明细路由聚合后不发布，从而实现路由过滤的目的。
（2）与 filter 的区别在于，本命令只能对本区域内的 3 类 LSA 聚合并阻止发布，无法阻止其他区域泛洪的 3 类 LSA，而 filter 命令没有此限制</td></tr>
</table>

5.3.3 RIP、BGP 路由过滤

RIP 与 BGP 的路由过滤方法比较类似，都是对发给邻居的路由及从邻居接收的路由进行过滤。RIP 协议只能使用 filter-policy 进行路由过滤；BGP 协议可使用 filter-policy、route-policy 进行过滤，其中 route-policy 除了过滤外还能设置属性。

5.3.4 Route-Policy

Route-Policy 每个路由策略节点（node）的过滤结果要综合以下两点：

（1）Route-Policy 的 node 节点的匹配模式（permit 或 deny）。

（2）if-match 子句（引用的地址前缀列表或者访问控制列表）中包含的匹配条件（permit 或 deny）。

对于每一个 node 节点，以上两点的排列组合会出现 4 种情况，见表 5-5。

表 5-5 路由策略配置模式及结果

node 节点匹配模式	If-match 子句匹配模式	结果
permit	permit	(1) 匹配 if-match 子句的路由，执行 node 节点的操作后允许通过，匹配结束。 (2) 其他路由进入下一个节点进行匹配
	deny	全部路由进入下一个节点进行匹配
deny	permit	(1) 匹配 if-match 子句的路由，不允许通过，匹配结束。 (2) 其他路由进入下一个节点进行匹配
	deny	全部路由进入下一个节点进行匹配
总结： 1.node 节点的 permit 表示满足匹配条件时路由可以通过本节点并执行 apply 子句，deny 表示满足匹配条件时路由不能通过（同时也不执行 apply 子句）。 2.if-match 子句的 permit 表示满足匹配条件时路由可以进入该节点，deny 表示满足匹配条件时路由不能进入该节点，直接进入下一节点进行匹配。（进入节点后将根据 node 节点的匹配模式来决定路由是否通过以及是否执行 apply 子句）		

在一个路由策略节点中，如果不配置 if-match 子句，则表示路由信息在该节点匹配成功，即匹配所有路由（Route-Policy 节点为空时表示允许所有通过）。

如果配置一条或多条 if-match 子句，则各个 if-match 子句之间是“与”的关系，即路由信息必须同时满足所有 if-match 子句，才算该节点匹配成功。但命令 if-match as-path-filter、if-match community-filter、if-match extcommunity-filter、if-match interface 和 if-match route-type 除外，这五个命令的各自 if-match 子句间是“或”的关系，与其他命令的 if-match 子句间仍是“与”的关系。

例如在一个节点中配置多条 if-match as-path-filter 子句，则 if-match as-path-filter 子句间是“或”的关系，与其他命令的 if-match 子句间仍是“与”的关系。

对于同一个路由策略节点，命令 if-match acl 和 if-match ip-prefix 不能同

时配置，后配置的命令会覆盖先配置的命令。

5.3.5 AS-PATH 过滤

AS-PATH 过滤是 BGP 特有的过滤方式，使用正则表达式进行匹配。正则表达式符号及含义见表 5-6。

表 5-6 正则表达式符号及含义

符号	含义
^（上尖号）	表示字符串的开始
$（美元符）	表示字符串的结束
_（下划线）	只能匹配符号（空格、^、$ 都属于符号）
.（点号）	匹配任意字符，包括数字、特殊字符、空格

在使用通配符进行 AS_PATH 匹配时，我们可以认为在 AS_PATH 字符串的开始和结尾分别有一个显式的（开始 / 结束）符号，这样在写正则表达式时会比较好理解，例如 ^(200 203)[101 102]300 103{201 302}$。

5.3.6 团体属性过滤

团体属性过滤也是 BGP 特有的过滤方式，团体属性分为标准团体属性和扩展团体属性。

◆ 标准团体属性过滤列表

标准团体属性的过滤使用 ip community-list 命令，过滤列表的名字可使用字符或数字命名，使用数字命名时，编号 1~99 为基础过滤列表，只能匹配特定数值，编号 100~199 为高级过滤列表，可以使用正则表达式匹配多个数值。

◆ 扩展团体属性过滤列表

扩展团体属性的过滤使用 ip extcommunity-list 命令。过滤列表的名字只能使用数字命令，取值范围为 1~199，且只能对 RT 进行过滤。

针对同一个扩展团体属性过滤列表，上述命令可以配置多次，会认为是同一条策略，不同命令间是或的关系。例如，配置以下两条命令：

ip extcommunity-list 1 permit rt 100：1

ip extcommunity-list 1 permit rt 100：1 rt 200：2

配置后，在系统里查询显示的结果如图 5-8 所示。

```
[r2]dis ip extcommunity-list
Extended Community List Number 1
        Permit rt: 100:1 rt: 200:2
        Permit rt: 100:1
```

图 5-8 扩展团体属性过滤列表配置结果

◆ 匹配规则

对于标准或扩展团体属性过滤列表，当配置的 community-list 是某条路由所携带团体属性的子集时，那么这条路由将成功匹配，可以执行过滤列表要求的 permit 或 deny 操作。

例如，对于拓扑 A-B，假设对 A 上的路由 a1 设置 community 为 100：1，路由 a2 设置 community 为 200：1，200：2。

在 B 上配置 community 过滤，不同命令的运行结果如下：

（1）ip community-list 1 permit 200：1，那么路由 a2 可以学习到。

（2）ip community-list 1 permit 100：1 200：2，那么两个路由都不能学习。

5.4 路由引入

设备上的路由表，可以分为系统路由表和协议路由表两类。协议路由表是设备上各种路由协议进程（如 OSPF、BGP）学习到的路由。系统路由表是针对每一条特定路由，如果在多个协议路由表中都存在（即多个路由协议都可学习到达同一目标的路由），那么按照表 5-1 中的管理距离，将管理距离最小的路由放入系统路由表中。

在路由器上，我们执行路由引入操作，将路由条目 n 从 A 协议引入 B 协议。成功引入的前提是，路由 n 在 A 协议的协议路由表中，并且被系统选为最优写入了系统路由表中。即路由导入时，只能导入该协议的有效路由（即被写入路由表的）。例如在执行 import ospf 时，只能导入路由表中标注为 OSPF 的路由条目。

在路由器上，某条路由从协议 A 导入协议 B，则路由表会把协议 A 上的这条路由写入路由表，而不会把协议 B 的这条路由写入，无论协议 B 的优先级是否高于协议 A，因为协议 A 才是路由的源头。例如路由器同时运行了 RIP 和 OSPF，某条路由条目 L 从 RIP 导入 OSPF，则路由表上会显示该路由是从 RIP 学习到的（而不会显示从 OSPF 学习到，虽然 OSPF 的 LSDB 中已经有该路由条目 L）。

假如此时在路由器上新建一条指向路由条目 L 的静态路由，则路由条目 L 将不会从 RIP 导入 OSPF。因为 RIP 上路由条目 L 没有被路由表选中。

下面以一个综合案例对路由引入的工作方式进行说明。

◆ 网络拓扑

4 台路由器组成一个环形结构（见图 5-9），在 RTA、RTC、RTB 运行 OSPF 进程 100，相互建立邻居。在 RTA、RTD、RTB 运行 OSPF 进程 200，相互建立邻居。在 RTC 上有一条外部路由 172.16.1.0/24，并将它引入到 OSPF 进程 100 中。

◆ 实验场景一

在 RTC 上将外部路由引入 OSPF 100，在 RTA 和 RTB 上设置 OSPF 100 的外部路由优先级为 180，同时 RTA 和 RTB 均将 OSPF 100 的路由引入到 OSPF 200。那么最终 RTD 的路由表上将存在一条外部路由，下一跳可能为 RTA 或 RTB。

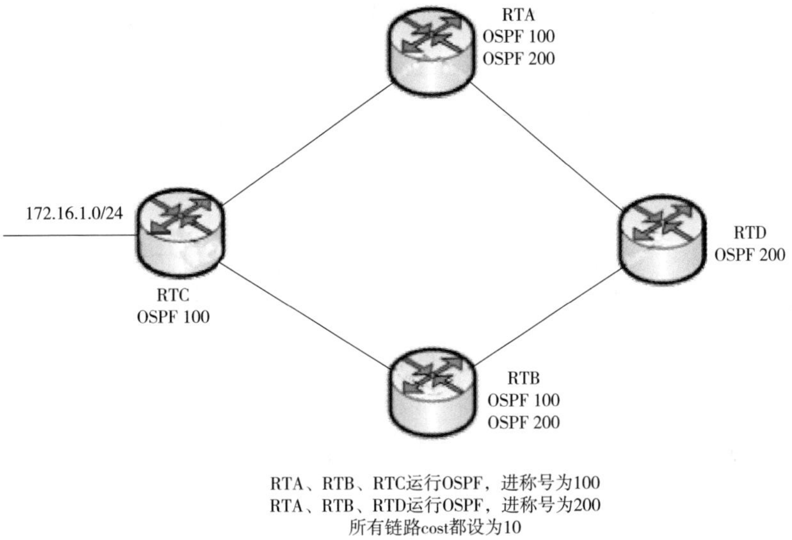

图 5-9 实验案例拓扑

上述过程具体分析如下：

（1）由于配置的先后顺序，RTA、RTB 有一个会先进行路由导入，假设 RTA 先导入。

（2）RTD 从 RTA 学习到外部路由，OSPF 外部路由优先级为 150。

（3）RTD 将外部路由发给 RTB。

（4）RTB 上 OSPF100 中有外部路由，优先级为 180；OSPF200 也有外部路由，优先级为 150。路由表优选 OSPF200 上的外部路由，此时 OSPF100 向 OSPF200 导入时将不会导入外部路由（只导入其他被路由表选择的路由）。

如果 RTB 先导入，则 RTD 上外部路由的下一跳指向 RTB，详细的学习过程如图 5-10 所示。

◆ 实验场景二

假设 RTA 和 RTB 上 OSPF 100 外部路由的优先级没有改变（保持默认 150），则 RTA、RTB、RTD 上都将有两条等价的外部路由。

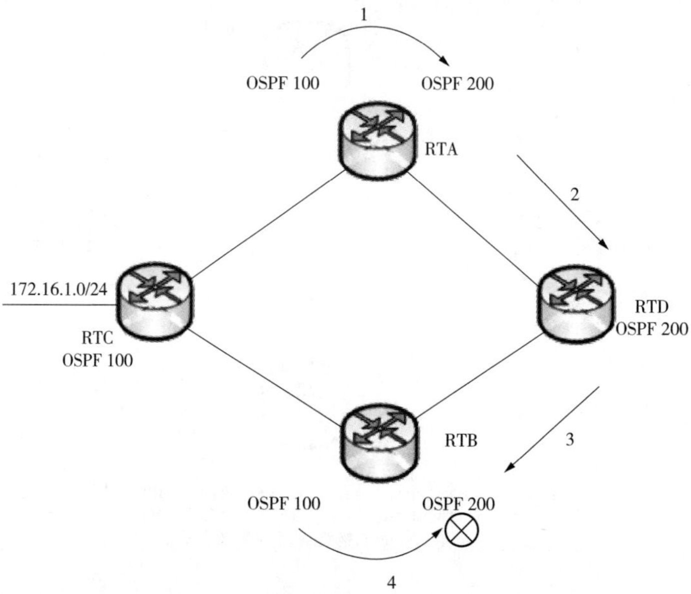

图 5-10 实验场景一中路由发布及学习过程

◆ 实验场景三

在 RTA 和 RTB 上设置 OSPF 100 的外部路由优先级为 180，在 RTA 将 OSPF 100 的路由引入到 OSPF 200，在 RTB 将 OSPF200 的路由引入到 OSPF 100。

最终 RTA 路由表上将只有一条外部路由，由 OSPF 100 产生，下一跳为 RTC（RTA 的 OSPF LSDB 中，OPSF 100 和 OSPF 200 都存在相同的外部路由 LSA，OSPF 100 的外部路由下一跳指向 RTC，OSPF 200 的外部路由下一跳为自己）。

RTB 路由表上也只有一条外部路由，由 OSPF 200 产生，下一跳为 RTD（RTB 上对于同一条外部路由，由于 OSPF 100 的优先级为 180，OSPF 200 的优先级为 150，因此优选 OSPF 200 上的外部路由）。

在系统稳定后，若 RTC 上外部路由突然消失，则 RTC、RTD 上的外部路由依然存在。分析如下：

（1）RTC 上外部路由突然消失。

（2）RTB 优选了 OSPF 200 的外部路由，此时外部路由导入 OSPF 100，发送到 RTC（具体过程如图 5-11 中的 2.1 和 2.2 箭头所示）。

（3）RTA 上 OPSF 100 上的外部路由继续导入 OSPF 200，发送到 RTD。此时已形成路由环路（具体过程如图 5-11 中的 3.1 和 3.2 箭头所示）。

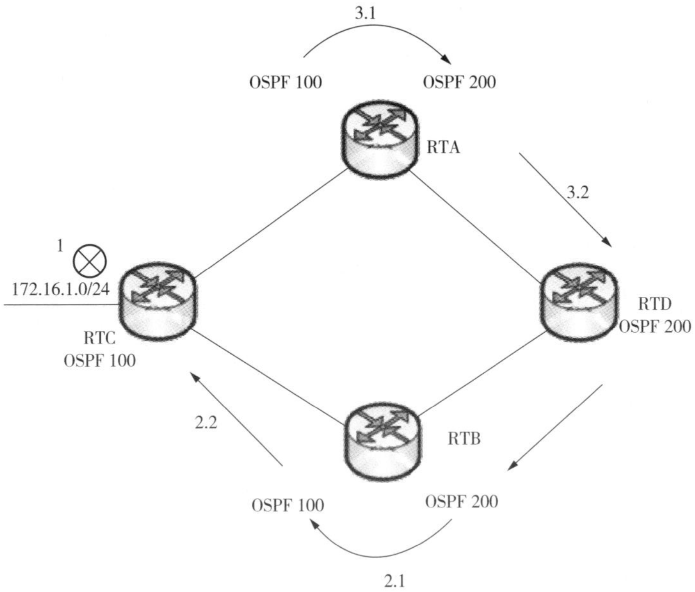

图 5-11 实验场景三中路由发布及学习过程

6

常用三层技术

VRRP、负载分担、链路聚合及 QoS 等三层技术，作为保证电力数据网高效运行的技术手段，在工程实践中得到了广泛应用。本章将对电力数据网中常用的三层技术进行介绍。

6.1 VRRP

6.1.1 VRRP 优先级

VRRP 优先级的取值范围为 0~255。用户在接口上可配置的优先级范围为 1~254，0 和 255 保留用于特殊用途。

接口的真正 IP 地址与虚拟 IP 地址相同的路由器，称之为 IP 地址拥有者。IP 地址拥有者的优先级始终为 255，始终工作在抢占方式，且不允许进行监视指定接口或 track 的配置（可以配置但不会起作用）。

当状态为 Master 的路由器接口被 shutdown 时，将立即发送优先级为 0 的通告，其他 Backup 路由器收到后，会启动一个定时器（不足 1s），其中优先级越高的 Backup 路由器，该定时器的时长越短。如果在定时器到期前重新收到 Master 路由器的通告，那么 Backup 路由器不会开启抢占，以避免链路闪断造成网络不必要的切换。如果没有收到 Master 路由器的通告，由于优先级最高的 Backup 路由器的定时器最先到期，它也就顺理成章地抢占成为新的 Master 路由器。

6.1.2 VRRP 抢占

VRRP 默认工作在抢占模式，当 Master 路由器失效时，优先级最高的 Backup 路由器将会抢占成为新的 Master 路由器。可以配置抢占延时，但只能在 Master 路由器上配置。

如果在 Backup 路由器上配置会造成业务中断，这是因为在 Master 路由器上行链路故障时，Backup 路由器由于配置了延时未立即抢占，那么在此期间，业务网关无法访问而导致业务中断。

6.1.3 VRRP 的负载分担与均衡

◆ 负载分担

负载分担是指在同一台路由器上配置两个及以上的备份组，每个备份组通过优先级手动指定的 Master 路由器互不相同。这样不同业务网段的主机在访问对应的业务网关时，会把流量发送给不同的路由器。

◆ 负载均衡

负载均衡也称为 VRRPE，只需要在路由器上配置一个备份组。该技术的初衷是解决标准 VRRP 中只有 Master 路由器转发数据，Backup 路由器只监听而不承载数据转发功能的问题。

Master 路由器会为虚拟 IP 分配多个虚拟 MAC 地址，并把虚拟 MAC 地址分配到不同的 Backup 路由器上。对于主机的 ARP 请求，Master 路由器会应答不同的虚拟 MAC 地址，从而实现流量在多个路由器之间分担。

在这种模式下，备份组虚拟 IP 地址和接口的 IP 地址不能相同，且虚拟 IP 地址需要与虚拟 MAC 地址对应，即不能用实际 MAC 地址响应 ARP 请求。

6.1.4 VRRP 与 Track 的联动

（1）路由器在某个备份组中作为 IP 地址拥有者时，如果在该路由器上配置该备份组监视指定的接口或 Track 项，则该配置不会生效。该路由器不再作为 IP 地址拥有者后，之前的配置才会生效（即 Track 无法修改 IP 地址拥有者的优先级）。

（2）配置 Track 与 BFD 联动时，VRRP 备份组的虚拟 IP 地址不能作为 BFD 会话探测的本地地址和远端地址。

6.1.5 VRRP 配置

目前工程上常用的 VRRP 版本主要有 V2 和 V3 两种，在实际运行中，必须保证同一网段内可以互访的几台路由器 VRRP 版本一致。不同版本在配置上存在一些差异，具体详见表 6-1。

表 6-1 不同版本的 VRRP 配置差异

版本	V2 版本	V3 版本
同一 VRID 上的虚拟 IP 数	必须一致	
同一 VRID 配置的虚拟 IP 地址值	必须一致	
VRID 数	两侧可以不同	
通告报文发送间隔	必须一致	可以不同，自动协商
验证	必须一致	配置了也不生效
虚地址与实地址不在同一网段	对于 Master 路由器无影响。 对于 Backup 路由器，将无法 ping 通虚地址（因为无路由）	

6.2 负载分担

负载分担的工作方式具体分为两种：

（1）基于报文的负载分担。将目的地址是 A 的第一个报文从第一条路径发送，第二个报文（目的地址依然是 A）从第二条路径发送。对于给定的源和目的地址，报文可能会选择不同的路径，可能导致报文到达乱序。

（2）基于目的地址的负载分担（或称为基于流的负载分担）。根据源和目的地址对来分发报文。在源地址相同的情况下，目的地址为 A 的流从第一条路径发送，目的地址为 B 的流从第二条路径发送。A 和 B 是同一个目的网段中的具体明细路由。例如，设备有一条路由为 10.1.1.0/24，那么如果流的目的地址为 10.1.1.1

的会从第一条路径发送，目的地址为 10.1.1.2 的会从第二条路径发送。

对于给定的源和目的地址肯定会选择同一条路径（即使有多条可用路径），目的地不同的流量采用不同的路径，可能会导致负载分担不均衡，因为到达各个目的地的流量可能差很多，到达某个目的地的流量又总选择同一条路径。

路由器可工作在进程转发或快速转发模式，进程转发只支持基于报文的负载分担，快速转发只支持基于流的负载分担。要基于报文进行负载分担，必须关闭快速转发。

负载分担的前提是设备存在多条等价路由。不同路由协议对等价路由的支持情况有所不同。

（1）RIP 协议。默认支持使用 4 条等价路由进行负载均衡。

（2）OSPF 协议。默认支持 8 条等价路由。在满足以下 5 个条件的基础上，如果一台设备上存在相同前缀的多条 OSPF 路由，则这些路由会形成负载分担：

1）路由类型相同（OSPF 路由包括四类：区域内路由、区域间路由、type1 外部路由、type2 外部路由）。

2）直接下一跳不同。

3）cost 相同。

4）如果是 type2 外部路由，还要求到 ASBR/ 转发地址的路径 cost 相等。

5）如果 OSPF 按 RFC 2328 定义的规则选路，则要求 AREA ID 相等（RFC2328 和 RFC1583 定义两种不同的选路规则）。

（3）BGP 协议。BGP 默认不支持负载分担，在 BGP 选路原则 1~8 完全相同的情况下，配置 balance 命令，可以形成等价路由。BGP 要形成负载分担有以下两个要求：

1）路由的 AS_PATH 属性、ORIGIN 属性、LOCAL_PREF 属性和 MED 属性完全相同。

2）必须同为经过路由反射器反射的路由，或同为未经路由反射器反射的路由。

注意：配置 balance 命令只能在本路由器实现负载分担（即产生等价路由），但本路由器发送给其他路由器的只能是一条优选路由（按照选路原则选出最优的发给邻居，而不是把等价路由都发给邻居）。

如果配置了 BGP 负载分担，则不论是否配置了 peer next-hop-local 命令，本地路由器向IBGP对等体/对等体组发布路由时都会将下一跳地址改变为自身。

6.3 链路聚合

链路聚合可以分为三层聚合以及二层聚合，本节统一介绍，而不区分具体技术属于三层还是二层。

链路聚合根据端口类型的不同，可以分为以太网端口聚合和串口 PPP 聚合。其中：对于以太网端口聚合，根据聚合端口的运行模式，可以分为三层聚合和二层聚合；根据聚合过程的不同，可以分为静态聚合和动态聚合。

6.3.1 以太网端口聚合

聚合端口组中的各个物理端口被称为成员端口。在端口聚合前，需要在所有成员端口中，按照一定的规则选定一个参考端口，聚合组中的其他成员端口，如果与参考端口的属性完全一致，那么它们就会依据优先级排序，依次成为选中端口，直至聚合组的选中端口数量达到指定的最大值。

◆ 端口属性

华三设备将端口的属性分为三大类，分别称为操作 KEY、属性类、协议类。操作 KEY 包括端口的速率、双工模式和链路状态（UP/DOWN）三部分。属性类配置包括 VLAN、端口隔离等配置。协议类配置包括 QinQ、MAC 地址学习等配置。

◆ LACP-ID 值

LACP-ID 值分为设备 LACP-ID 值和端口 LACP-ID 值。设备 LACP-ID 由设备 LACP 优先级值 + 设备 MAC 地址组成，端口 LACP-ID 由端口 LACP 优先级值 + 端口序号组成，ID 值越小表示优先级越高。

动态聚合需要使用设备 LACP-ID 和端口 LACP-ID。

静态聚合需要使用端口 LACP-ID 和操作 KEY。需要注意的是，华三设备的官方文档中指出静态聚合只需要比较端口序号和操作 KEY，但通过实验可以发现，实际上设备比较的是端口 LACP-ID 和操作 KEY，这个问题可能在后续的版本更新中会进行修改。

◆ 参考端口选举

在参考端口选举前，先进行一次筛选，只有属性类配置与聚合端口一致，且链路状态为 UP 的成员端口，才有可能成为参考端口，这里称满足该条件的为候选参考端口。

（1）静态聚合。在候选参考端口中进行优先级比较，优先级比较向量为 {端口 LACP 优先级，操作 KEY，端口序号}。

第一步：按照端口 LACP 优先级进行排序，LACP 优先级最高（值最小）的端口成为参考端口（注意此处比较的是端口 LACP 优先级，而不是端口 LACP-ID）。

第二步：按照操作 KEY 进行端口排序，选举操作 KEY 最优的端口成为参考端口。操作 KEY 主要按照端口的双工模式和速率进行比较，比较顺序是全双工 / 高速率 > 全双工 / 低速率 > 半双工 / 高速率 > 半双工 / 低速率。

第三步：如果满足前两步的端口有多个，端口号最小的端口作为参考端口。

（2）动态聚合。动态聚合优先级比较向量为 {设备 LACP-ID，端口 LACP-ID}。

第一步：先比较链路两侧设备 LACP-ID 值，选择 ID 值较小的设备。

第二步：选定设备后，对该设备上所有候选参考端口比较端口 LACP-ID

值，选择 ID 值最小的端口作为参考端口。

◆ 选中端口选举

成员端口必须为 UP 状态才能参与选中端口选举。

两种聚合模式选中端口选举过程见表 6-2。

表 6-2 两种聚合模式选中端口选举过程

步骤编号	第一步	第二步	第三步	第四步
步骤名称	选择候选端口	候选端口排序	选中端口选举	选中端口状态抢占
静态聚合	与参考端口的操作 KEY 和属性类配置一致的端口	按照端口 LACP-ID 值排序依次选择（值越小越优）	根据排序，依次将成员端口设置为选中状态，直至聚合组的选中端口数量达到指定的最大值	增加端口 LACP-ID 值更优的成员端口后，原来的选中端口可以随时被抢占
动态聚合	与参考端口的操作 KEY 和属性类配置一致的端口，并且该端口的对端端口与参考端口的配置也一致			

如果链路两侧配置的选中端口最大数量不一致，可能出现同一条链路两侧的端口状态不一致的情况，一侧为选中状态，另一侧为未选中状态。

6.3.2 串口 PPP 聚合

串口 PPP 聚合也称为 MP，加入 MP 组的接口必须是物理接口，tunnel 接口等逻辑接口不支持。如果需要为 MP 接口配置验证，需在实际的物理接口下进行配置。

MP 的配置有 MP-group 和 VT（Virtual Template，虚拟模板）两种方法。

◆ 通过 MP-group 配置 PPP 聚合

典型的配置方法为：

```
[Router] interface mp-group 1  # 创建一个 MP 口
[Router] interface serial 5/1
[Router-Serial5/1] ppp mp mp-group 1 # 把物理接口划入 MP 口中
```

◆ 通过 VT 配置 PPP 聚合

通过 VT 模板配置时，系统会根据配置自动派生成多个聚合口 VA（Virtual Access）。具体配置上可以细分为两种配置方法：

（1）在物理端口上指定 VT 编号。系统将根据指定的 VT 模板自动生成 VA。在这种方式下，物理端口可以配置验证也可以不配置。系统会根据对端的 PPP 终端标识符自动生成一个或多个 VA。

（2）在物理端口上不指定 VT 编号。由于系统上可能存在多个 VT 模板，需要按照一定的方式选择一个 VT 模板用于生成 VA。在这种方式下，必须在物理端口上启用双向验证（CHAP 或 PAP），验证用户名需要与 VT 模板绑定。系统会根据对端验证时指定的用户名，和 / 或对端的 PPP 终端标识符自动生成一个或多个 VA。

以 PPP 聚合拓扑（见图 6-1）网络为例，左侧为物理拓扑，图 6-1 所示链路为串口链路。如果我们在路由器 A 上使用 VT 聚合，设置只通过对端验证时指定的用户名来生成 VA（通过命令 ppp mp binding-mode authentication），且路由器 B、C 均使用相同的用户名来进行验证，那么在路由器 A 上会把两

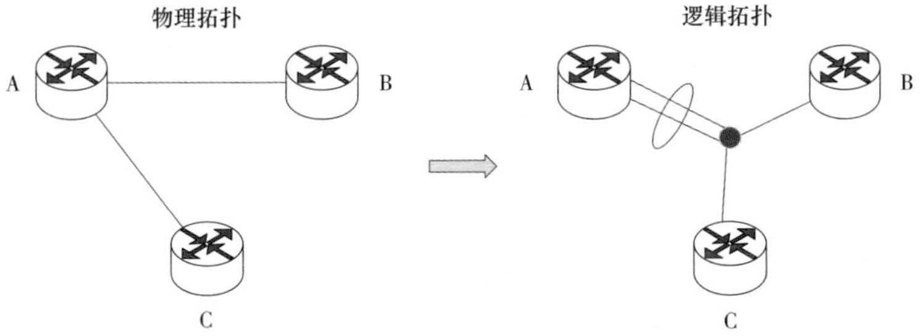

图 6-1 PPP 聚合拓扑

个串田聚合成一个 VA，并且与路由器 B、C 均能实现互通，从而在逻辑上形成一个点到多点的结构。

6.4 QoS

6.4.1 报文优先级

为了针对不同的报文提供区分服务，需要通过一定的标识把不同优先级的报文区分开来。由于目前电网中主要使用 IPv4 协议，并利用 MPLS VPN 实现业务的逻辑隔离，因此本章节将以此为基础进行讨论。

目前有 4 种方法对不同的报文进行优先级划分。

◆ 基于二层的 PRI 字段的 802.1p 优先级

基于 802.1Q 的 VLAN 帧结构如图 6-2 所示。

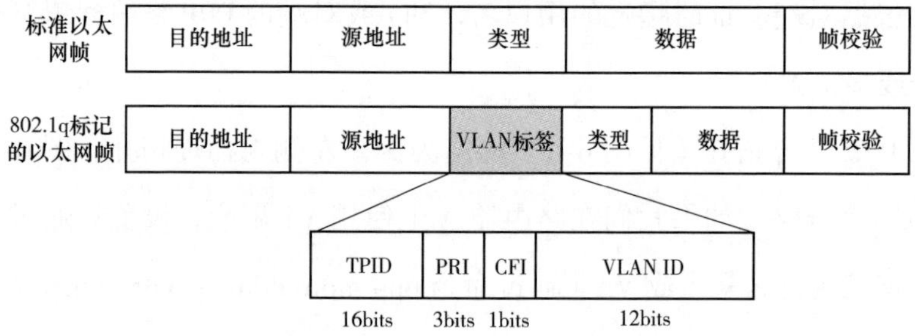

图 6–2　基于 802.1Q 的 VLAN 帧结构

VLAN 标签中 3bits 长的 PRI 字段用来表示帧的优先级，取值范围为 0~7，其中 0 表示优先级最低，称为 802.1p 优先级或 CoS 优先级。这里有一个点需要区分，即 802.1q 协议定义的是 VLAN 帧结构，802.1p 协议定义了 PRI 字段的含义。

◆ 基于 IP 层 ToS 字段的 IP 优先级

IP 报文头中有一个 ToS 字段，共 8bits 长，前 3 个比特根据 IP 协议可用来表示报文的优先级，取值范围为 0~7，其中 0 表示优先级最低，称为 IP 优先级。

◆ 基于 IP 层的 DSCP 优先级

由于 IP 优先级表示的范围有限，人们进行了扩展，使用 ToS 字段的前 6 位来表示优先级，称为 DSCP 优先级。

DSCP 优先级有两种表示方式：

（1）数字形式。使用数字 0~63 分别表示 64 个等级（优先级）。

（2）关键字形式（也称为 PHB，逐跳行为）。目前定义了四类 PHB，分别为 CS（类选择器）、EF（加速转发）、AF（确保转发）、BE（默认）。

这几类 PHB 的具体取值为：EF=101 110，AF=××××× 0，BE=000 000，CS=×××000（符号 × 表示可手动设置为 0 或 1）。

其中 CS 用来兼容 IP 优先级，我们从它的取值上也可以看出来。前三位取值与 IP 优先级一一对应，后三位取值固定为 0。

IP 优先级与 DSCP 优先级的关系，可以通过图 6-3 表示。

	7	6	5	4	3	2	1	0
ToS字段	IP优先级			未使用				
	DSCP优先级							

图 6-3　IP 优先级与 DSCP 优先级的关系

◆ 基于 MPLS 的 EXP 字段

在 MPLS 标签中有一个 EXP 字段，可以进行优先级标记，具体如图 6-4 所示，取值范围为 0~7。

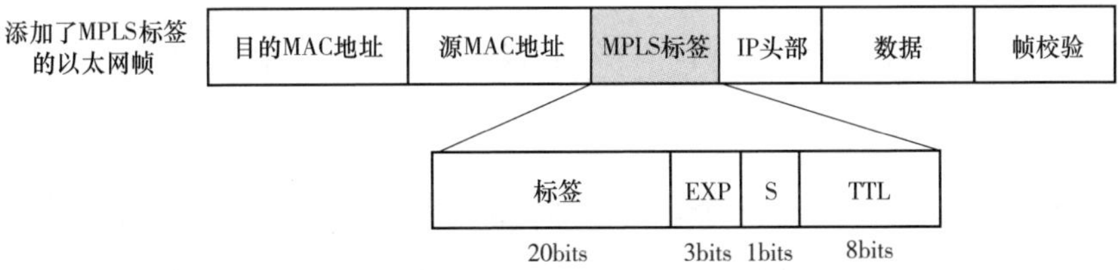

图 6-4　基于 MPLS 的 EXP 字段

6.4.2 QoS 技术

QoS 技术分为以下几类：

（1）流量监管与整型。主要基于令牌桶算法。

（2）拥塞管理。主要基于队列技术。QoS 队列只有在端口发生拥塞时才会生效，如果端口没有拥塞，是无法看到预想的效果的。

（3）拥塞避免。主要基于早期随机丢弃技术（RED 或 WRED）。核心思想是防止队列被塞满，做法是采用早期随机丢弃，而不是等队列满了后采用尾丢弃。

下面对令牌桶和队列技术进行详细介绍。

◆ 令牌桶算法

令牌桶算法有三种，分别是单令牌桶，单速率双令牌桶，双速率双令牌桶，这里的速率指的是投放令牌的速率。需要注意的是，令牌桶大小的单位为 Byte，令牌投放速率的单位为 kbit/s。

（1）单令牌桶。

单令牌桶使用一种速率（*CIR*）来投放令牌，只使用一个桶（C 桶），桶的容量称为 *CBS*。

我们以令牌桶内的令牌数为 T_c，当报文长度 *B* 在 T_c 范围内，把报文标记为“承诺速率内”并转发，否则标记为“超出承诺速率”并进行后续处理（直接丢弃或重标记等，具体可手工配置）。

通常情况下 *CBS* 与 *CIR* 之间需满足以下关系：$CBS \geqslant CIR \times 62.5$，我们现在对具体计算过程进行分析。首先假设报文经令牌桶调节后的速率为 *X*，针对 *X* 的取值，有以下几种情况：

1）$X>CIR$。在这种情况下，令牌投放的速率赶不上报文发出去的速率，最终的结果就是令牌桶始终为空，并且在每一秒中始终没有足够的令牌来支

撑报文达到 X 的发送速率。所以这个状态不是一个稳态，在实际中也不会存在。

2）$X=CIR$。在这种情况下，每一秒产生多少令牌，马上就被发送的报文消耗了。因此令牌桶始终为空，报文可以保持 X 的发送速率。但存在的问题是因为令牌桶始终没有多余的令牌，所以也就不能够实现突发了。

3）$X<CIR$。这种情况是使用令牌桶的最有效场景，即能保证正常情况下报文按照 X 的速率进行发送，而且令牌桶中每秒会有一定的节余令牌，从而可以支持在某一时刻的突发流量。

CIR 是人为手工设置的流量控制速率，可以认为是一个定值，即管理者期望或现实条件限制下的接口最大速率。CBS 可自由变化，理想的状态下是越大越好，从而可以实现短时间内的最大突发。X 是报文正常的转发速率，当然也是越大越好。我们现在需要找到一个临界点，当 CBS 等于这个临界点时，令牌桶算法的工作效果是最好的。

工作效果最好的场景应该是这样的：1s 内，报文能够以 X 的流量转发出去，同时令牌桶由空变为装满。在这种情况下，令牌桶每一秒都能够支撑下一秒的大容量突发。于是我们可以得到：

$$CIR \times \frac{1000}{8} = X \times \frac{1000}{8} + CBS$$

需要注意的是 CIR 和 X 的单位都是 kbit/s，而 CBS 的单位是 byte，所以需要一个量纲的换算（先乘 1000 再除以 8）。由于算式左边是固定的（CIR 是一个定值），根据数学原理，为了使 X 和 CBS 同时最大，在和是固定的前提下，算式右边的两个值必须是相等的，即 $X \times 1000/8=CBS$。于是可以得出：

$$CBS=\frac{1}{2} \times CIR \times \frac{1000}{8}=\frac{1000}{16} \times CIR=62.5 \times CIR$$

也就是说，CBS 至少应设置为 $62.5 \times CIR$，设置得越大越好。

（2）单速率双令牌桶。

投放令牌的速率仍为 CIR，使用 C 桶和 E 桶两个桶，C 桶的容量称为 CBS，

E 桶的容量称为 *EBS*。只往 C 桶里投放令牌，如果 C 桶满了，多出的令牌会投放到 E 桶。这种做法的实质可以看成是一种奖励机制，即正常情况下允许用户按照承诺的速率进行转发，如果用户在一段时间内转发数据量较小，则这段时间内的转发裕度可以存起来供后续短期内突发的大容量数据使用。

算法的比较顺序是先比较 C 桶再比较 E 桶，设 C 桶令牌数为 T_c，E 桶令牌数为 T_e，报文长度为 B。算法的具体操作如下：

1）如果 C 桶有足够的令牌，报文被标记为“承诺速率内”并根据配置进行相应处理（转发或重标记等，具体可手工配置）。处理后，C 桶令牌数为 T_c-B。

2）如果 C 桶令牌不足，但 E 桶有足够的报文，报文被标记为“超额突发内”并根据配置进行相应处理。处理后，E 桶令牌数为 T_e-B。

3）如果 C 桶和 E 桶都没有足够的令牌，报文被标记为“超出超额突发”并根据配置进行相应处理。两个桶的令牌数不变。

（3）双速率双令牌桶。

引入新的令牌桶。P 桶，不使用 E 桶。P 桶容量（*PBS*）等于 *CBS*+*EBS*。C 桶和 P 桶投放令牌的速率分别为 *CIR* 和 *PIR*。设 C 桶令牌数为 T_c，P 桶令牌数为 T_p，报文长度为 B。算法的具体操作如下：

1）如果 P 桶没有足够的令牌，报文被标记“超出峰值速率”并根据配置进行相应处理。桶的令牌数不变。

2）如果 C 桶令牌不足，但 P 桶有足够的令牌，报文被标记为“峰值速率内”并根据配置进行相应处理。处理后，P 桶令牌数为 T_p-B。

3）如果 P 桶和 C 桶都有足够的令牌，报文被标记为“承诺速率内”并根据配置进行相应处理。处理后，C 桶的令牌数为 T_c-B，P 桶令牌数为 T_p-B。

对于双令牌桶，双速率与单速率主要有两个区别：区别一是在承诺速率内，单速率只有 C 桶减少令牌，双速率是 C 桶和 P 桶同时减少令牌；区别二是双速率先检查是否超出超额速率，然后检查是否超出承诺速率，最后才检查是否在承诺速率内，与单速率的检查逻辑相反。

在具体设备上，通常使用 CAR 命令进行流量监管，GTS 命令进行流量整型，具体如下：

1）流量整型。流量整型使用单令牌桶算法，令牌桶的大小为 cbs_size+ebs_size，投放令牌的速率为 cir_rate。配置具体命令为

qos gts acl *acl-num* cir *cir_rate* cbs *cbs_size* ebs *ebs_size*

2）流量监管。流量监管可自主选择上述三种令牌桶算法。如果 ebs_size=0，表示采用单令牌桶，如果 ebs_size>0 且 pir_rate=0，表示采用单速率双令牌桶，如果 ebs_size>0 且 pir_rate>0，表示采用双速率双令牌桶。具体命令为

qos car acl *acl-num* cir *cir_rate [*cbs *cbs_size [*ebs *ebs_size]] [*pir *pir_rate]* [green|yellow|red action]

◆ 队列技术

设备可以支持的 QoS 队列技术根据不同的硬件和系统版本会有所差异。这里介绍常见的队列技术。

（1）FIFO 队列。FIFO 为默认队列，先进先出，相当于没有策略。

（2）PQ 队列。PQ 队列使用了 4 个子队列，优先级分别是 high、medium、normal、low。报文默认情况下会放入 normal 队列。

它的优点是为对高优先级的数据流提供了低延迟的转发，并且大多数平台上都支持该机制。缺点是对单一子队列而言，会继承 FIFO 队列的所有缺点；同时，对低优先级的数据流而言，可能会被“饿死”，因为只要高优先级的子队列里有数据，PQ 就不会服务低优先级的子队列。

（3）CQ 队列。CQ 队列包含 1~16 共 16 个队列，缺省队列为 1。如果报文不匹配任何规则，则被送入缺省队列。

用户需要为每个队列设置每次可以发送的字节数。系统采用轮询方式对

16 个队列进行调度，当调度到某一个队列时，从这个队列取出指定字节数的报文进行发送，

CQ 不能配置每个队列确切的链路带宽比例，而是配置字节数目来控制带宽分配。我们可以根据配置的每个队列应取得的字节数目计算出每个队列占用的链路带宽，公式为：

$$\text{该队列占用的链路带宽} = \frac{\text{该队列应取得的字节数目}}{\text{所有队列应取得的字节数目}}$$

如果一段时间内某个队列为空，剩余的队列按照比例分配该空队列所占用的带宽。

例如，现在配置了 5 个队列，每次取的字节数分别为 5000、10000、10000、10000、15000，如果 5 个队列都有充足的报文需要发送，那么每个队列分配的带宽比例为 10%、20%、20%、20%、30%。假设队列 2 有一段时间内没有报文发送，即队列为空，那么剩余的 4 个队列把这 20% 的带宽按照 1:2:2:3 的比例进行分配，所以在这段时间内这四个队列实际分配的带宽约为 12.5%、25%、25%、37.5%。

（4）WFQ 队列。WFQ 队列将报文按照五元组（源 IP 地址、目的 IP 地址、源端口号、目的端口号、协议号）进行哈希分组（五元组不同的可能会被分配到同一个组），每个组内根据不同的优先级（IP 优先级或 DSCP 优先级，具体依据哪一个优先级可以手工配置）分配不同的子队列号。只有分组和优先级都相同的报文才被分配到相同的子队列中。WFQ 队列缺省情况下的子队列数为 256。

WFQ 入队过程采用 HASH 算法来自动完成（无法人工干预）。在出队的时候，WFQ 按流的优先级 (precedence) 来分配每个流应占有出口的带宽。优先级的数值越小，所得的带宽越少。优先级的数值越大，所得的带宽越多。

例如，接口中当前有 8 个流，它们的优先级（假设手工配置以 IP 优先级作为分类依据）分别为 0、2、2、3、4、5、6、7，则链路上带宽的总配额将

是所有(流的优先级+1)的和，即1+3+3+4+5+6+7+8=37。每个流所占带宽比例为(自己的优先级+1)/[所有(流的优先级+1)的和]，即，每个流可得的带宽分别为1/37、3/37、3/37、4/37、5/37、5/37、6/37、7/37、8/37。

CQ与WFQ队列有相似也有不同的地方，具体见表6-3。

表6-3 CQ与WFQ队列的异同

队列	报文分类	特点	共通点
CQ队列	手工分类	无法保证时延。因为采用轮询方式调度方式，如果上一个队列数据少，则本队列延时小；反之则本队列延时大	不适用于时延敏感业务
WFQ队列	配置简单，不用手工分类	(1)不支持手工分类、不能提供固定带宽保证。 (2)可以均衡各个流的时延和抖动，因为每个队列被调度的间隔是固定的	

(5)CBQ队列。CBQ队列是实践中最常使用的队列，它对WFQ进行了扩展，在WFQ中用户无法控制分类，由HASH算法自己决定；而在CBQ中可以让用户自己对流量进行分类。

CBQ使用了三类子队列，包括：

1)1个LLQ队列，用来支持EF业务。EF分为EF1~EF64共64类，但在物理上使用同一个LLQ队列。

2)最多64个BQ队列，用来支撑AF业务。AF分为AF1~AF64共64类。通过执行多次queue af命令来将报文放入不同的AF队列中。

3)一个缺省队列，用来支撑BE业务。使用一个WFQ队列，利用接口剩余带宽进行发送。

在CBQ中，通常使用百分比来设置每个队列所占用的端口带宽。关于端口带宽有几个定义需要明确，具体是：

1)端口实际带宽。即物理端口实际链路可用的带宽，不能手动修改。

2）端口最大可用带宽。通过命令 bandwidth *bandwidth-value* 设置的端口带宽，可以与实际带宽不相符。

3）端口预留带宽。即 EF 队列、AF 队列使用的总带宽。默认情况下，预留带宽 = 最大可用带宽 ×80%。预留百分比可通过命令 qos reserved-bandwidth pct *percent* 修改。

例如，端口实际带宽为 10M，配置端口最大可用带宽为 100M，预留带宽百分比保持默认为 80%，配置 EF 队列占用 50% 带宽。根据公式，EF 队列最大带宽为 100M×80%×50%=40M。此时接口将只能发送 EF 队列的报文，其他报文无法发送。

CBQ 使用 queue ef 和 queue af 来将报文划入不同的队列中，这两个命令的区别具体如下：

1）queue ef 命令用来配置流的最大带宽，即拥塞时，实际带宽不大于配置带宽。EF 流的带宽不能超过配置带宽，也就是说对 EF 流进行了限速，因为 EF 流被绝对优先发送，必须进行限速以保证其他流量可以正常转发。

2）queue af 命令用来配置流可确保的最小带宽，即拥塞时，实际带宽等于配置带宽。当 BE 队列为空，此时实际带宽大于配置带宽，也就是说 AF 流的实际带宽至少是配置带宽。

当 EF 队列带宽有剩余时，AF 队列可抢占其剩余带宽，但不能抢占 BE 队列带宽（除非 BE 队列为空）。当 EF、AF 队列带宽有剩余时，BE 可以使用剩余全部带宽。

下面以一个示例来说明 CBQ 的运行过程（假设配置 EF 带宽值为 ef-value，AF 带宽值为 af-value。默认队列的带宽不需要手工配置）。

1）先发送 EF 队列的报文，当发送带宽达到 ef-value 或报文已发完（但带宽未达 ef-value），转第二步。

2）发送 AF 队列的报文，发送带宽值为 af-value 的报文后，如果此时 BE

队列非空，转第三步（AF 队列最终发送带宽值为 af-value）。如果此时 BE 队列为空（而 AF 又还有报文），利用全部剩余带宽继续发送（如果上一步 EF 队列有剩余，那么这里的剩余带宽也包含了 EF 剩余的带宽）。

3）利用所有剩余带宽发送 BE 队列的报文。

6.4.3 报文 QoS 处理流程

◆ 报文接收方向

端口接收报文后，按照下列步骤进行 QoS 操作。

（1）端口为二层端口。

1）提取报文优先级。

端口的工作模式直接决定报文优先级的提取方式。端口的工作模式分为两种：Trust Mode 和 Untrust Mode，默认情况下为 Untrust Mode。

Untrust Mode 即不管报文带的原始优先级是什么，都会给它分配端口上配置的优先级。

Trust Mode 即提取报文中携带的优先级作为转发依据。根据报文携带优先级的不同，Trust Mode 可分为 Trust DSCP Mode、Trust 802.1P Mode、Trust EXP Mode 等，具体可手工配置。

2）映射调度优先级。

报文在设备内部处理时，使用的是调度优先级而不是报文携带的优先级。调度优先级包括本地优先级 LP 和丢弃优先级 DP。

设备会根据手工设置或预定义的映射表，将提取的报文优先级映射为调度优先级。设备内预定义的优先级映射表包括：

（a）dot1p-dp。802.1p 优先级到丢弃优先级 DP 映射表。

（b）dot1p-lp。802.1p 优先级到本地优先级 LP 映射表。

（c）dscp-dot1p。DSCP 到 802.1p 优先级映射表，仅对 IP 报文生效。

（d）dscp-dp。DSCP 到丢弃优先级 DP 映射表，仅对 IP 报文生效。

（e）dscp-dscp。DSCP 到 DSCP 映射表，仅对 IP 报文生效。

报文在设备内部，会同时根据本地优先级 LP 和丢弃优先级 DP 进行调度转发。

端口在入方向上可以配置重标记功能，如果对报文优先级进行了重标记，设备将根据重标记后的报文优先级查找映射表，为报文分配调度优先级；如果对调度优先级进行了重标记，则直接采用重标记后的调度优先级进行调度，此时端口的信任模式和端口优先级的配置均不会生效，因为已经重新进行了标记。

（2）端口为三层端口。

端口的工作模式无法手工配置，固定为 Trust Mode。

◆ 报文发送方向

发送报文时，报文原有的优先级字段不会变化。新增的报文优先级字段，必须显式地通过 remark 操作进行设置。但有一个例外，就是报文进入 MPLS 域，在执行压标签操作的时候，如果报文携带了 IP 优先级或 DSCP 优先级，系统会依据报文原有的优先级字段来设置 MPLS EXP 字段。若报文携带的是 IP 优先级，则直接把 IP 优先级数值复制到 MPLS EXP 中；若报文携带的是 DSCP 优先级，则把 DSCP 前 3 位的内容复制到 MPLS EXP 中。

例如，交换机从一个端口收到一个 DSCP 值标记为 EF 的报文，从另一个端口发送出去且带有 VLAN 标签时，VLAN 标签中的 PRI 字段保持默认为 0，而报文的 DSCP 值保持 EF 不变。路由器收到一个 MPLS EXP 字段为 3，DSCP 优先级字段为 CS0 的报文，从另一个端口弹出 MPLS 标签转发出去时，报文的 DSCP 优先级字段仍保持为 CS0 不变。

6.5 SNMP

SNMP 协议分为三个版本，分别是 SNMPv1、SNMPv2c、SNMPv3。

版本 V3 在版本 V2c 的基础上提供了认证、（报文）加密、访问控制等特性。版本 V2c 相比 V1 有很多相似的地方，但在某个地方也做了改进。目前基本不使用版本 V1。SNMP 版本 V1 和 V2c 的异同见表 6–4。

表 6–4 SNMP 版本 V1 和 V2c 的异同

版本	SNMPv1	SNMPv2c
消息类型	（1）Get–Request。 （2）GetNext–Request。 （3）Get–Response。 （4）Set–Request。 （5）Trap 【注】 （1）Request 表示是 NMS 发给 Agent。 （2）Response 是从 Agent 发给 NMS。 （3）对于 Set–Request 报文，Agent 使用 Get–Response 进行回复	在版本 V1 原有 5 个消息类型的基础上，新增以下两个新的消息类型： （1）GetBulk：允许一次性请求多个值（相当于执行了多次 GetNext）。 （2）Inform：作用与 Trap 作用相同，但需要 SNMP 管理者确认接收 【注】 Trap 与 Inform 消息的区别主要在于： （1）Trap 消息不需要确认。当网管 NMS 收到一条 Trap 通知后无需回复任何确认信息，SNMP agent（设备方）无法知道 Trap 通知是否已经被正确接收。 （2）Inform 消息需要接收者确认。当网管 NMS 收到一条 Inform 消息后它需要向 SNMP agent（设备方）回复一条确认信息
特点	版本 V1 的缺点主要体现在以下几个方面： （1）所有操作都是原子性。只要有一个变量出错，就认为整个处理失败，可能导致 NMS 与 Agent 数据不一致，同时也降低了处理效率。 （2）错误状态有限。发生错误可能就只返回一个 BadValue，对于网管而言不知道具体是哪里出错。 （3）不支持 NMS 到 NMS 间的通信。 （4）Trap 报文格式存在缺陷	相比版本 V1，版本 V2c 在以下几个方面做了改进： （1）只有 Set 操作是原子性的，其他是非原子性的。 （2）具有更丰富的错误码和错误状态，发生错误时，可以返回 wrongType、wrongLength 等多种错误码。 （3）支持更丰富的数据类型。 （4）Trap 报文格式与其他报文格式进行了统一。 （5）新增了 GetBulk 等操作

续表

版本	SNMPv1	SNMPv2c
共同点	两个版本的共通点是安全性较弱，从而无法在非信任网络中使用，具体主要体现在以下几个方面： （1）基于团体名（community）进行验证。 （2）团体名明文传输。 （3）报文不支持加密	

7

常用二层技术

电力数据网在城域网部分通常采用三层路由技术，而在变电站内的业务接入部分则一般采用二层交换技术。变电站典型的部署方案是会部署一定数量的交换机用来业务接入，并在交换机上配置 VLAN 实现不同业务间的逻辑隔离，业务网关则会部署在上联的业务接入路由器上。本章将对运维或竞赛场景中常用的 VLAN、生成树、MTU、ARP 等二层技术进行介绍。

7.1 VLAN

7.1.1 取值范围

IEEE 802.1Q 协议规定，VLAN TAG 共 4 个字节，其中 VLAN ID 字段为 12 位，理论上取值范围为 0~4095，由于 0 和 4095 为协议保留，所以实际的取值范围为 1~4094，其中 VLAN 1 为默认 VLAN，不能删除。

7.1.2 交换机端口类型

对于交换机的端口，根据它们在转发 VLAN 报文时对 VLAN 标签的不同处理方式，可以分为三种类型，分别是 access 端口、hybrid 端口、trunk 端口。

报文一旦进入交换机，都会按照端口上配置的规则打上 VLAN 标签，即交换机内部处理的报文都是带有 VLAN 标签的。从端口发送出去时，会根据端口上的配置，决定是否剥离 VLAN 标签。

◆ access 端口

配置命令如下，并且在交换机上必须先创建值为 <VID> 的 VLAN。

```
[sysname-interface]port access vlan <VID>
```

（1）对接收报文的处理。如果接收的报文带有 VLAN 标签，直接丢弃；如果接收的报文不带有 VLAN 标签，为报文打上 VLAN 值为 <VID> 的标签后进行处理转发。

（2）发送报文时，剥离 VLAN 标签后进行发送。

◆ trunk 端口

配置命令如下，其中值 <VID-LIST> 或 <VID> 指定的 VLAN，在交换机上可以不存在。

```
[sysname-interface]port trunk permit <VID-LIST>
[sysname-interface]port trunk pvid vlan <VID>
```

配置好上述命令后查看 trunk 端口，会出现 Passing VLAN 和 Permitted VLAN 两个参数。Permitted VLAN 是指在命令 port trunk permit 中指定允许通过的 VLAN。Passing VLAN 是在命令 port trunk permit 中指定允许通过，并且在交换机上存在的 VLAN，也就是实际可以通过的 VLAN。

例如，本地交换机的一个 trunk 端口通过配置 permit vlan 10 来允许 vlan 10 通过，但没有创建 vlan 10，则实际上 vlan 10 的数据帧并不能通过本交换机传递，最终的效果表现为没有 vlan 10 的数据会通过该端口，此时在本地交换机查看 trunk 端口的状态，permit vlan 里有 vlan 10，但 passing vlan 里没有 vlan 10。

trunk 端口接收到报文时的处理方式见表 7-1。

表 7-1 trunk 端口接收到报文时的处理方式

步骤	报文是否带有 VLAN 标签	VLAN 值是否在 <VID-LIST> 指定的范围	VLAN 值是否为 Passing VLAN	最终结果
1	否	—	—	为报文打上 VLAN 值为 <VID> 的标签后转第 2 步
2	是	否	—	丢弃
		是	否	丢弃
		是	是	接收报文，并处理转发

trunk 端口在发送报文时（报文的 VLAN 值必须在 <VID-LIST> 指定的范围内），如果报文的 VLAN 值等于 <VID>，那么剥离 VLAN 标签后再从端口转发出去，其他情况下直接发送带 VLAN 标签的报文。

◆ hybird 端口

配置命令如下，其中：值 <VID-LIST> 指定的 VLAN，在交换机上必须先提前创建；值 <VID> 指定的 VLAN，交换机上可以不存在。

```
[sysname-interface]port hybrid pvid vlan <VID>
[sysname-interface]port hybrid vlan <VID-LIST> untag/tag
```

命令 port hybrid vlan <VID-LIST> untag/tag 相当于一个过滤列表，只有 <VID-LIST> 中指定的 VLAN 才可以被该端口接收或发送。

端口在接收到报文时的处理方式见表 7-2。

表 7-2 hybrid 端口接收到报文时的处理方式

步骤	报文是否带有 VLAN 标签	VLAN 值是否在 <VID-LIST> 指定的范围	最终结果
1	否	—	为报文打上 VLAN 值为 <VID> 的标签后转第 2 步
2	是	否	丢弃
		是	接收报文，并处理转发

端口在发送报文时（报文的 VLAN 值必须在 <VID-LIST> 指定的范围内），会根据命令中的 untag/tag 参数，决定在发送出去时是否要剥离 VLAN 标签。

举例来说，我们在交换机的 hybrid 端口上配置了下述命令：

```
[sysname-interface]port hybrid tagged vlan 20 40
[sysname-interface]port hybrid untagged vlan 30 50
```

详细的处理过程如下：

（1）当交换机接收到一个以太网帧时，首先查看该帧是否带了 VLAN 标签。

1）如果不带 VLAN 标签，那么为该报文添加 VLAN 标签，VLAN 值为端口 PVID，然后转下一步。

2）如果带有 VLAN 标签，就要查看标签的 VLAN 值是否在上述命令行中出现。例如 30 出现，60 没有出现。那么对于 VLAN 值为 30 的报文，会进行转发。而 VLAN 值为 60 的报文就会直接丢弃。

（2）当交换机要发送一个报文出去时（不会检查是否带 VLAN 标签，因为所有报文在交换机内部都携带了标签），如果报文的 VLAN 值是在 tagged 中定义的，那么端口会直接发送，不会做任何更改，例如 VLAN 值为 40 报文。如果 VLAN 值是在 untagged 中定义的，那么会剥离掉该报文的 VLAN 标签，不带标签从端口转发出去，例如 VLAN 值为 50 的报文。

7.1.3 Isolate-user-vlan

Isolate-user-vlan 是 hybird 端口的直接应用，但又有一点区别。从结果上来看，配置 Isolate-user-vlan 与在端口直接配置 hybrid，最终实现的效果是一样的。从实现细节上来看，在端口直接配置 hybrid，由于不同 VLAN 没有 MAC 地址同步，因此单播报文会在所有允许的 VLAN 里进行发送，而 Isolate-user-vlan 具有 MAC 地址同步机制，单播报文会根据 MAC 地址表在指定的 VLAN 发送，从而避免不必要的带宽浪费及可能存在的网络安全问题。

7.2 生成树

标准的生成树协议分为 STP、RSTP、MSTP 三种。STP 收敛速度较慢，RSTP 对 STP 进行了改进以提高收敛速度，MSTP 在 RSTP 的基础上增加了对多生成树实例的支持。

7.2.1 STP 与 RSTP 的对比

STP 与 RSTP 协议的对比见表 7-3。

表 7-3 STP 与 RSTP 协议的对比

协议	STP	RSTP
简述	所有操作均依赖于定时器	对于链路失效时，依赖 Hello 包超时来完成状态切换
BPDU 老化	（1）BPDU 在端口上的老化时间为 20s，即一个 blocking 的端口，如果在 20s 内未收到新的 BPDU，则转化为 Listening 状态。 （2）如果直连端口 DOWN，那么该端口上的 BPDU 直接老化	每隔 Hello Time（默认 2s）会从指定端口发送自身的 BPDU，连续 3 个 Hello Time 未收到根端口的 BPDU 则认为根端口失效，重新选举
端口状态	共分为 5 种状态： （1）Disabled 不收发任何报文。 （2）Blocking 不接收或转发数据，接收但不发送 BPDU，不进行地址学习。 （3）Listening 不接收或转发数据，接收并发送 BPDU，不进行地址学习。 （4）Learning 不接收或转发数据，接收并发送 BPDU，进行地址学习。 （5）Forwarding 接收并转发数据，接收并发送 BPDU，进行地址学习	共分为 3 种状态： Discarding Learning Forwarding STP 协议中的 Disabled、Blocking、Listening 三种状态在 RSTP 中被合并为 Discarding 状态
端口角色	根端口 指定端口 Alternate 端口（即阻塞端口）	根端口 指定端口 Alternate 端口 Backup 端口①
报文	使用两种类型的报文： （1）配置 BPDU。 （2）TCN BPDU	只有一种报文，即配置 BPDU

续表

<table>
<tr><th colspan="2">协议</th><th>STP</th><th>RSTP</th></tr>
<tr><td colspan="2">报文</td><td colspan="2">配置 BPDU 基于二层组播发送，目的 MAC 地址是 01-80-c2-00-00-00
STP 桥的优先级取值范围为 0~61440，步长为 4096</td></tr>
<tr><td colspan="2">端口状态选择</td><td colspan="2">选根端口，指定端口的对比顺序是：
根桥 ID，到根桥开销，发送 BPDU 的桥 ID，发送 BPDU 的桥的端口编号，本地收到 BPDU 的端口编号</td></tr>
<tr><td rowspan="2">拓扑改变机制</td><td>触发条件</td><td>满足以下两个条件的任意一个：
(1)有端口转变为 Forwarding 状态，且该网桥至少包含一个 Forwarding 端口[2]。
(2)有端口从 Forwarding 或 Learning 状态转变为 Blocking 状态[3]</td><td>非边缘端口转变为 Forwarding</td></tr>
<tr><td>MAC 老化机制</td><td>(1)检测到拓扑变化的网桥，以 HelloTime 为周期在根端口上持续发送 TCN BPDU（直至接收到 TCA 为止）。
(2)上游网桥在收到下游网桥的 TCN BPDU 后，会将下一个发送的配置 BPDU 中的 TCA 标志位置 1，表示对 TCN 的确认。并继续向上发送 TCN BPDU。
(3)根桥收到 TCN BPDU 后，会在 MaxAge+ForwardDelay 的时间内，持续发送 TC 置位的配置 BPDU。
(4)下游网桥收到 TC 置位的配置 BPDU 后，会把 MAC 地址的老化时间从 300s 缩短为 ForwardDelay（默认 15s）的时间[4]</td><td>(1)当网桥有非边缘端口转变为 Forwarding 时（假设该端口为 G0/1），网桥会在 2 倍 HelloTime 时间内向根端口以及其他所有指定端口发送 TC 置位的 BPDU，同时会清除这些端口学习到的 MAC 地址[5]。
(2)当其他网桥收到 TC 置位的 BPDU 时，会清除接收 TC 报文的端口以及边缘端口之外的其余端口的 MAC 地址，并在 2 倍 Hello Time 时间内向指定端口和根端口发送 TC 置位的 BPDU[6]。</td></tr>
<tr><td colspan="2">收到次优 BPDU 的处理</td><td>STP 非根网桥的指定端口在收到次优 BPDU 时，会立即主动发送最优 BPDU[7]</td><td>指定端口和阻塞端口在收到次优 BPDU 都会立即发送本地更优的 BPDU 给对端[8]</td></tr>
</table>

续表

协议	STP	RSTP
收敛时长	STP 的收敛时长最长可达 30s（端口 DOWN 时，经过两个 *Forward Delay*）或 50s（例如根桥故障但端口仍为 UP，经过 *MaxAge* + 2 × *Forward Delay*，即等 BPDU 老化后重选）	最快秒级

① RSTP 协议把 STP 协议中的 Alternate 端口细分成为 Alternate 端口和 Backup 端口，一个网桥上可以有多个 Alternate 端口和 Backup 端口。

②对于触发条件 1，华三的认证材料相关原文是"且该网桥至少包含一个指定端口"，实际上，若网桥只有一个处于 Forwarding 状态的根端口时，当有新的端口转变为 Forwarding 状态时，也会产生 TCN。因此，更为准确的说法是"且该网桥至少包含一个 Forwarding 端口"。

③链路 DOWN 不属于拓扑改变，不会产生 TCN。另外，针对 STP 拓扑改变的触发机制，需要端口完成状态切换后才会发送 TCN，也就是说要等待 30s 后，网桥才会发送 TCN 给根桥，通知把 MAC 地址老化时间改为 15s。

④对于 MAC 老化机制，STP 协议是缩短 MAC 的老化时间，RSTP 协议是直接清除端口的 MAC 地址表，重新学习（边缘端口无需清除）。

⑤ TC 置位的 BPDU 不会从 G0/1 发送出去，G0/1 的 MAC 地址表也不会被清空。即某个端口接收到 TC 置位的 BPDU 或某端口就是导致产生 TC 置位 BPDU 的端口时，该端口不会再把收到或本身的 TC 置位 BPDU 从该端口发送出，也不会清空该端口的 MAC 地址表。

⑥收到 TC 置位的 BPDU 时，交换机所有条目会被删除，除了边缘端口和收到 TC 的端口。阻塞端口不发送 BPDU，只接收，同时也不学习 MAC 地址，因此不需要清除 MAC 也不从阻塞端口发送 TC 置位的 BPDU。

指定端口发出的 TC 置位 BPDU 在收到上游根端口发送的 TCA 置位 BPDU 后停止，根端口发出的 TC 置位 BPDU 在定时器到期后停止。

⑦收到次优 BPDU 时，对于 STP 协议，阻塞端口、根端口不会主动发送最优 BPDU。

⑧收到次优 BPDU 时，对于 RSTP 协议，根端口不会主动发送最优 BPDU。

7.2.2 RSTP 的快速收敛机制

◆ 边缘端口快速收敛

边缘端口会直接进入转发状态，而不用经历 RSTP 的角色选举。

◆ 根端口快速收敛

根端口失效时，新选举的根端口（即优先级最高的 Alternate port）在上游端口的角色为指定端口并且端口处于 Forwarding 状态时，本地网桥新的根端口立即转为 Forwarding 状态。

此情况下，本地网桥不会产生 TC 置位的 BPDU。

◆ 指定端口快速收敛

RSTP 基于 P/A 机制在点对点链路上实现指定端口的快速收敛。设备可以通过与下游设备握手，得到响应后立刻进入转发状态。

此情况下，下游网桥不会产生 TC 置位的 BPDU。因为在 P/A 机制下，下游网桥除了正在执行 P/A 操作的根端口外，其他端口都被同步阻塞掉了，也就没有可以向外发送 TC 置位 BPDU 的端口。

P/A 机制的主要目的是使链路两侧的端口快速进入转发状态而不用等待 2 倍的 Forwar Delay 时间（默认 30s）。P/A 机制只可能发生在链路两侧端口一个为 RP 角色，另一个为 DP 角色的场景下。下面以两个网桥间新增了一条链路为例进行具体分析：

（1）第一步。初始时链路两侧的端口均保持默认为 DP 角色，都会发送 proposal 置位的 PBDU，此时发送的 BPDU 报文标志位如图 7-1 所示。

```
BPDU flags: 0x0e, Port Role: Designated, Proposal
  0... .... = Topology Change Acknowledgment: No
  .0.. .... = Agreement: No
  ..0. .... = Forwarding: No
  ...0 .... = Learning: No
  .... 11.. = Port Role: Designated (3)
  .... ..1. = Proposal: Yes
  .... ...0 = Topology Change: No
```

图 7-1 第一步时 BPDU 报文标志位

（2）第二步。链路两侧的端口通过比较 BPDU 确认端口角色。一侧会确定为 DP 角色（称为上游端口），另一侧会被确定为 RP 或 AP 角色（称为下游端口）。如果下游端口为 RP 角色，转第三步，如果为 AP 角色，转第七步。

（3）第三步。下游端口所在的网桥，会把自己的所有下游 DP 接口（边缘端口除外）和原来 RP 接口转变为 discarding 状态（即端口同步）。

（4）第四步。完成端口同步后，下游网桥会直接将 RP 口转变成 Forwarding 状态，并向上游发送 A 置位 BPDU（该 BPDU 内容拷贝自上游发送的 P 置位的最新 BPDU）以表示同意，BPDU 报文标志位如图 7-2 所示。

```
BPDU flags: 0x79, Agreement, Forwarding, Learning
  0... .... = Topology Change Acknowledgment: No
  .1.. .... = Agreement: Yes
  ..1. .... = Forwarding: Yes
  ...1 .... = Learning: Yes
  .... 10.. = Port Role: Root (2)
  .... ..0. = Proposal: No
  .... ...1 = Topology Change: Yes
```

图 7-2　第四步时 BPDU 报文标志位

（5）第五步。上游网桥收到下游网桥发送的 A 置位 BPDU 后，会将其 DP 端口直接转变成 Forwarding 状态。此时该链路上下游的 DP 端口和 RP 端口均已进入转发状态，可以不用等待 30s 就可正常转发数据报文。

（6）第六步。下游网桥会继续向本地处于 Discarding 的其他 DP 口发起 P/A 协商以便快速进入 Forwarding 状态。大型二层网络完成整个 P/A 过程可能只需要几秒钟，相比 STP 协议大大加快了收敛速度。

（7）第七步。如果下游端口在第二步中被选为 AP 角色则进入此步。此时该 AP 端口不会回应上游发送的 A 置位 BPDU 而只会发送普通 BPDU。上游端口会每隔 2s 发送一个 P 置位的 BPDU，而下游端口将一直不会响应。此时就退化为 STP 协议的收敛机制，上游 DP 端口会等待 1 个 Forwarding Delay 时间后由 Discarding 状态转变为 Learning 状态，再等待一个 Forwarding Delay 时间后转变为 Forwarding 状态。

7.2.3 MSTP 协议

◆ MSTP 的 BPDU 格式

MSTP 协议的 BPDU 格式如图 7-3 所示。

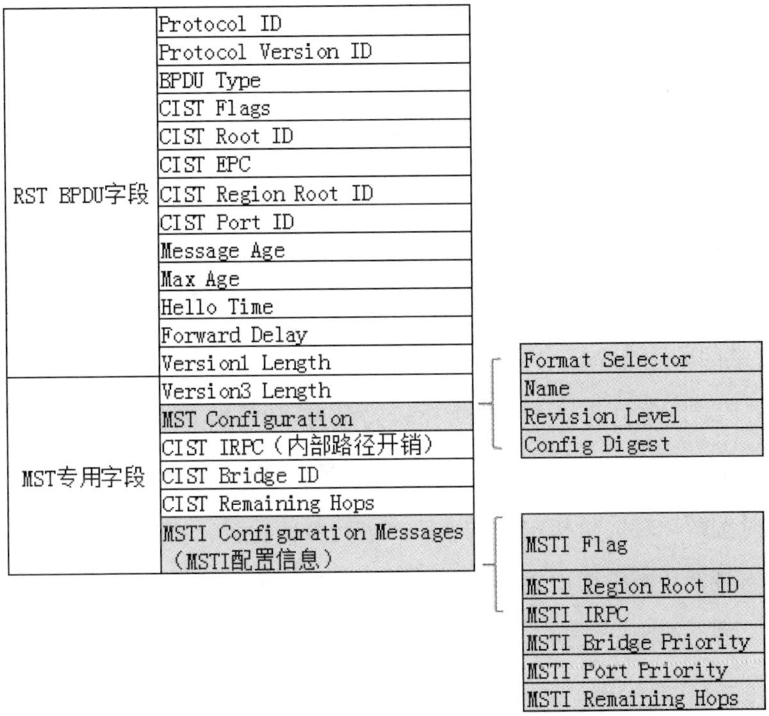

图 7-3 MSTP 协议的 BPDU 格式

计算 CST 时仅需要 RST BPDU 字段的内容，计算 IST 时需要 RST BPDU 字段和 MST 专用字段的内容。Instance 0 即 IST（为特殊的实例）。

配置了相同的域名、修订级别（类似于编号）、VLAN 映射关系的交换机属于同一个 MSTP 域。如果没有配置 VLAN 到实例的映射，则 BPDU 中不会携带 MSTI 配置信息。VLAN 到实例映射关系经过哈希后放在报文中，因此不同厂商的交换机通过 MSTP 协议互连时，需要配置摘要监听，以免因不能正确识别 VLAN 的映射关系造成可能的环路。

Master 端口在 CIST 上不存在，只在 MSTI 上存在，并且在所有 MSTI 上的角色都相同，都为 Master 端口。即当一个端口被选举为 Master 端口后，查看端口角色时，对于 Instance 0，端口角色显示为 Root 端口，对于其他 Instance，端口角色都显示为 Master 端口。

Master 端口之所以只在 MSTI 上存在，是因为 Master 端口承载的是跨域的流量，对于 Instance 0，域根一定是离总根最近的设备，Master 端口与域根的 Root 根口一定是重合的，其他交换机没有必要区分。但对于其他 Instance，Master 端口不一定在域根上，跨域流量不一定通过域根流转。因此必须设置 Master 端口角色，用于跨域流量的流转。

对于同一条链路，在不同的 MSTI 中，可以配置不同的端口路径开销值。

◆ 端口角色选举

MSTP 端口角色选举的优先级比较向量为：{总根 ID，外部路径开销，域根 ID，内部路径开销，指定网桥 ID，指定端口 ID，本地端口 ID}，在端口角色选举时按照比较向量指定的顺序依次进行数值比较，值越小越优。

下面分别从两个角度来分析 MSTP 端口角色的选举过程。

（1）设备角度。

从设备的角度出发，CST 和 IST 是同时计算得出的。网桥上的 BPDU 可以分为本地最优 BPDU 和端口 BPDU 两大类。端口 BPDU 是指端口上收到的 BPDU，本地最优 BPDU 是把所有的端口 BPDU 值与所在端口的开销相加后进行对比选出来的优先级最高的 BPDU。端口 BPDU 反映的是端口通过对端设备到达根的总代价，本地最优 BPDU 反映的是其他端口通过本地设备到达根的总代价。

每台交换机初始启动时，会以自身为总根和域根在每一个端口上构建端口 BPDU，此时的总根和域根都是自身，相应的路径开销都为 0，此时还没有本地最优 BPDU。交换机会在端口上持续收到其他交换机发送的 BPDU，并与相应端口的端口 BPDU 作对比，如果自身的端口 BPDU 更优，则把收到的

BPDU 丢弃；如果收到的 BPDU 更优，那么用收到的 BPDU 替换原来的端口 BPDU，然后比较所有端口 BPDU 的值，选择优先级最高的 BPDU 所在端口作为根端口。接下来，交换机会把根端口的端口 BPDU 加上根端口的开销作为本地最优 BPDU（指定桥 ID 等参数也会同步修改），除根端口外的其他端口 BPDU 与本地最优 BPDU 进行比较，如果本地 BPDU 更优，则相应的端口为指定端口，否则为阻塞端口。这一步的比较逻辑是，对于一个端口所连接的网段来说，如果端口 BPDU 更优，说明通过对端设备到达根桥的总代价更小，因此本端口应该阻塞；如果本地 BPDU 更优，说明通过本端设备到达根知的总代价更小，那么本端口应该作为指定端口。如果一台交换机没有本地最优 BPDU，那么它就是网络中的根桥。

对于 MSTP 来说，BPDU 中的内部路径开销不会在域间传递，即域根在收到上流域的配置 BPDU 并传递给同域的下流交换机时，会把 BPDU 中的内部路径开销设为 0。

（2）人的角度。

按照上述过程来分析 MSTP 的计算结果会比较复杂，实际应用中我们可以按照下列方法来计算 MSTP 的结果。

1）第一步。选举网络上的总根。在所有交换机中选择桥 ID 最小的交换机作为总根桥（桥 ID= 优先级 +MAC 地址）。

2）第二步。计算 CST。以域为单位选举根端口和指定端口。CST 的计算向量为{总根 ID，外部路径开销，对端的域根 ID，指定桥 ID，指定端口 ID，接收端口 ID}。这里可以把整个域看成一个整体进行根端口选举，按照优先级向量依次比较外部路径开销、对端的域根 ID，如果这两个条件还无法选出根端口，则依次比较指定桥 ID、指定端口 ID 和接收端口 ID，最后选出的区域根端口即为 Master 端口。选举出区域根端口后再按照比较向量选举区域的指定端口。在计算 CST 的过程中不需要比较内部路径开销。

3）第三步。计算 IST。在计算 IST 时，以域根为根运行 STP 算法进行计算，优先级向量为{域根 ID，内部路径开销，指定桥 ID，指定端口 ID，接收端口 ID}，具体过程不再赘述。

计算 CST 时仅需要 RST BPDU 字段的内容。这是因为在交换机初始启动时，它会认为自己就是区域根桥，因此区域根桥 ID 与指定桥 ID 是一致的，此时进行 CST 计算时，只需要 RST BPDU 字段中的区域根桥值即可，而不需要 MST 专用字段的内容。

7.2.4 生成树协议的保护机制

生成树协议保护机制包括 BPDU 保护、根桥保护、环路保护等。不同保护机制的使用场景如下：

（1）在根交换机的指定端口启用根桥保护，在连接外部交换机的端口上也启用根桥保护（避免外部交换机成为根）。

（2）在连接终端的交换机上启用 BPDU 保护。

（3）在下行交换机的根端口和阻塞端口（Alternate Port 和 Backup Port）配置环路保护。

每个端口只能配置根桥保护，环路保护中的一种，不能同时配置。如果已经配置了其中一种端口保护模式，要先取消前面的端口保护模式配置，才能配置新的端口保护模式。

7.2.5 端口角色与状态

在 STP 协议中，端口角色分为根端口、指定端口、Alternate 端口 3 种。

在 RSTP 协议中，端口角色分为根端口、指定端口、Alternate 端口、Backup 端口 4 种。

在 MSTP 协议中，端口角色分为根端口、指定端口、Alternate 端口、

Backup 端口、Master 端口 5 种。

根端口、Master 端口处于 Forwarding 状态，Alternate 端口、Backup 端口处于 Blocking 状态。指定端口可能处于 Forwarding 或 Discarding 状态。指定端口在经历正常的 STP 选举后，会处于 Forwarding 状态，在保护机制生效、不同品牌交换机互联不兼容等情况下，会处于 Discarding 状态。

7.3 MTU

MTU 是数据链路层的概念，指数据链路层对数据帧长度的限制。但是，我们在设备上使用MTU命令时，实际上限制的并非数据链路层数据帧的长度，而是数据链路层帧的载荷（Payload）部分的长度。

一个标准的以太网帧如图 7–4 所示。

标准以太网帧内容

前导同步码	帧定界符	目的地址	源地址	类型	数据载荷	帧校验
		6字节	6字节	2字节	46~1500字节	4字节

图 7–4　标准以太网帧

前导同步码和帧定界符属于物理定帧的需要，与以太网无关。前导同步符的作用是使目的主机接收器时钟与源主机发送器时钟同步，用于同步计时，也包含标记定时信息结束的定界符。准确地说，前导同步符的作用是指接收器时钟尽快同步，即使没有前导同步符，接收器时钟也能从数据信号中提取出时钟，但这样会造成在未完成同步前有一些数据比特无法读取，为避免这个问题才设计了前导同步符。帧定界符固定为“10101011”，用于指示帧的开始。

根据图 7–4，我们可以知道，以太网帧长范围为 64~1518 字节。一般抓包软件抓取的以太网帧最大长度为 1514 字节，这是因为物理网卡经 CRC 校验后才会送驱动程序处理，此时才能被抓包软件抓取到，但 CRC 已经被去除，故抓取到的最大长度为 1518−4=1514。

在电力数据网中，由于采用 MPLS VPN 组网，理论上讲，端口 MTU 应设为 1508。在实际工程实现上，建议适当放大，一般设为 1516 或 1520。

7.4 ARP

ARP 分为普通 ARP 和免费 ARP 两种。免费 ARP 报文与普通 ARP 请求报文的区别在于：普通的 ARP 请求报文，其 ARP 封装内的“目的 IP 地址”是其他机器的 IP 地址，而免费 ARP 的请求报文，其 ARP 封装内的“目的 IP 地址”是其自己的 IP 地址。一个典型的免费 ARP 报文如图 7−5 所示。

```
v Address Resolution Protocol (request/gratuitous ARP)
    Hardware type: Ethernet (1)
    Protocol type: IPv4 (0x0800)
    Hardware size: 6
    Protocol size: 4
    Opcode: request (1)
    [Is gratuitous: True]
    Sender MAC address: 9c:61:97:85:01:05 (9c:61:97:85:01:05)
    Sender IP address: 10.1.1.1
    Target MAC address: 00:00:00_00:00:00 (00:00:00:00:00:00)
    Target IP address: 10.1.1.1
```

图 7−5 典型的免费 ARP 报文

免费 ARP 具有两个作用：

（1）IP 地址冲突检测。一个主机可以通过它确定另一个主机是否设置了机同的 IP 地址。

（2）通告一个新的 MAC 地址。如果发送免费 ARP 的主机正好改变了硬件地址，那么通过免费 ARP 可以使其他主机更新高速缓存中旧的 MAC 地址。

普通 ARP 请求报文采用广播方式，ARP 响应报文采用单播方式。

设备上的 ARP 表只有同时满足以下两个条件时，设备的 ARP 表项才会更新：

（1）设备收到来自某 IP 的 ARP 请求包或免费 ARP 包。

（2）设备的现有 ARP 表项中已经存在该 IP 对应的 ARP 表项。

设备在收到 ARP 请求后会执行以下操作：

（1）收到一个 ARP 请求包请求本机 MAC 时，查看 ARP 缓存表是否有源 IP 与源 MAC 的对应条目，若有但与收到的不一致则更新源 MAC，若无则添加，并构造一个 ARP 应答。

（2）收到一个请求包，但不是请求本机 MAC，不发送 ARP 应答。但如果本机 ARP 缓存表有该 ARP 请求的源 IP，则进行更新。即源 MAC 一致则刷新 Age，源 MAC 不一致则修改源 MAC 并刷新 Age（免费 ARP 的第 2 个作用利用了该特性）。

对于华三设备，默认开启了免费 ARP 学习功能。即收到免费 ARP 后，如果本地并不存在相应的 ARP 表项，会自动创建该 ARP 表项，如果存在则只进行更新相应表项。

8

物理接口

电力调度数据网常用的接口主要为POS口和E1口，电力综合数据网常用的接口主要为以太网接口。本章将对E1接口和以太网接口作重点介绍，POS口使用上与以太网光口差异不大，并且不需要做额外配置，这里不展开。

8.1 E1接口

对于华三设备，E1接口分为CE1/PRI和E1-F两种。

8.1.1 CE1/PRI接口

CE1/PRI接口支持以下两种工作方式：

◆ CE1/PRI工作方式（默认方式）

CE1/PRI工作方式也称为成帧工作方式，在这种方式下，可以选择帧格式。帧格式分为以下两种：

（1）非CRC4帧格式。又称双帧格式或奇偶帧格式。偶数帧时隙0固定传送同步信号“S0011011”，奇数帧时隙0固定传送“S1A×××××”，以和偶数帧区别（S代表国际保留，A用作告警指示，×代表未使用），这也是标准的PCM30/32基群的帧结构。

（2）CRC4帧格式。16个连续的帧组成一个复帧，利用16个帧的时隙0来实现CRC-4校验。

规范要求CRC4帧要兼容no-crc4帧，但实际中有的厂商兼容，有的不兼容。现网中对于两端帧格式不一致的情况，部分厂商支持互通，部分厂商对接时物理层DOWN，不支持互通。

在CE1/PRI工作方式下，一条E1通道共有31个时隙可供数据通信使用（E1通道带宽为2048kbit/s，一个时隙带宽为64kbit/s，时隙0固定传送同步信号，可用时隙为1~31）。我们可以把时隙进行分组，进而绑定形成串口用于数据传输。时隙分组的方式分为以下两种：

（1）CE1 方式分组。31 个时隙可任意分组，绑定形成多个串口。

（2）PRI 方式分组。统一作为一个 PRI 分组，其中时隙 16 固定作为 D 信道来传输信令，其余每个时隙形成一个串口作为 B 信道。

◆ E1 工作方式

E1 工作方式也称为非成帧模式，通道中的任意比特都是数据，没有帧的概念。

在这种模式下，不需要检测 AIS 告警，但默认情况下，端口的 AIS 告警检测功能是开启的。在某些特定场景下，路由器通过 E1 线与其他设备（如协转）对接，当对端设备发送 E1 信号的帧间填充符为 0xff 时，必须关闭路由器 E1 端口的 AIS 检测功能（CE1/PRI 端口使用命令 undo detect-ais，E1-F 端口使用命令 undo fe1 detect-ais），否则链路不通。

E1 线路的帧间填充符（或称为 idle 码）可为 0x7e 或 0xff，一般设备均使用 0x7e。如果路由器 E1 接口对端设备的帧间填充符为 0xff，当链路刚连接时，链路层还处于 DOWN 状态，由于没有数据传送，E1 线路上全部是帧间填充符，此时路由器 E1 接口检测到线路上均为全 1 信号（对端设备发送的都是 0xff），与 AIS 信号是一样的，因此会上传 AIS 告警，将 E1 接口物理层设为 DOWN 状态，从而导致链路无法 UP。所以，此时需要关闭 E1 接口的 AIS 告警检测功能。

8.1.2 E1-F 接口

E1-F 接口是简化的 CE1/PRI 接口，与 CE1/PRI 相比主要有两点不同。第一个区别是，E1-F 接口不支持 PRI 方式的时隙分组，只支持 CE1 方式的时隙分组。第二个区别是，在 CE1 方式的时隙分组时，E1-F 接口只能将所挑选的时隙捆绑为一个通道组，而 CE1/PRI 接口可以将时隙任意捆绑分成多个通道组。

8.1.3 E1 重定时

路由器使用 E1 接口，通过 SDH 网互联时，传输 E1 通道必须关闭重定时功能。路由器上的 E1 接口，一端必须设置为 DCE，一端设置为 DTE，以避免产生误码。

E1 通道重定时的主要作用是解决 PDH 信号不能传送定时基准的问题，下面进行一个简单介绍。

◆ 使用 PDH 传递时钟，E1 通道关闭重定时（默认方式）

以默认方式时钟信号传递（见图 8–1）所示的拓扑为例，假设输入时钟频率为 f_0，通过 PDH 通道传递到对方后，输出频率为 f_1。时钟传递的整体工作过程如下：

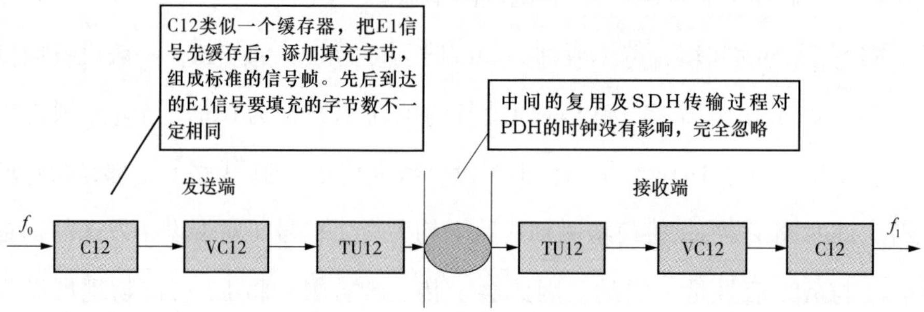

图 8–1 默认方式时钟信号传递

（1）C12 类似一个缓存器，把 E1 信号先缓存后，添加填充字节，组成标准的信号帧。先后到达的 E1 信号要填充的字节数不一定相同。

（2）假设发送端发送的 E1 信号频率固定为 f_0，但每次发送的字节数不同，信号经过 C12 缓存填充后发送到对端。

（3）接收端从 C12 恢复出 PDH 信号时，C12 是一个缓存器，接收端要保证 C12 既不会全空，也不会溢出（全空和溢出都会输出误码）。假设恢复出的 PDH 信号的频率为 f_1，则当发送端发送的字节数少时，接收端恢复信号的速率就减慢，此时 $f_1 < f_0$，当发送端发送的字节数多时，接收端恢复信号的速率就加快，此时 $f_1 > f_0$。因此接收端恢复信号的频率在 f_0 上下波动，并不是一个固定值（此时称为抖动，不是漂移）。

（4）由于恢复的 PDH 信号的频率上下波动，即使输入的 PDH 信号波形完美，携带了定时信息，恢复的 PDH 信号中提取的定时信息也会产生上下波动，因此 PDH 不适用于传输定时信息。

整个过程与 SDH 的定时没有任何关系。SDH 传送 PDH 信号时相当于透时传输，不会将 SDH 的定时信号加入 PDH 中，因此如果两端是路由器的话，一端必须设置为 DCE，一端设置为 DTE（相当于直接互联）。

◆ 使用 PDH 传递时钟，E1 通道开启重定时（正常工作方式）

以正常工作方式时钟信号传递（见图 8-2）所示的拓扑为例，E1 通道开启重定时后，SDH 网络将利用 SDH 定时频率 S_0，将接收端从 C12 恢复的 PDH 信号频率固定为 S_0，此时要求输入端的 PDH 信号频率 f_0 必须与 SDH 定时基准频率 S_0 同步。开启重定时后，可使用 E1 通道传递时钟定时信号。

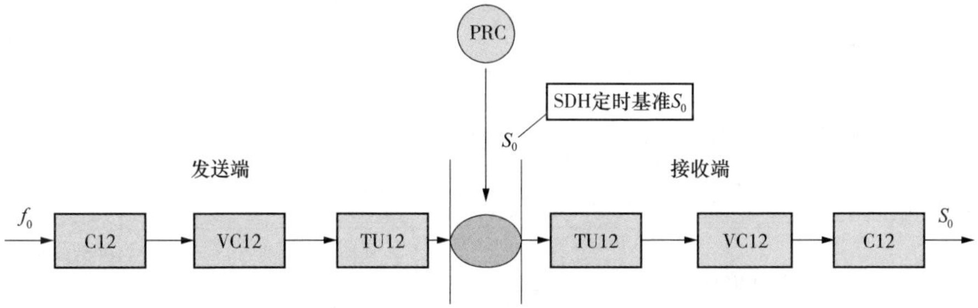

图 8-2 正常工作方式时钟信号传递

8.2 以太网接口

以太网接口是目前最常使用的数据网通信接口，它的发展具体见表 8-1。

表 8-1 以太网接口的发展

速率	标准名称		特点	编码格式
10M	10Base-5		基于粗同轴电缆，采用基带传输，5 表示电缆段最长约 500m	采用曼彻斯特编码
	10Base-2		基于细同轴电缆，采用基带传输，2 表示电缆段最长约 200m	
	10Base-T		基于双绞线，采用基带传输，使用 2 对 3 类（或更好的）双绞线	
	10Base-F		基于光纤	
100M	100Base-X	100Base-TX	在 2 对 5 类双绞线上运行，采用基带模式	采用 4B/5B 编码
		100Base-FX	在多模光纤上运行，采用基带模式	
	100Base-T4		采用 4 对 3 类（或更好的）双绞线（使用了双绞线中的 4 对线），采用基带模式，现在基本不用	
	100Base-T2		采用 2 对 3 类（或更好的）双绞线（使用了双绞线中的 2 对线），采用基带模式，现在基本不用	
1000M	1000Base-X	1000Base-SX	采用多模光纤	采用 8B/10B 编码
		1000Base-LX	采用单模光纤	
		1000Base-CX	采用短铜轴电缆	
	1000Base-T（802.3ab，采用 CSMA/CD）		采用 5 类（或更好的）双绞线	采用 8B1Q4 和 4D-PAM5 编码
10G	10GBASE-CX4		基于短程铜轴电缆（最长 15m）	
	10GBASE-T		采用 6A 或更好的双绞线	
	10GBASE-SR		基于多模光纤	
	10GBASE-LR		基于单模光纤	

以太网光口不支持自动协商，因为不同速率采用不同的信号模式，不同的光波长。以太网电口可以支持自动协商，自动协商的机制具体如下。

◆ 基本概念

（1）FLP。快速连接脉冲。包含了设备支持的工作模式（如全双工、1000M等）。

（2）NLP。普通连接脉冲。仅仅表示设备在位，不包含其他的额外信息。

（3）特征信号。不同速率级别的电口，具有不同的特征信号。10M 电口在无数据发送时会每隔 16ms 发送一个 NLP，每个 NLP 宽 100ns，峰值 1V。100M 电口中采用 4B/5B 编码，没有数据发送时就发送 IDLE 码，IDLE 的 5B 编码是“11111”。1000M 电口采用 8B/10B 编码，没有数据发送时也发送 IDLE 码，IDLE 的 10B 编码是“1111111111”。

◆ 工作机制

如果以太网链路两端的电口都支持自协商，端口启动时会发出 FLP，对方收到后会从中解码得到对方的连接能力，然后可以根据自己和对方的连接能力，选择最好的连接方式。如果本端发出 FLP，而对方不能对 FLP 作出有效反应，而仅返回一个 NLP 时，它被作为一个 10BASE-T 设备。

如果一方启动了自协商，另一方关闭自协商，则通过并行检测（Parallel Detection）机制来实现自动协商。具体原理是：在具有自协商能力的设备端口上，如果接收不到 FLP，则检测是否有 10M 链路的特征信号或 100M 链路的特征信号。如果检测到 NLP，则知道对方支持 10M 速率；如果检测到 4B/5B 编码的 IDLE 符号，则知道对方支持 100M 速率。但是对方是否支持全双工、是否支持流控帧这些信息是无法得到的。因此在这种情况下，认为对方只支持半双工，不支持全双工，且不支持流控帧，因此在对端不打开自协商时，打开自协商的一方只能协商成半双工模式。

与 E1 接口不同，以太网通信两端不需要事先进行时钟同步，它能从接收信号中提取出判决时钟。

8.3 物理接口故障排查流程

针对竞赛环境下的物理接口故障，我们首先要查看链路两侧的接口配置是否正确。在排除了配置方面的问题后，如果链路还无法正确地 UP，此时再按照以下流程进行排查。需要注意的是，下述的排查流程，主要适用于同类设备通过同类接口直连场景下物理故障的排查，例如两台路由器通过 2M 端口直接互连。在其他场景下可能只是部分适用，例如路由器与传输设备通过 POS 接口互联。

8.3.1 E1 口物理故障排查

◆ 常用排障命令

以常用的 E1-F 接口为例，有两个常用的故障排查命令，在竞赛或工程环境中比较有用，它们分别是：

（1）display interface serial × ×/× × 命令，可查看是否设置了环回。

（2）display fe1 serial × ×/× × 命令，可查看物理层的告警。

◆ 具体故障现象

下面结合具体的故障现象，对不同的排查流程进行阐述。

（1）物理层 DOWN。首先检查线缆收发是否接反，然后检查接口是否松动（线缆是否接好），最后通过自环检查线缆是否有问题。

（2）物理层 UP，协议层 DOWN。这个故障现象是竞赛中常设的故障点，针对这个问题，可以按照以下顺序进行排查：

1）如果端口上配置了 PPP 验证，首先删除验证配置。

2）检查两侧端口是否设置了环回，可通过在两端接口使用命令 display interface serial × ×/× × 来查看。

3）检查是否存在鸳鸯线。

4）检查两端封装协议是否一致。

5）如果两侧都为成帧格式，检查绑定的时隙是否对应。如果两侧的时隙不对应，会出现两侧物理 UP，协议 DOWN，并且端口上无告警，但查看端口状态时可以发现错帧多。

6）最后再把第一步删除的 PPP 验证加上，检查是否为 PPP 验证问题（接口密码或用户密码设置错误）。

（3）一侧物理层 UP，另一侧物理层 DOWN。首先检查两侧端口上是否设置了环回，然后检查两侧端口的帧格式。两侧端口的帧格式如果配置不一致，会出现此故障现象。例如配置了一端成帧，一端不成帧，非成帧的端口会表现为物理层 UP，协议层 DOWN，成帧的端口物理层和协议层均为 DOWN。在成帧的端口通过命令 display fe1 serial ×/× 可以查看到告警 Loss of Frame Alignment（帧失步，通常是由于对方发送的帧格式错误）。

8.3.2 光口物理故障排查

◆ 常用排障命令

在光口上通常使用以下 3 个命令来进行故障排查。

（1）display transceiver alarm interface [interface-type interface-number] 通过此命令可以查看模块告警信息。

（2）display transceiver diagnosis interface [interface-type interface-number] 通过此命令可以查看端口收发光功率。

（3）display transceiver interface [interface-type interface-number] 通过此命令可以查看模块参数（物理型号等）。

◆ 具体故障现象

光口最常见的故障现象是物理层 DOWN。针对此故障，可以通过以下步骤进行故障排查：

（1）对于 combo 口，检查是否配置了 combo enable fiber。

（2）检查光模块是否故障。具体操作上，可以通过物理环回来检查，如果环回后仍然为 DOWN，则为模块故障。需要注意的是，环回时必须要使用光衰，以免收光过强打坏模块。

（3）检查模块是否松动或尾纤是否接好。

（4）使用 display transceiver interface 命令查看模块是否匹配（例如千兆光口使用了 POS 模块）。

（5）使用 display transceiver diagnosis interface 命令查看收光功率是否正常（现场可能加了光衰或光衰本身是坏的）。如果在收光侧使用光功率计对收光功率进行测量，若收光侧加了光衰，测量时必须是对通过光衰后的收光功率进行测量（即把对应尾纤连同光衰一起接入光功率计进行测量）。因为光衰本身可能有问题，如果只是把尾纤接入到光功率计进行测量，则无法发现光衰上的问题。

另外还有一点需要注意，我们通过 shutdown 命令关闭光口后，光口将不会发光。但此时若使用 display transceiver diagnosis interface 命令查看时可以看到发光功率为 –40dBm，但实际用光功率测是收不到光的，光功率计显示为 –60dBm。关闭光口后，查看光口信息，典型输出信息为：

```
GigabitEthernet0/2 transceiver diagnostic information:
  Current diagnostic parameters:
     Temp.（℃）Voltage（V）Bias（mA）RX power（dBm）TX power（dBm）
       43          3.41        0.00       −15.77           −40.00
  Alarm thresholds:
           Temp.（℃）Voltage（V）Bias（mA）RX power（dBm）TX power（dBm）
     High    81          3.80        44.00       −3.00           0.00
     Low     0           2.81        1.00        −20.00          −12.50
```

8.3.3 网口物理故障排查

网口常见的物理层故障主要有两种：第一种是物理层 DOWN；第二种是物理层 UP，协议层 DOWN。

针对物理层 DOWN 的故障，首先检查网线是否正常，然后检查端口是否接好，最后检查两侧端口速率是否匹配。针对物理层 UP，协议层 DOWN 的故障，这类故障一般出现在端口配置了链路聚合，但未被聚合端口选中的场景中。

9

实操模拟考题

本章把电力数据网竞赛中常见的考点进行整合，融入 9 道实操模拟考题中。每道模拟考题，均列出了答题时间和难度（★为容易，★★★为较难）。读者们通过模拟考题的练习，一方面可以加强对理论知识的掌握，另一方面也可以熟悉竞赛中的常见考点，并可以练习中摸索自身的解题套路。在本章的最后一节，笔者也把自己的实操解题套路进行了总结，供各位读者参考。

9.1 实操模拟考题一

9.1.1 考试概述

请在50分钟内，根据题目要求，在网络设备上完成相关配置，修复相应故障。

试题难度：★

9.1.2 设备列表

试题一使用的网络设备见表 9-1。

表 9-1 试题一使用的网络设备

设备类型	设备型号	版本	数量
路由器	H3C MSR3620	Version 7.1.075	5

9.1.3 网络拓扑

试题一网络拓扑如图 9-1 所示。

9.1.4 网络概述

本网络模拟一个实验型的 MPLS VPN 网络。

网络由 5 台路由器构成，PE1、P、PE2、RR 间通过 OSPF（进程号为 1）实现全局路由的互访，相关接口均属于区域。PE1、PE2 分别与 RR 建立 MP-

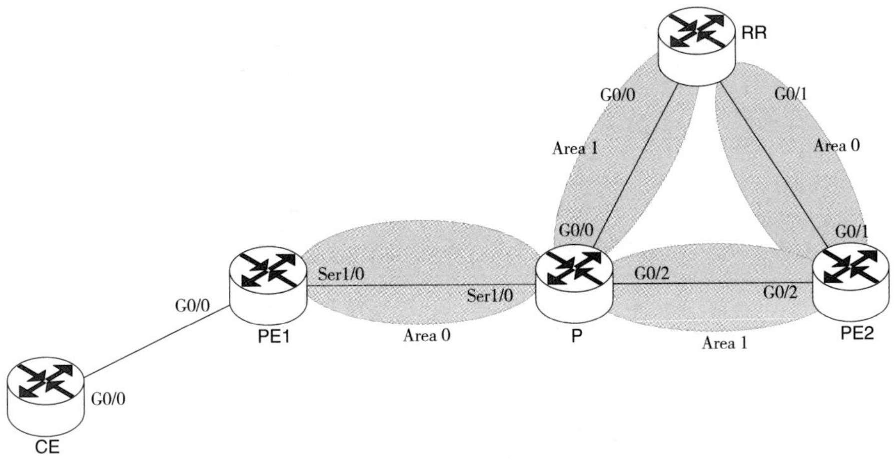

图 9-1 试题一网络拓扑

BGP 邻居，AS 号为 65000，RR 为 PE1 和 PE2 的路由反射器。

CE 与 PE1 间通过静态路由或 OSPF（进程号为 100）实现 VPN 业务互访。网络中有一个 VPN（VPN1），CE、PE2 上使用 Loopback100 接口代替业务接口。

试题一 VPN 的 RD/RT 值规划见表 9-2。

表 9-2 试题一 VPN 的 RD/RT 值规划

VPN 实例	RD	RT
VPN1	100 : 1	Import RT：100 : 1 Export RT：100 : 1

试题一网络中使用的地址见表 9-3。

表 9-3 试题一网络中使用的地址

设备	接口	IP 地址	备注
CE1	Loopback100	100.100.100.100/32	业务接口
	G0/0	20.0.0.2/30	
PE1	Loopback0	192.168.1.1/32	
	G0/0	20.0.0.1/30	
	Ser1/0	50.1.1.1/30	

续表

设备	接口	IP 地址	备注
P	Loopback0	192.168.2.1/32	
	Ser1/0	60.1.1.1/30	
	G0/0	10.0.1.1/30	
	G0/2	10.0.2.1/30	
RR	Loopback0	192.168.3.1/32	
	G0/0	10.0.1.2/30	
	G0/1	10.0.3.1/30	
PE2	Loopback100	200.200.200.200/32	业务接口
	Loopback0	192.168.4.1/32	
	G0/1	10.0.3.2/30	
	G0/2	10.0.2.2/30	

9.1.5 操作任务

◆ 实现目标

CE 与 PE2 的 Loopback100 接口能够互访。

◆ 前置条件

（1）CE 的配置正确，不要修改。

（2）网络中配置的 ACL，只允许对 rule 进行修改，不能删除 ACL 或 rule。

◆ 任务一：配置部分

（1）子任务一：配置串口链路 CHAP 认证。

在 PE1、P 上均配置了串口认证账户（账户名分别为 bbb 和 aaa），请完成 PE1 和 P 之间串口的 CHAP 认证配置，其中 PE1 为认证方，不带用户名认证。

（2）子任务二：配置 OSPF 虚连接。

网络中区域 0 被分割，请在 P 和 PE2 之间配置 OSPF 虚连接，使区域 0 重新连通起来。

◆ 任务二：排障部分

请排除网络中存在的故障，使得 CE 与 PE2 的 Loopback100 接口能够互访。

9.1.6 参考答案（设备配置）

设备配置请扫码

试题一参考答案见表 9-4。

表 9-4 试题一参考答案

预配置	正确配置
sysname PE1	sysname PE1
#	#
ip vpn-instance vpn1	ip vpn-instance vpn1
route-distinguisher 100:1	route-distinguisher 100:1
vpn-target 100:1 import-extcommunity	vpn-target 100:1 import-extcommunity
vpn-target 100:1 export-extcommunity	vpn-target 100:1 export-extcommunity
#	#
packet-filter default deny	packet-filter default deny
#	#
ospf 1	ospf 1 router-id 192.168.1.1
area 0.0.0.0	area 0.0.0.0
network 10.0.0.1 0.0.0.0	network 10.0.0.1 0.0.0.0
network 50.0.0.1 0.0.0.0	network 50.0.0.1 0.0.0.0
network 192.168.1.1 0.0.0.0	network 192.168.1.1 0.0.0.0
#	#
ospf 100 vpn-instance vpn1	ospf 100 vpn-instance vpn1
import-route bgp	import-route bgp
area 0.0.0.0	area 0.0.0.0
network 20.0.0.1 0.0.0.0	network 20.0.0.1 0.0.0.0
#	#
mpls lsr-id 192.168.1.1	mpls lsr-id 192.168.1.1
#	#
mpls ldp	mpls ldp
md5-authentication 192.168.2.1 cipher c3$r7ra1q/en66doAXhbaex4hDqFrNPAw==	md5-authentication 192.168.2.1 cipher c3$r7ra1q/en66doAXhbaex4hDqFrNPAw==
#	#
interface Serial1/0	interface Serial1/0
ppp authentication-mode chap	ppp authentication-mode chap
ip address 50.0.0.1 255.255.255.252	ip address 50.0.0.1 255.255.255.252

续表

预配置	正确配置
# interface LoopBack0 ip address 192.168.1.1 255.255.255.255 # interface GigabitEthernet0/0 ip binding vpn-instance vpn1 ip address 20.0.0.1 255.255.255.0 packet-filter 3000 inbound # bgp 65000 group as1 internal peer as1 connect-interface LoopBack0 peer 192.168.2.1 group as1 # address-family vpnv4 peer as1 enable # ip vpn-instance vpn1 # address-family ipv4 unicast network 100.100.100.100 255.255.255.255 # acl advanced 3000 rule 1 permit ip source 100.100.100.100 0 destination 200.200.200.200 0 # local-user bbb class network	mpls enable mpls ldp enable # interface LoopBack0 ip address 192.168.1.1 255.255.255.255 # interface GigabitEthernet0/0 ip binding vpn-instance vpn1 ip address 20.0.0.1 255.255.255.252 packet-filter 3000 inbound # bgp 65000 router-id 192.168.1.1 group as1 internal peer as1 connect-interface LoopBack0 peer 192.168.3.1 group as1 # address-family vpnv4 peer as1 enable # ip vpn-instance vpn1 # address-family ipv4 unicast network 100.100.100.100 255.255.255.255 # acl advanced 3000 rule 1 permit ip vpn-instance vpn1 source 100.100.100.100 0 destination 200.200.200.200 0 rule 5 permit ospf vpn-instance vpn1 rule 10 permit icmp vpn-instance vpn1 # local-user bbb class network

续表

预配置	正确配置
password cipher c3$jHBzCd6x0ftRlN4FvCP1l30/x8Ujrg== service-type ppp #	password cipher c3$jHBzCd6x0ftRlN4FvCP1l30/x8Ujrg== service-type ppp #
sysname P # ospf 1 area 0.0.0.0 network 10.0.0.2 0.0.0.0 network 60.0.0.1 0.0.0.0 network 192.168.2.1 0.0.0.0 area 0.0.0.1 network 10.0.1.1 0.0.0.0 network 10.0.2.1 0.0.0.0 # mpls lsr-id 192.168.2.1 # mpls ldp md5-authentication 192.168.1.1 cipher c3$5FYqrBhrKYnuPZycxYM60HS2/RfS0Sw= # interface Serial1/0 ppp chap user aaa ip address 60.0.0.1 255.255.255.252 # interface LoopBack0 ip address 192.168.2.1 255.255.255.255 # interface GigabitEthernet0/0 ip address 10.0.1.1 255.255.255.0	sysname P # ospf 1 router-id 192.168.2.1 area 0.0.0.0 network 10.0.0.2 0.0.0.0 network 60.0.0.1 0.0.0.0 network 192.168.2.1 0.0.0.0 area 0.0.0.1 network 10.0.1.1 0.0.0.0 network 10.0.2.1 0.0.0.0 vlink-peer 192.168.4.1 # mpls lsr-id 192.168.2.1 # mpls ldp md5-authentication 192.168.1.1 cipher c3$r7ra1q/en66doAXhbaex4hDqFrNPAw== # interface Serial1/0 ppp chap password cipher c3$jHBzCd6x0ftRlN4FvCP1l30/x8Ujrg== ppp chap user bbb ip address 60.0.0.1 255.255.255.252 mpls enable mpls ldp enable # interface LoopBack0 ip address 192.168.2.1 255.255.255.255 # interface GigabitEthernet0/0 ip address 10.0.1.1 255.255.255.252 mpls enable

续表

预配置	正确配置
# interface GigabitEthernet0/2 ip address 10.0.2.1 255.255.254.0 mpls enable mpls ldp enable # local-user aaa class network password cipher c3$1n27jUaZa7Dlw+RmAJmJaoLv78Irbw== service-type ppp	mpls ldp enable # interface GigabitEthernet0/2 ip address 10.0.2.1 255.255.255.252 mpls enable mpls ldp enable # local-user aaa class network password cipher c3$1n27jUaZa7Dlw+RmAJmJaoLv78Irbw== service-type ppp
sysname RR # ospf 1 area 0.0.0.0 network 10.0.3.1 0.0.0.0 network 192.168.3.1 0.0.0.0 area 0.0.0.1 network 10.0.1.2 0.0.0.0 stub # mpls lsr-id 192.168.3.1 # mpls ldp # interface LoopBack0 ip address 192.168.3.1 255.255.255.255	sysname RR # ospf 1 area 0.0.0.0 network 10.0.3.1 0.0.0.0 network 192.168.3.1 0.0.0.0 area 0.0.0.1 network 10.0.1.2 0.0.0.0 # mpls lsr-id 192.168.3.1 # mpls ldp # interface LoopBack0 ip address 192.168.3.1 255.255.255.255 # interface GigabitEthernet0/0 ip address 10.0.1.2 255.255.255.252 mpls enable mpls ldp enable #

续表

预配置	正确配置

interface GigabitEthernet0/1
 ip address 10.0.3.1 255.255.255.252
 mpls enable
 mpls ldp enable
#
bgp 65000
 group as1 internal
 peer as1 connect-interface LoopBack0
 peer 192.168.1.1 group as1
 peer 192.168.4.1 group as1
 #
 address-family vpnv4
  reflector cluster-id 192.168.3.1
 	
peer as1 enable
  peer as1 reflect-client
#
	interface GigabitEthernet0/1
	 ip address 10.0.3.1 255.255.255.252
	 mpls enable
	 mpls ldp enable
	#
	bgp 65000
	 group as1 internal
	 peer as1 connect-interface LoopBack0
	 peer 192.168.1.1 group as1
	 peer 192.168.4.1 group as1
	 #
	 address-family vpnv4
	  reflector cluster-id 192.168.3.1
	  undo policy vpn-target
	  peer as1 enable
	  peer as1 reflect-client
	#

sysname PE2
#
ip vpn-instance vpn1
 route-distinguisher 100:1
 vpn-target 100:1 import-extcommunity
 vpn-target 100:1 export-extcommunity
#
ospf 1
 area 0.0.0.0
  network 10.0.3.2 0.0.0.0
  network 192.168.4.1 0.0.0.0
 area 0.0.0.1
  network 10.0.2.2 0.0.0.0
 	
  stub
#
 mpls lsr-id 192.168.4.1
	sysname PE2
	#
	ip vpn-instance vpn1
	 route-distinguisher 100:1
	 vpn-target 100:1 import-extcommunity
	 vpn-target 100:1 export-extcommunity
	#
	ospf 1
	 area 0.0.0.0
	  network 10.0.3.2 0.0.0.0
	  network 192.168.4.1 0.0.0.0
	 area 0.0.0.1
	  network 10.0.2.2 0.0.0.0
	  vlink-peer 192.168.2.1
	
	#
	 mpls lsr-id 192.168.4.1

续表

预配置	正确配置

#
mpls ldp
#
interface LoopBack0
 ip address 192.168.4.1
255.255.255.255
#
interface LoopBack100
 ip binding vpn-instance vpn1
 ip address 200.200.200.200
255.255.255.255
#
interface GigabitEthernet0/1
ip address 10.0.3.2 255.255.255.252
 mpls enable
 mpls ldp enable
#
interface GigabitEthernet0/2
 ip address 10.0.2.2 255.255.255.252
 mpls enable
 mpls ldp enable
#
bgp 65000
 group as1 internal
 peer as1 connect-interface LoopBack0
 peer 192.168.3.1 group as1
 #
 address-family vpnv4
  peer as1 enable
 #
 ip vpn-instance vpn1
  #
  address-family ipv4 unicast
   network 200.200.200.200
255.255.255.255
#
	#
	mpls ldp
	#
	interface LoopBack0
	 ip address 192.168.4.1
	255.255.255.255
	#
	interface LoopBack100
	 ip binding vpn-instance vpn1
	 ip address 200.200.200.200
	255.255.255.255
	#
	interface GigabitEthernet0/1
	ip address 10.0.3.2 255.255.255.252
	 mpls enable
	 mpls ldp enable
	#
	interface GigabitEthernet0/2
	 ip address 10.0.2.2 255.255.255.252
	 mpls enable
	 mpls ldp enable
	#
	bgp 65000
	 group as1 internal
	 peer as1 connect-interface LoopBack0
	 peer 192.168.3.1 group as1
	 #
	 address-family vpnv4
	  peer as1 enable
	 #
	 ip vpn-instance vpn1
	  #
	  address-family ipv4 unicast
	   network 200.200.200.200
	255.255.255.255
	 #

9.2 实操模拟考题二

9.2.1 考试概述

请在 50 分钟内，根据题目要求，在网络设备上完成相关配置，修复相应故障。

试题难度：★★

9.2.2 设备列表

试题二使用的网络设备见表 9–5。

表 9–5 试题二使用的网络设备

设备类型	设备型号	版本	数量
路由器	H3C MSR3620	Version 7.1.075	5

9.2.3 网络拓扑

试题二网络拓扑如图 9–2 所示。

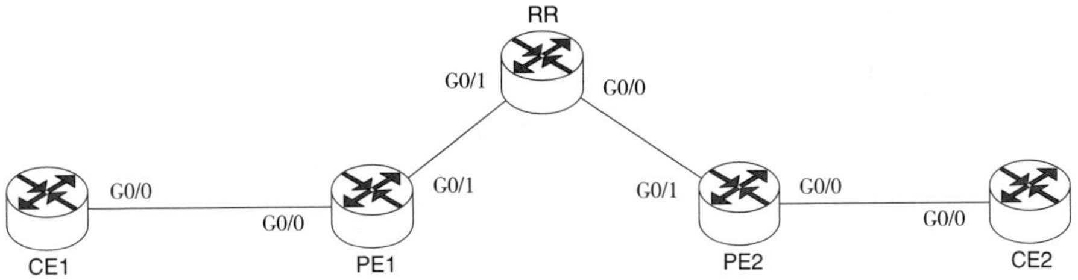

图 9–2 试题二网络拓扑

9.2.4 网络概述

本网络模拟一个实验型的 MPLS VPN 网络。

网络由 5 台路由器构成，PE1、PE2、RR 间通过 OSPF（进程号为 1）实现全局路由的互访，相关接口均属于区域。PE1、PE2 分别与 RR 建立 MP-BGP 邻居，AS 号为 65000，RR 为 PE1 和 PE2 的路由反射器。

CE 与 PE 间通过静态路由或 OSPF（进程号为 10）实现 VPN 业务互访。网络中有一个 VPN（VPN100），两侧 CE 上的业务接口，使用 Loopback100 接口代替。

试题二 VPN 的 RD/RT 值规划见表 9-6。

表 9-6 试题二 VPN 的 RD/RT 值规划

VPN 实例	RD	RT
VPN100	100 : 10	Import RT ： 100 : 10 Export RT ： 100 : 10

试题二网络中使用的地址见表 9-7。

表 9-7 试题二网络中使用的地址

设备	接口	IP 地址	备注
CE1	Loopback100	100.0.0.1/32	业务接口
	Loopback0	192.168.10.14/32	
	G0/0	10.1.1.1/30	
PE1	Loopback0	192.168.10.10/32	
	G0/0	10.1.1.2/30	
	G0/1	10.1.1.5/30	
RR	Loopback0	192.168.10.11/32	
	G0/0	10.1.1.9/30	
	G0/1	10.1.1.6/30	
PE2	Loopback0	192.168.10.12/32	
	G0/0	10.1.1.13/30	
	G0/1	10.1.1.10/30	
CE2	Loopback100	200.0.0.1/32	业务接口

续表

设备	接口	IP 地址	备注
CE2	Loopback0	192.168.10.13/32	
	G0/0	10.1.1.14/30	

9.2.5 操作任务

◆ 实现目标

请排除网络中存在的故障，使得 CE1 与 CE2 的 Loopback100 接口能够互访。同时通过路由过滤列表，使得 PE 的 VPN100 实例路由表中，只有 Loopback100 接口的地址。

◆ 前置条件

考试过程中，只有 PE1 和 PE2 可以登录进行操作。CE1、CE2、RR 不允许登录进行配置、协议状态查看等操作，只允许在 CE1 上登录进行 ping 操作。

9.2.6 参考答案（设备配置）

设备配置请扫码

试题二参考答案见表 9-8。

表 9-8 试题二参考答案

预配置	正确配置
sysname PE1	sysname PE1
#	#
ip vpn-instance VPN100	ip vpn-instance VPN100
route-distinguisher 100:10	route-distinguisher 100:10
vpn-target 100:1 import-extcommunity	vpn-target 100:10 import-extcommunity
vpn-target 100:10 export-extcommunity	vpn-target 100:10 export-extcommunity
#	#
router id 192.168.10.10	router id 192.168.10.10
#	#
ospf 1	ospf 1
area 0.0.0.0	area 0.0.0.0

续表

<table>
<tr><th>预配置</th><th>正确配置</th></tr>
<tr><td>network 10.1.1.5 0.0.0.0
network 192.168.10.10 0.0.0.0
#
mpls lsr-id 192.168.10.10
#
mpls ldp
#
interface LoopBack0
ip address 192.168.10.10
255.255.255.255
#
interface GigabitEthernet0/0
ip binding vpn-instance VPN100
ip address 10.1.1.2 255.255.255.252
#
interface GigabitEthernet0/1
ip address 10.1.1.6 255.255.255.252
ospf network-type p2p

#
bgp 65000
peer 192.168.10.11 as-number 65000
peer 192.168.10.11 connect-interface
LoopBack0
#
address-family vpnv4
peer 192.168.10.11 enable
#</td><td>network 10.1.1.5 0.0.0.0
network 192.168.10.10 0.0.0.0
#
mpls lsr-id 192.168.10.10
#
mpls ldp
#
interface LoopBack0
ip address 192.168.10.10
255.255.255.255
#
interface GigabitEthernet0/0
ip binding vpn-instance VPN100
ip address 10.1.1.2 255.255.255.252
#
interface GigabitEthernet0/1
ip address 10.1.1.5 255.255.255.252

mpls enable
mpls ldp enable
#
bgp 65000
peer 192.168.10.11 as-number 65000
peer 192.168.10.11 connect-interface
LoopBack0
#
address-family vpnv4
peer 192.168.10.11 enable
peer 192.168.10.11 route-policy 1 export
peer 192.168.10.11
advertise-community
#
ip vpn-instance VPN100
#
address-family ipv4 unicast
network 100.0.0.1 255.255.255.255</td></tr>
</table>

续表

预配置	正确配置
undo info-center enable #	# route-policy 1 permit node 10 apply community 100 # ip route-static vpn-instance VPN100 100.0.0.1 32 10.1.1.1 #
sysname PE2 # ip vpn-instance VPN100 route-distinguisher 100:10 vpn-target 100:10 import-extcommunity vpn-target 100:10 export-extcommunity # router id 192.168.10.10 # ospf 1 area 0.0.0.1 network 10.1.1.10 0.0.0.0 network 192.168.10.12 0.0.0.0 # ospf 10 vpn-instance RT-VPN area 0.0.0.0 network 10.1.1.13 0.0.0.0 # mpls lsr-id 192.168.10.12 # mpls ldp # interface LoopBack0 ip address 192.168.10.12 255.255.255.255	sysname PE2 # ip vpn-instance VPN100 route-distinguisher 100:10 vpn-target 100:10 import-extcommunity vpn-target 100:10 export-extcommunity # router id 192.168.10.10 # ospf 1 router-id 192.168.10.12 area 0.0.0.0 network 10.1.1.10 0.0.0.0 network 192.168.10.12 0.0.0.0 # ospf 10 vpn-instance VPN100 import-route bgp filter-policy prefix-list 1 import area 0.0.0.0 network 10.1.1.13 0.0.0.0 # mpls lsr-id 192.168.10.12 # mpls ldp # interface LoopBack0 ip address 192.168.10.12 255.255.255.255

续表

预配置	正确配置
#	#
interface GigabitEthernet0/0	interface GigabitEthernet0/0
	ip binding vpn-instance VPN100
ip address 10.1.1.13 255.255.255.252	ip address 10.1.1.13 255.255.255.252
#	#
interface GigabitEthernet0/1	interface GigabitEthernet0/1
ip address 10.1.1.10 255.255.255.252	ip address 10.1.1.10 255.255.255.252
mpls enable	mpls enable
mpls ldp enable	mpls ldp enable
#	#
bgp 65000	bgp 65000
peer 192.168.10.10 as-number 65000	router-id192.168.10.12
	peer 192.168.10.11 as-number 65000
	peer 192.168.10.11 connect-interface LoopBack0
#	#
address-family vpnv4	address-family vpnv4
peer 192.168.10.10 enable	peer 192.168.10.11 enable
#	#
ip vpn-instance VPN100	ip vpn-instance VPN100
#	#
address-family ipv4 unicast	address-family ipv4 unicast
import-route ospf 10	import-route ospf 10 route-policy 1
#	#
	route-policy 1 permit node 10
	if-match ip address prefix-list 1
	#
	ip prefix-list 1 index 10 permit 200.0.0.1 32
#	#
undo info-center enable	
#	
arp static 10.1.1.9 94a7-e935-0304	
#	

9.3 实操模拟考题三

9.3.1 考试概述

请在50分钟内，根据题目要求，在网络设备上完成相关配置，修复相应故障。

试题难度：★★★

9.3.2 设备列表

试题三使用的网络设备见表 9-9。

表 9-9 试题三使用的网络设备

设备类型	设备型号	版本	数量
路由器	H3C MSR3620	Version 7.1.075	8

9.3.3 网络拓扑

试题三网络拓扑如图 9-3 所示。

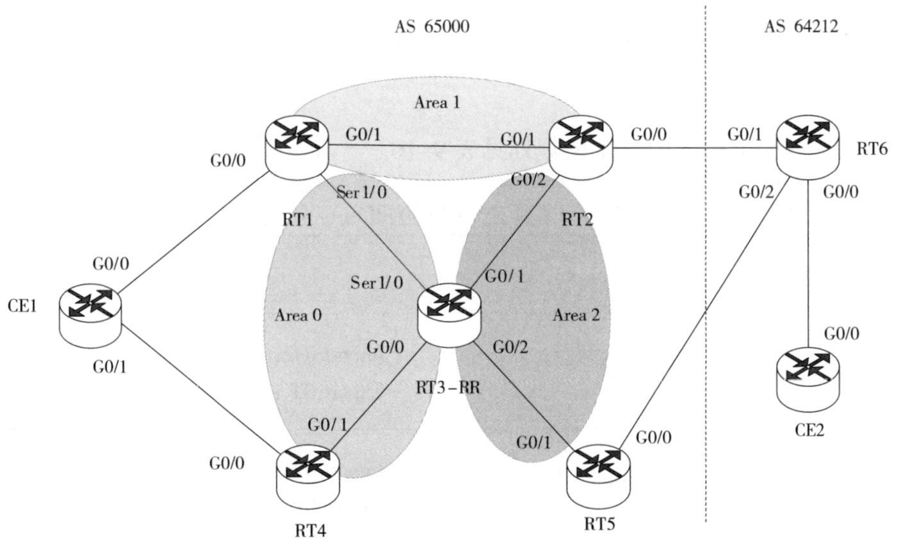

图 9-3 试题三网络拓扑

9.3.4 网络概述

本网络模拟两个互联的 MPLS VPN 网络。

网络中包含两个 AS，AS 号分别为 65000 和 64212。两个 AS 间通过 MPLS VPN Option B 方式进行业务互通。网络中存在 RT-VPN 和 NRT-VPN 两个 VPN，在 CE1、CE2 上使用 Loopback 环回口分别模拟两个 VPN 的业务接口。

在 AS65000 中，RT1、RT2、R3、RT4、RT5 间运行 OSPF 协议（进程号为 1），实现全局路由互通。RT3 作为路由反射器，与 RT1、RT2、RT4、RT5 建立 MP-BGP 邻居。RT1、RT4 与 CE1 之间通过 OSPF 多实例实现私网路由的传递，RT-VPN 的私网 OSPF 进程号为 100，NRT-VPN 的私网 OSPF 进程号为 200。RT1、RT4 通过创建子接口与 CE1 互联，CE1 通过创建 VLAN 接口与 RT1、RT4 互联。网络上部分链路开启了验证，验证密码为 123。

在 AS64212 中，RT2 与 CE6 也通过 OSPF 多实例实现私网路由的传递，RT-VPN、NRT-VPN 使用的私网 OSPF 进程号分别为 100、200。RT6 与 CE2 之间通过子接口实现互联，为节约 IP 地址，同一设备上归属不同 VPN 的两个子接口使用相同的 IP 地址。

试题三 VPN 的 RD/RT 值规划见表 9-10。

表 9-10 试题三 VPN 的 RD/RT 值规划

VPN 实例	RD	RT
RT-VPN	65000:100	Import RT：65000:100 Export RT：65000:100
NRT-VPN	65000:200	Import RT：65000:200 Export RT：65000:200

试题三网络中使用的地址见表 9-11。

表 9-11 试题三网络中使用的地址

设备	接口	IP 地址	备注
CE1	Loopback100	10.82.100.90/32	RT-VPN
	Loopback200	10.85.100.90/32	NRT-VPN
	Vlan100	10.1.1.1/30	
	Vlan101	10.1.1.5/30	
	Vlan200	10.2.1.1/30	
	Vlan201	10.2.1.5/30	
RT1	Loopback0	192.168.1.2/32	
	G0/0.100	10.1.1.2/30	
	G0/0.200	10.2.1.2/30	
	Ser1/0	192.168.1.14/30	
	G0/1	192.168.2.10/30	
RT2	Loopback0	192.168.1.3/32	
	G0/0	192.168.11.9/30	
	G0/1	192.168.2.9/30	
	G0/2	192.168.1.9/30	
RT3	Loopback0	192.168.1.1/32	
	G0/0	192.168.1.6/30	
	G0/1	192.168.1.10/30	
	G0/2	192.168.10.14/30	
	Ser1/0	192.168.1.13/30	
RT4	Loopback0	192.168.2.1/32	
	G0/0.100	10.1.1.6/30	

续表

设备	接口	IP 地址	备注
RT4	G0/0.200	10.2.1.6/30	
	G0/1	129.168.1.5/30	
RT5	Loopback0	192.168.2.13/32	
	G0/0	192.168.21.10/30	
	G0/1	192.168.10.13/30	
RT6	G0/0.100	10.1.1.5/30	
	G0/0.200	10.1.1.5/30	
	Loopback0	192.168.1.10/32	
	G0/1	192.168.11.10/30	
	G0/2	192.168.21.9/30	
CE2	G0/0.100	10.1.1.6/30	
	G0/0.200	10.1.1.6/30	
	Loopback100	10.82.200.90/32	RT-VPN
	Loopback200	10.85.200.90/32	NRT-VPN

9.3.5 操作任务

◆ 实现目标

CE1 与 CE2 的 RT-VPN、NRT-VPN 接口能够互访。

在 RT6 上，通过对路由设置不同的 Local-Preference 和 MED 值，使得两个 AS 间的通信，RT-VPN 主用路由为 RT2-RT6，备用路由为 RT5-RT6。NRT-VPN 主用路由为 RT5-RT6，备用路由为 RT2-RT6。

在 AS65000 内部，通过适当的配置，使得网络正常情况下，RT-VPN 业务的来回路径为 CE1-RT1-RT3-RT2-RT6-CE2，NRT-VPN 业务的来回路径为 CE1-RT4-RT3-RT5-RT6-CE2。

◆ 任务一：配置部分

（1）子任务一：完成 CE2 配置。

CE2 配置为空，请按照下列要求完成 CE2 的配置。

1）按照表 7-8 的 RD/RT 值，创建 RT-VPN、NRT-VPN 两个 VPN。

2）创建两个环回接口，用于模拟业务接口，划入相应的 VPN 中。在 G0/0 接口上创建两个子接口，并按照表 7-9 分配指定的 IP 地址。

3）创建两个私网 OSPF 进程，进程号分别为 100、200，与 RT6 建立邻居，并发布相应的路由。

（2）子任务二：完成 CE1 相关配置。

1）将 CE1 与 RT1、RT4 的互联接口修改为二层模式，放通相应的互联 VLAN，同时不允许 VLAN 1 通过。

2）在 CE1 上创建环回接口 Loopback100、Loopback200，用于模拟业务接口，配置 IP 地址，划入相应的 VPN 并在 OSPF 进程中发布。

（3）子任务三：完成 RT1-RT3 串口的双向 CHAP 认证配置。

RT1、RT3 上分别创建了用户 rt1、rt3，用于串口的 CHAP 认证，认证密码为 123，请完成串口链路上的双向 CHAP 认证配置，需指定用户名（无需创建新的认证用户）。

（4）子任务四：在网络故障排除后，在 RT6 上完成 route-policy 的配置。

1）通过为 CE1 的 RT-VPN、NRT-VPN 业务路由赋予不同的 Local-Preference 值，使得 CE2 访问 CE1 时，RT-VPN 业务主用路由为 RT2-RT6，NRT-VPN 业务主用路由为 RT5-RT6。

2）通过为 CE2 的 RT-VPN、NRT-VPN 业务路由赋予不同的 MED 值，使得 CE1 访问 CE2 时，RT-VPN 业务主用路由为 RT2-RT6，NRT-VPN 业务主用路由为 RT5-RT6。

（5）子任务五：AS65000 内部业务来回路径控制。

在网络故障排除后，通过适当的配置，使得在 AS65000 内，VPN 业务来回路径满足题目要求。

◆ 任务二：排障部分

网络上各设备的配置部分缺失或有误，请排除网络中的错误，使得 CE1、CE2 的 RT-VPN、NRT-VPN 业务能够实现互访。

9.3.6 难点解析

本题的难点，在于 AS 内部的业务来回路径控制。跨 AS 的路径控制，已经通过 RT6 上的 route-policy 进行了控制，下面我们将主要分析 AS 内的路径控制逻辑。

◆ RT-VPN 业务，CE1 访问 CE2

根据题目要求，对于这一部分的路径控制，我们分为两部分进行分析。

（1）CE1-RT1。

CE1 与 RT1、RT4 通过私网 OSPF 交互私网业务路由，因此在 RT1、RT4 上将 BGP 路由引入到 OSPF 中时，RT4 把引入的路由的开销值调大，这样 CE1 访问 CE2 时，就会先访问 RT1。

（2）RT1-RT3-RT2。

RT1 访问 RT2，要求经过 RT3。我们第一反应的做法，是把 RT1-RT2 的 OSPF 路径开销调整为较大值。但经过测试可以发现，单纯调整路径的开销值是行不通的。原因在于 OSPF 的选路规则，是按照区域内路由、区域间路由、一类外部路由、二类外部路由的顺序进行比较，相同类型的路由，才比较路径开销值。

题目的初始配置中，RT2 的 Loopback 地址是发布在区域 1 中。对于 RT1 来说，无论 RT1–RT2 的路径开销有多大，RT2 的 Loopback 地址都是区域内路由，是必须优选的。

因此我们只需要把 RT2 的 Loopback 地址发布在区域 2，这样对于 RT1 来说，访问 RT2 的 Loopback 地址是区域间访问，必须通过区域 0，也就必须会经过 RT3，从而实现路径为 RT1–RT3–RT2。

在这一步中，RT1–RT2 的路径开销可以暂时不调整。

◆ RT–VPN 业务，CE2 访问 CE1

RT–VPN 的回程路由，我们也分为两部分进行分析。

（1）RT2 要先优选 RT1 作为私网路由的下一跳。

为了达到目的，我们在 RT1 的 BGP 中，对引入路由的 Local_Preference 值设置较高的值，从而使得 RT–VPN 业务在 AS 内下一跳优选 RT1。

（2）RT2 要选择经过 RT3 到达 RT1（即 RT2–RT3–RT1）。

主要考虑 RT2–RT3–RT1 这一段。根据上文的分析可知，RT1 的 Loopback 地址初始是发布在区域 1 时，应该修改为在区域 0 进行发布。

RT1 的 Loopback 地址发布在区域 0 后，对于 RT2 而言，它可以通过区域 1 和区域 2 同时学习到，且都为区域间路由，此时只能比较链路开销，因此需要把 RT1–RT2 的链路开销设置为较大的值，使得 RT2 选择通过 RT3 前往 RT1。

◆ NRT–VPN 业务，CE1 访问 CE2

只需要令 CE1 先访问 RT4，后续的路径无需控制即满足题目要求。因此在 RT1 将 CE2 的路由引入私网 OSPF 时，将开销值调大即可。

◆ NRT–VPN 业务，CE2 访问 CE1

无需额外配置。

对于 NRT–VPN 业务，RT5 访问 CE1 的下一跳，可以是 RT1，也可以是 RT4。通过按 BGP 的选路规则进行比较，RT5 到 RT4 的 IGP 开销值较小，因此 RT5 访问 CE1 的下一跳必然是 RT4，无需额外的配置。

当然，为了保险起见，这里也可以设置 RT4 发布 NRT-VPN 路由时，携带较大的 Local_Preference 值。

本题的另外一个隐藏难点，在于 RT5 上配置了一个错误的 Loopback1 地址，需要删除，RT5 的 BGP 路由才能正常学习。

9.3.7 参考答案（设备配置）

试题三参考答案见表 9-12。

设备配置请扫码

表 9-12　　试题三参考答案

预配置	正确配置
sysname CE1	sysname CE1
#	#
ip vpn-instance NRT-VPN	ip vpn-instance NRT-VPN
route-distinguisher 65000:200	route-distinguisher 65000:200
#	#
ip vpn-instance RT-VPN	ip vpn-instance RT-VPN
route-distinguisher 65000:100	route-distinguisher 65000:100
#	#
ospf 100 vpn-instance RT-VPN	ospf 100 vpn-instance RT-VPN
	vpn-instance-capability simple
area 0.0.0.0	area 0.0.0.0
authentication-mode md5 2 cipher c3$/lC9JzWcrtEHrcOltiUhPuYAijkD4A==	authentication-mode md5 2 cipher c3$/lC9JzWcrtEHrcOltiUhPuYAijkD4A==
network 10.1.1.1 0.0.0.0	network 10.1.1.1 0.0.0.0
network 10.1.1.5 0.0.0.0	network 10.1.1.5 0.0.0.0
	network 10.82.100.90 0.0.0.0
#	#
ospf 200 vpn-instance RT-VPN	ospf 200 vpn-instance NRT-VPN
	vpn-instance-capability simple
area 0.0.0.0	area 0.0.0.0
network 10.2.1.1 0.0.0.0	network 10.2.1.1 0.0.0.0

续表

预配置	正确配置
network 10.2.1.5 0.0.0.0	network 10.2.1.5 0.0.0.0
	network 10.85.100.90 0.0.0.0
#	#
vlan 100 to 101	vlan 100 to 101
#	#
vlan 200 to 201	vlan 200 to 201
#	#
	interface LoopBack100
	ip binding vpn-instance RT-VPN
	ip address 10.82.100.90
	255.255.255.224
	#
	interface LoopBack200
	ip binding vpn-instance NRT-VPN
	ip address 10.85.100.90
	255.255.255.224
	#
interface Vlan-interface100	interface Vlan-interface100
	ip binding vpn-instance RT-VPN
ip address 10.1.1.1 255.255.255.252	ip address 10.1.1.1 255.255.255.252
#	#
interface Vlan-interface101	interface Vlan-interface101
ip binding vpn-instance RT-VPN	ip binding vpn-instance RT-VPN
ip address 10.1.1.5 255.255.255.252	ip address 10.1.1.5 255.255.255.252
#	#
interface Vlan-interface200	interface Vlan-interface200
ip binding vpn-instance NRT-VPN	ip binding vpn-instance NRT-VPN
ip address 10.2.1.1 255.255.255.252	ip address 10.2.1.1 255.255.255.252
#	#
interface Vlan-interface201	interface Vlan-interface201
ip binding vpn-instance NRT-VPN	ip binding vpn-instance NRT-VPN
ip address 10.2.1.5 255.255.255.252	ip address 10.2.1.5 255.255.255.252
#	#
	interface GigabitEthernet0/0
	port link-mode bridge

续表

预配置	正确配置
	port link-type trunk undo port trunk permit vlan 1 port trunk permit vlan 100 200 # interface GigabitEthernet0/1 port link-mode bridge port link-type trunk undo port trunk permit vlan 1 port trunk permit vlan 101 201 #
sysname RT1 # ip vpn-instance RT-VPN route-distinguisher 65000:100 vpn-target 65000:100 import-extcommunity vpn-target 65000:101 export-extcommunity # ospf 1 area 0.0.0.1 network 192.168.1.2 0.0.0.0 network 192.168.2.10 0.0.0.0 network 192.168.1.14 0.0.0.0 # ospf 100 area 0.0.0.0	sysname RT1 # ip vpn-instance NRT-VPN route-distinguisher 65000:200 vpn-target 65000:200 import-extcommunity vpn-target 65000:200 export-extcommunity # ip vpn-instance RT-VPN route-distinguisher 65000:100 vpn-target 65000:100 import-extcommunity vpn-target 65000:100 export-extcommunity # ospf 1 router-id 192.168.1.2 area 0.0.0.0 network 192.168.1.2 0.0.0.0 network 192.168.1.14 0.0.0.0 area 0.0.0.1 network 192.168.2.10 0.0.0.0 # ospf 100 vpn-instance RT-VPN import-route bgp area 0.0.0.0 authentication-mode md5 2 cipher

续表

预配置	正确配置
	c3$/lC9JzWcrtEHrcOltiUhPuYAijkD4A==
network 10.1.1.2 0.0.0.0	network 10.1.1.2 0.0.0.0
#	#
ospf 200	ospf 200 vpn-instance NRT-VPN
	import-route bgp cost 100
area 0.0.0.1	area 0.0.0.0
network 10.2.1.2 0.0.0.0	network 10.2.1.2 0.0.0.0
#	#
mpls lsr-id 192.168.1.1	mpls lsr-id 192.168.1.2
#	#
mpls ldp	mpls ldp
#	#
interface Serial1/0	interface Serial1/0
ppp authentication-mode chap	ppp authentication-mode chap
	ppp chap user rt3
ip address 192.168.1.14	ip address 192.168.1.14
255.255.255.252	255.255.255.252
	mpls enable
	mpls ldp enable
#	#
interface LoopBack0	interface LoopBack0
ip address 192.168.1.2	ip address 192.168.1.2
255.255.255.255	255.255.255.255
#	#
interface GigabitEthernet0/0	interface GigabitEthernet0/0
ip address 10.1.1.2 255.255.255.252	ip address 10.1.1.2 255.255.255.252
#	#
	interface GigabitEthernet0/0.100
	ip binding vpn-instance RT-VPN
	ip address 10.1.1.2 255.255.255.252
	vlan-type dot1q vid 100
interface GigabitEthernet0/0.200	#
	interface GigabitEthernet0/0.200
ip address 10.2.1.2 255.255.255.252	ip binding vpn-instance NRT-VPN
	ip address 10.2.1.2 255.255.255.252
	vlan-type dot1q vid 200

续表

预配置	正确配置
#	#
interface GigabitEthernet0/1	interface GigabitEthernet0/1
ip address 192.168.2.10	ip address 192.168.2.10
255.255.255.252	255.255.255.252
	ospf cost 2000
ospf authentication-mode md5 2 cipher c3$b	ospf authentication-mode md5 2 cipher c3$b
bVJOZYmBjP4IwXOHLaBlhaB+QA3lg==	bVJOZYmBjP4IwXOHLaBlhaB+QA3lg==
	ospf authentication-mode md5 1 cipher c3$Zl
	GGmSc6BSYzWdX1Pxio8qJPC7lxwQ==
mpls enable	mpls enable
mpls ldp enable	mpls ldp enable
#	#
bgp 65000	bgp 65000
	router-id 192.168.1.2
peer 192.168.1.2 as-number 65000	peer 192.168.1.1 as-number 65000
peer 192.168.1.2 connect-interface LoopBack0	peer 192.168.1.1 connect-interface LoopBack0
#	#
address-family vpnv4	address-family vpnv4
peer 192.168.1.2 enable	peer 192.168.1.1 enable
#	#
	ip vpn-instance NRT-VPN
	#
	address-family ipv4 unicast
	import-route ospf 200
	#
	ip vpn-instance RT-VPN
	#
	address-family ipv4 unicast
	default local-preference 200
	import-route ospf 100
#	#
local-user rt1 class network	local-user rt1 class network
password cipher	password cipher
c3$/aF8QgPj4QxYOSp1utcDTdMruj8iBg==	c3$/aF8QgPj4QxYOSp1utcDTdMruj8iBg==

续表

预配置	正确配置
service-type ppp # 	service-type ppp #
sysname RT2 # ip vpn-instance RT-VPN route-distinguisher 65000:100 vpn-target 65000:100 import-extcommunity vpn-target 65000:100 export-extcommunity # ospf 1 area 0.0.0.1 network 192.168.1.3 0.0.0.0 network 192.168.2.9 0.0.0.0 area 0.0.0.2 network 192.168.1.9 0.0.0.0 # mpls lsr-id 192.168.1.3 # mpls ldp # interface LoopBack0 ip address 192.168.1.3 255.255.255.224 # interface GigabitEthernet0/0 ip address 192.168.11.9 255.255.255.252	sysname RT2 # ip vpn-instance NRT-VPN route-distinguisher 65000:200 vpn-target 65000:200 import-extcommunity vpn-target 65000:200 export-extcommunity # ip vpn-instance RT-VPN route-distinguisher 65000:100 vpn-target 65000:100 import-extcommunity vpn-target 65000:100 export-extcommunity # ospf 1 area 0.0.0.1 network 192.168.2.9 0.0.0.0 area 0.0.0.2 network 192.168.1.3 0.0.0.0 network 192.168.1.9 0.0.0.0 # mpls lsr-id 192.168.1.3 # mpls ldp # interface LoopBack0 ip address 192.168.1.3 255.255.255.255 # interface GigabitEthernet0/0 ip address 192.168.11.9 255.255.255.252

续表

预配置	正确配置

#
interface GigabitEthernet0/1
 ip address 192.168.2.9
255.255.255.252
 	
ospf authentication-mode md5 1 cipher
c3$ZlGGmSc6BSYzWdX1Pxio8qJPC7lxwQ==
 	
mpls ldp enable
#
interface GigabitEthernet0/2
 ip address 192.168.1.9
255.255.255.252
 ospf network-type p2p
 mpls enable
 mpls ldp enable
#
bgp 65000
 peer 192.168.1.1 as-number 65000
 	
 peer 192.168.11.10 as-number 64212
 #
 address-family vpnv4
  peer 192.168.1.1 enable
  peer 192.168.11.10 enable
#
	mpls enable
	#
	interface GigabitEthernet0/1
	ip address 192.168.2.9
	255.255.255.252
	ospf cost 2000
	ospf authentication-mode md5 1 cipher
	c3$ZlGGmSc6BSYzWdX1Pxio8qJPC7lxwQ==
	mpls enable
	 mpls ldp enable
	#
	interface GigabitEthernet0/2
	 ip address 192.168.1.9
	255.255.255.252
	
	 mpls enable
	 mpls ldp enable
	#
	bgp 65000
	 peer 192.168.1.1 as-number 65000
	peer 192.168.1.1 connect-interface
	LoopBack0
	 peer 192.168.11.10 as-number 64212
	 #
	 address-family vpnv4
	  peer 192.168.1.1 enable
	  peer 192.168.11.10 enable
	#

sysname RT3
#
ospf 1 router-id 192.168.1.1
 area 0.0.0.0
  network 192.168.1.1 0.0.0.0
  network 192.168.1.6 0.0.0.0
	sysname RT3
	#
	ospf 1 router-id 192.168.1.1
	 area 0.0.0.0
	 network 192.168.1.1 0.0.0.0
	 network 192.168.1.6 0.0.0.0

续表

预配置	正确配置
network 192.168.1.13 0.0.0.0	network 192.168.1.13 0.0.0.0
area 0.0.0.2	area 0.0.0.2
network 192.168.1.10 0.0.0.0	network 192.168.1.10 0.0.0.0
network 192.168.10.14 0.0.0.0	network 192.168.10.14 0.0.0.0
#	#
mpls lsr–id 192.168.1.1	mpls lsr–id 192.168.1.1
#	#
mpls ldp	mpls ldp
#	#
interface Serial1/0	interface Serial1/0
ppp authentication–mode chap	ppp authentication–mode chap
	ppp chap user rt1
ip address 192.168.1.18	ip address 192.168.1.13
255.255.255.252	255.255.255.252
	mpls enable
	mpls ldp enable
#	#
interface LoopBack0	interface LoopBack0
ip address 192.168.1.1	ip address 192.168.1.1
255.255.255.255	255.255.255.255
#	#
interface GigabitEthernet0/0	interface GigabitEthernet0/0
ip address 192.168.1.6	ip address 192.168.1.6
255.255.255.252	255.255.255.252
mpls enable	mpls enable
mpls ldp enable	mpls ldp enable
#	#
interface GigabitEthernet0/1	interface GigabitEthernet0/1
ip address 192.168.1.10	ip address 192.168.1.10
255.255.255.252	255.255.255.252
ospf timer Hello 30	
mpls enable	mpls enable
mpls ldp enable	mpls ldp enable
#	#
interface GigabitEthernet0/2	interface GigabitEthernet0/2

续表

预配置	正确配置
ip address 192.168.10.14 255.255.255.252 mpls enable mpls ldp enable # bgp 65000 group as65000 internal peer as65000 connect-interface LoopBack0 peer 192.168.1.2 group as65000 peer 192.168.1.3 group as65000 peer 192.168.2.1 group as65000 peer 192.168.2.13 group as65000 # address-family vpnv4 undo policy vpn-target peer as65000 enable peer as65000 reflect-client # local-user rt3 class network password cipher c3$HaZpWL8Zf3nq9RLnf1oyz6p/DT7LD9Zd0G0= service-type ppp	ip address 192.168.10.14 255.255.255.252 mpls enable mpls ldp enable # bgp 65000 router-id 192.168.1.1 group as65000 internal peer as65000 connect-interface LoopBack0 peer 192.168.1.2 group as65000 peer 192.168.1.3 group as65000 peer 192.168.2.1 group as65000 peer 192.168.2.13 group as65000 # address-family vpnv4 undo policy vpn-target peer as65000 enable peer as65000 reflect-client # local-user rt3 class network password cipher c3$/aF8QgPj4QxYOSp1utcDTdMruj8iBg== service-type ppp
sysname RT4 # ip vpn-instance NRT-VPN route-distinguisher 65000:200 vpn-target 65000:200 import-extcommunity vpn-target 65000:200 export-extcommunity #	sysname RT4 # ip vpn-instance NRT-VPN route-distinguisher 65000:200 vpn-target 65000:200 import-extcommunity vpn-target 65000:200 export-extcommunity #

续表

预配置	正确配置
ip vpn-instance RT-VPN	ip vpn-instance RT-VPN
route-distinguisher 65000:101	route-distinguisher 65000:100
vpn-target 65000:101	vpn-target 65000:100
import-extcommunity	import-extcommunity
vpn-target 65000:101	vpn-target 65000:100
export-extcommunity	export-extcommunity
#	#
ospf 1	ospf 1
area 0.0.0.0	area 0.0.0.0
network 192.168.1.5 0.0.0.0	network 192.168.1.5 0.0.0.0
	network 192.168.2.1 0.0.0.0
#	#
ospf 100 vpn-instance RT-VPN	ospf 100 vpn-instance RT-VPN
	import-route bgp cost 200
area 0.0.0.0	area 0.0.0.0
	authentication-mode md5 2 cipher
	c3$/lC9JzWcrtEHrcOltiUhPuYAijkD4A==
network 10.1.1.6 0.0.0.0	network 10.1.1.6 0.0.0.0
#	#
ospf 200 vpn-instance NRT-VPN	ospf 200 vpn-instance NRT-VPN
	import-route bgp
area 0.0.0.0	area 0.0.0.0
network 10.2.1.6 0.0.0.0	network 10.2.1.6 0.0.0.0
#	#
	mpls lsr-id 192.168.2.1
	#
	mpls ldp
	#
interface LoopBack0	interface LoopBack0
ip address 192.168.2.1	ip address 192.168.2.1
255.255.255.255	255.255.255.255
#	#
interface GigabitEthernet0/0.100	interface GigabitEthernet0/0.100

续表

预配置	正确配置
	ip binding vpn-instance RT-VPN
ip address 10.1.1.6 255.255.255.252	ip address 10.1.1.6 255.255.255.252
vlan-type dot1q vid 100	vlan-type dot1q vid 101
#	#
interface GigabitEthernet0/0.200	interface GigabitEthernet0/0.200
ip binding vpn-instance RT-VPN	ip binding vpn-instance NRT-VPN
ip address 10.2.1.6 255.255.255.252	ip address 10.2.1.6 255.255.255.252
vlan-type dot1q vid 200	vlan-type dot1q vid 201
#	#
interface GigabitEthernet0/1	interface GigabitEthernet0/1
ip address 192.168.1.5	ip address 192.168.1.5
255.255.255.252	255.255.255.252
	mpls enable
	mpls ldp enable
#	#
bgp 65000	bgp 65000
peer 192.168.1.1 as-number 65001	peer 192.168.1.1 as-number 65000
peer 192.168.1.1 connect-interface LoopBack0	peer 192.168.1.1 connect-interface LoopBack0
#	#
address-family vpnv4	address-family vpnv4
peer 192.168.1.1 enable	peer 192.168.1.1 enable
#	#
ip vpn-instance NRT-VPN	ip vpn-instance NRT-VPN
#	#
address-family ipv4 unicast	address-family ipv4 unicast
	default local-preference 200
import-route ospf 200	import-route ospf 200
#	#
ip vpn-instance RT-VPN	ip vpn-instance RT-VPN
#	#
address-family ipv4 unicast	address-family ipv4 unicast
import-route ospf 100	import-route ospf 100
#	#
sysname RT5	sysname RT5
#	#

续表

预配置	正确配置

ip vpn-instance NRT-VPN
 route-distinguisher 65000:200
 vpn-target 65000:200
import-extcommunity
 vpn-target 65000:200
export-extcommunity
#
ip vpn-instance RT-VPN
 route-distinguisher 65000:100
 vpn-target 65000:101
import-extcommunity
 vpn-target 65000:101
export-extcommunity
#
ospf 1
 area 0.0.0.2
  network 192.168.2.13 0.0.0.0
  network 192.168.10.13 0.0.0.0
#
interface LoopBack0
 ip address 192.168.2.13
255.255.255.255
#
interface LoopBack1
 ip address 192.168.1.2
255.255.255.255
#
interface GigabitEthernet0/0
 ip address 192.168.21.10
255.255.255.252
	ip vpn-instance NRT-VPN
	route-distinguisher 65000:200
	vpn-target 65000:200
	import-extcommunity
	vpn-target 65000:200
	export-extcommunity
	#
	ip vpn-instance RT-VPN
	 route-distinguisher 65000:100
	 vpn-target 65000:100
	import-extcommunity
	 vpn-target 65000:100
	export-extcommunity
	#
	ospf 1
	 area 0.0.0.2
	  network 192.168.2.13 0.0.0.0
	  network 192.168.10.13 0.0.0.0
	#
	 mpls lsr-id 192.168.2.13
	#
	 mpls ldp
	#
	interface LoopBack0
	 ip address 192.168.2.13
	255.255.255.255
	#
	#
	interface GigabitEthernet0/0
	 ip address 192.168.21.10
	255.255.255.252
	 mpls enable

续表

预配置	正确配置

#
interface GigabitEthernet0/1
 ip address 192.168.10.13
255.255.255.252
 	
#
bgp 65000
 router-id 192.168.2.1
 peer 192.168.1.1 as-number 65000
 	
#
 address-family vpnv4
  peer 192.168.1.1 enable
 	
#
	#
	interface GigabitEthernet0/1
	 ip address 192.168.10.13
	255.255.255.252
	 mpls enable
	 mpls ldp enable
	#
	bgp 65000
	 router-id 192.168.2.13
	 peer 192.168.1.1 as-number 65000
	 peer 192.168.1.1 connect-interface
	LoopBack0
	 peer 192.168.21.9 as-number 64212
	 #
	 address-family vpnv4
	  peer 192.168.1.1 enable
	  peer 192.168.21.9 enable
	#

sysname RT6 # ip vpn-instance NRT-VPN route-distinguisher 64212:200 vpn-target 64212:200 import-extcommunity vpn-target 64212:200 export-extcommunity # ip vpn-instance RT-VPN route-distinguisher 64212:100 vpn-target 64212:100 import-extcommunity vpn-target 64212:100 export-extcommunity #	sysname RT6 # ip vpn-instance NRT-VPN route-distinguisher 64212:200 vpn-target 64212:200 65000:200 import-extcommunity vpn-target 64212:200 65000:200 export-extcommunity # ip vpn-instance RT-VPN route-distinguisher 64212:100 vpn-target 64212:100 65000:100 import-extcommunity vpn-target 64212:100 65000:100 export-extcommunity #

续表

预配置	正确配置
ospf 100 import-route bgp area 0.0.0.0 network 10.1.1.5 0.0.0.0 #	ospf 100 vpn-instance RT-VPN import-route bgp area 0.0.0.0 network 10.1.1.5 0.0.0.0 #
ospf 200 import-route bgp area 0.0.0.0 network 10.1.1.5 0.0.0.0	ospf 200 vpn-instance NRT-VPN import-route bgp area 0.0.0.0 network 10.1.1.5 0.0.0.0 #
	mpls lsr-id 192.168.1.10 # interface LoopBack0 ip address 192.168.1.10 255.255.255.255 #
interface GigabitEthernet0/0.100 ip binding vpn-instance RT-VPN ip address 10.1.1.5 255.255.255.252 #	interface GigabitEthernet0/0.100 ip binding vpn-instance RT-VPN ip address 10.1.1.5 255.255.255.252 vlan-type dot1q vid 100 #
interface GigabitEthernet0/0.200 ip binding vpn-instance NRT-VPN ip address 10.1.1.5 255.255.255.252 #	interface GigabitEthernet0/0.200 ip binding vpn-instance NRT-VPN ip address 10.1.1.5 255.255.255.252 vlan-type dot1q vid 200 #
interface GigabitEthernet0/1 ip address 192.168.11.10 255.255.255.252 mpls enable #	interface GigabitEthernet0/1 ip address 192.168.11.10 255.255.255.252 mpls enable #
interface GigabitEthernet0/2 ip address 192.168.21.9 255.255.255.252	interface GigabitEthernet0/2 ip address 192.168.21.9 255.255.255.252 mpls enable

续表

预配置	正确配置
#	#
bgp 64212	bgp 64212
group as65000 external	group as65000 external
peer as65000 as-number 65000	peer as65000 as-number 65000
peer 192.168.11.9 group as65000	peer 192.168.11.9 group as65000
peer 192.168.21.10 group as65000	peer 192.168.21.10 group as65000
#	#
address-family vpnv4	address-family vpnv4
peer as65000 enable	peer as65000 enable
	peer 192.168.11.9 route-policy lo-a-rt import
	peer 192.168.11.9 route-policy med-b-nrt export
	peer 192.168.21.10 route-policy lo-a-nrt import
	peer 192.168.21.10 route-policy med-b-rt export
#	#
ip vpn-instance NRT-VPN	ip vpn-instance NRT-VPN
#	#
address-family ipv4 unicast	address-family ipv4 unicast
import-route direct	import-route direct
import-route ospf 200	import-route ospf 200
#	#
ip vpn-instance RT-VPN	ip vpn-instance RT-VPN
#	#
address-family ipv4 unicast	address-family ipv4 unicast
import-route direct	import-route direct
import-route ospf 100	import-route ospf 100
#	#
	route-policy lo-a-nrt permit node 10
	if-match ip address prefix-list a-nrt
	apply local-preference 200
	#
	route-policy lo-a-nrt permit node 20
	#

续表

预配置	正确配置
	route-policy lo-a-rt permit node 10 if-match ip address prefix-list a-rt apply local-preference 200 # route-policy lo-a-rt permit node 20 # route-policy med-b-nrt permit node 10 if-match ip address prefix-list b-nrt apply cost 200 # route-policy med-b-nrt permit node 20 # route-policy med-b-rt permit node 10 if-match ip address prefix-list b-rt apply cost 200 # route-policy med-b-rt permit node 20 # ip prefix-list a-nrt index 10 permit 10.85.100.90 32 ip prefix-list a-rt index 10 permit 10.82.100.90 32 ip prefix-list b-nrt index 10 permit 10.85.200.90 32 ip prefix-list b-rt index 10 permit 10.82.200.90 32 #

路由器 CE2 参考配置如下：

```
sysname CE2
#
```

```
 ip vpn-instance NRT-VPN
  route-distinguisher 65000:200
  vpn-target 65000:200 import-extcommunity
  vpn-target 65000:200 export-extcommunity
 #
 ip vpn-instance RT-VPN
  route-distinguisher 65000:100
  vpn-target 65000:100 import-extcommunity
  vpn-target 65000:100 export-extcommunity
#
ospf 100 vpn-instance RT-VPN
 vpn-instance-capability simple
 area 0.0.0.0
  network 10.1.1.6 0.0.0.0
  network 10.82.200.90 0.0.0.0
#
ospf 200 vpn-instance NRT-VPN
 vpn-instance-capability simple
 area 0.0.0.0
  network 10.1.1.6 0.0.0.0
  network 10.85.200.90 0.0.0.0
#
interface LoopBack100
 ip binding vpn-instance RT-VPN
 ip address 10.82.200.90 255.255.255.224
```

```
#
interface LoopBack200
 ip binding vpn-instance NRT-VPN
 ip address 10.85.200.90 255.255.255.224
#
interface GigabitEthernet0/0.100
 ip binding vpn-instance RT-VPN
 ip address 10.1.1.6 255.255.255.252
 vlan-type dot1q vid 100
#
interface GigabitEthernet0/0.200
 ip binding vpn-instance NRT-VPN
 ip address 10.1.1.6 255.255.255.252
 vlan-type dot1q vid 200
#
```

9.4 实操模拟考题四

9.4.1 考试概述

请在 40 分钟内，根据题目要求，在网络设备上完成相关配置，修复相应故障。

本考题是考题三的变体。

试题难度：★★

9.4.2 设备列表

试题四使用的网络设备见表 9-13。

表 9-13 试题四使用的网络设备

设备类型	设备型号	版本	数量
路由器	H3C MSR3620	Version 7.1.075	6
交换机	H3C S5820	Version 7.1.075	1

9.4.3 网络拓扑

试题四网络拓扑如图 9-4 所示。

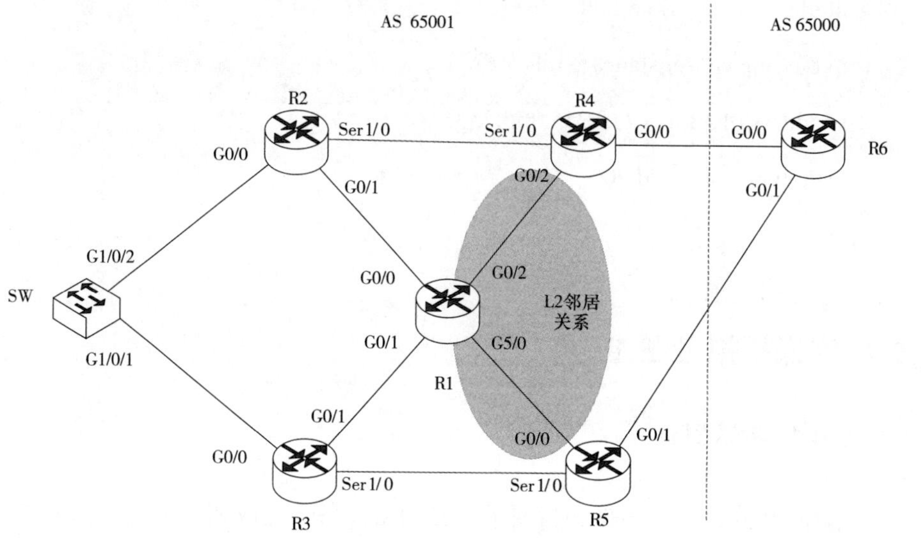

图 9-4 试题四网络拓扑

9.4.4 网络概述

网络中包含两个 AS，AS 号分别为 65001 和 65000。两个 AS 间通过 MPLS VPN Option B 方式进行业务互通。网络中存在 RT-VPN 和 NRT-VPN 两个

VPN，在 R6 上使用 Loopback 环回口分别模拟两个 VPN 的业务接口。

在 AS65001 中，R1 至 R5 之间运行 IS-IS 协议实现全局路由的互通。R2、R3 为 IS-IS 中的 L1 类型路由器，R1、R4、R5 为 IS-IS 中的 L1/2 类型路由器 ,R4、R5 分别与 R1 建立 IS-IS 的 L2 邻居关系。

网络上运行 MP-BGP 协议以实现私网路由分发，在 AS65001 中，R1 为路由反射器，与 R2、R3、R4、R5 分别建立 MP-IBGP 邻居。AS65000 中的 R6 分别与 R4、R5 建立 MP-EBGP 邻居。

交换机 SW 用于业务接入，网关部署在 R2 和 R3 上。为提高业务网关的可靠性，R2、R3之间启用了VRRP协议，并通过交换机实现心跳报文的传递。

试题四 VPN 的 RD/RT 值规划见表 9-14。

表 9-14 试题四 VPN 的 RD/RT 值规划

VPN 实例	RD	RT
RT-VPN	100 : 1	Import RT： 100 : 1 Export RT： 100 : 1
NRT-VPN	200 : 1	Import RT： 200 : 1 Export RT： 200 : 1

试题四网络中使用的地址见表 9-15。

表 9-15 试题四网络中使用的地址

设备	接口	IP 地址	备注
R1	G0/0	10.6.6.1/30	
	G0/1	10.9.9.1/30	
	G0/2	10.7.7.1/30	
	G5/0	10.8.8.1/30	
	Loopback0	1.1.1.1/32	
R2	G0/0.100	10.10.10.11/24	RT-VPN
	Vrid100 虚拟网关	10.10.10.254	
	G0/0.200	100.100.100.101/24	NRT-VPN

续表

设备	接口	IP 地址	备注
R2	Vrid200 虚拟网关	100.100.100.254	NRT-VPN
	G0/1	10.6.6.2/30	
	Ser1/0	10.2.2.1/30	
	Loopback0	2.2.2.2/32	
R3	G0/0.100	10.10.10.12/24	RT-VPN
	Vrid100 虚拟网关	10.10.10.254	
	G0/0.200	100.100.100.102/24	NRT-VPN
	Vrid200 虚拟网关	100.100.100.254	
	G0/1	10.9.9.2/30	
	Ser1/0	10.5.5.1/30	
	Loopback0	3.3.3.3/32	
R4	G0/0	10.3.3.1/30	
	G0/2	10.7.7.2/30	
	Ser1/0	10.2.2.2/30	
	Loopback0	4.4.4.4/32	
R5	G0/0	10.8.8.2/30	
	G0/1	10.4.4.1/30	
	Ser1/0	10.5.5.2/30	
	Loopback0	5.5.5.5/32	
R6	G0/0	10.3.3.2/30	
	G0/1	10.4.4.2/30	
	Loopback0	6.6.6.6/32	
	Loopback20	20.20.20.20/32	RT-VPN
	Loopback200	200.200.200.200/32	NRT-VPN

9.4.5 操作任务

◆ 实现目标

两个 AS 间的私网业务能够互访，访问路径满足要求。

◆ 任务一：VRRP 配置

在 R2、R3 上配置 VRRP，使得正常情况下，RT-VPN 主用网关在 R2 上，NRT-VPN 主用网关在 R3 上，主用网关的 VRRP 优先级为 120，抢占时延为 2s。VRRP 地址规划如表 9-12 所示。

◆ 任务二：排障部分

排除网络上存在的故障，使得两个 AS 间的私网业务能够互访。交换机 SW 上的配置无误，无需登录。

◆ 任务三：选路部分

（1）子任务一：域内选路。

通过最少的配置命令，使得从 AS65001 发往 AS65000 的数据流必须经过 R1。

（2）子任务二：域间选路。

在 R6 上，通过适当的配置，使得跨域访问时，RT-VPN 业务主用路径为 R4-R6，备用路径为 R5-R6。NRT-VPN 业务主用路径为 R5-R6，备用路径为 R4-R6。

9.4.6 难点解释

本题与试题三类似，难点也是域内选路，区别在于本试题是基于 IS-IS 协议。IGP 选路的原则都是域内路由优先，题目要求从左边 AS65001 发往右边 AS65000 的数据流都要经过 R1，下面以 R2 为例进行分析。R2 前往 R6 的数据流，下一跳是 R4 或 R5。R2 到 R5 一定会经过 R1，可以忽略，主要考虑 R2 到 R4 的路径。R4 与 R2 之间建立的是 L1 邻居关系，预配置中 R4 在发布 Loopback 地址，保持默认配置，因此将同时向 L1 和 L2 邻居发布。结果是 R2

将收到两条关于 R4 的 Loopback 地址的路由，一条是 R4 发布的 L1 路由，另一条是 R1 发布的 L2 路由，R2 将选 L1 路由，因此数据将通过 Ser1/0 口直接发往 R4。由于题目要求使用最小的配置命令，因此最直接的方法是把 R4 的 Loopback 地址进行限制，指定它只能发布给 L2 邻居即可。在具体配置上，就是把 R4 的 Loopback 接口指定的 IS-IS 的 L2 接口类型。

现在我们仍以 R2 与 R4 间的访问路径为例进行扩展思考，上面的方法其实是属于比较“投机取巧”的，虽然满足了题目要求，但其实它存在两个问题：第一是 R4 到 R1 的链路中断后，R2 将没有到达 R4 的路由，串口链路没有起到冗余保护的作用，存在单点失效；第二是数据报文的来回路径不一致，没有充分利用高速链路的带宽。

对于第一个问题，可以通过把 R2、R4 的 Loopback 地址从直接发布改为路由引入（import）的方式，需要注意的一个点是，对于 L1 类型路由器，引入外部路由需要使用 import-route X level-1 命令（即要携带 level-1 参数）。对于第二个问题，受限于网络的拓扑，在不修改各个路由器和链路类型的前提下，暂时是无法解决的。

9.4.7 参考答案（设备配置）

试题四参考答案见表 9-16。

设备配置请扫码

表 9-16 试题四参考答案

预配置	正确配置
sysname r1 # isis 1 network-entity 01.0010.0100.1001.00 network-entity 02.0010.0100.1001.00 # 	sysname r1 # isis 1 network-entity 01.0010.0100.1001.00 network-entity 02.0010.0100.1001.00 #

续表

预配置	正确配置
address-family ipv4 unicast import-route isis level-2 into level-1 # mpls lsr-id 1.1.1.1 # mpls ldp # interface LoopBack0 ip address 1.1.1.1 255.255.255.255 isis enable 1 # interface GigabitEthernet0/0 ip address 10.6.6.1 255.255.255.252 isis enable 1 mpls enable mpls ldp enable # interface GigabitEthernet0/1 ip address 10.9.9.1 255.255.255.252 isis enable 1 mpls enable mpls ldp enable # interface GigabitEthernet0/2 ip address 10.7.7.1 255.255.255.252 isis enable 1 isis circuit-level level-2 mpls enable mpls ldp enable # interface GigabitEthernet5/0 ip address 10.8.8.1 255.255.255.252 isis enable 1 isis circuit-level level-2	address-family ipv4 unicast import-route isis level-2 into level-1 # mpls lsr-id 1.1.1.1 # mpls ldp # interface LoopBack0 ip address 1.1.1.1 255.255.255.255 isis enable 1 # interface GigabitEthernet0/0 ip address 10.6.6.1 255.255.255.252 isis enable 1 mpls enable mpls ldp enable # interface GigabitEthernet0/1 ip address 10.9.9.1 255.255.255.252 isis enable 1 mpls enable mpls ldp enable # interface GigabitEthernet0/2 ip address 10.7.7.1 255.255.255.252 isis enable 1 isis circuit-level level-2 mpls enable mpls ldp enable # interface GigabitEthernet5/0 ip address 10.8.8.1 255.255.255.252 isis enable 1 isis circuit-level level-2

续表

预配置	正确配置
mpls enable mpls ldp enable # bgp 65001 group as internal peer as connect-interface LoopBack0 peer 2.2.2.2 group as peer 3.3.3.3 group as peer 4.4.4.4 group as peer 5.5.5.5 group as # address-family vpnv4 peer as enable peer as reflect-client #	mpls enable mpls ldp enable # bgp 65001 group as internal peer as connect-interface LoopBack0 peer 2.2.2.2 group as peer 3.3.3.3 group as peer 4.4.4.4 group as peer 5.5.5.5 group as # address-family vpnv4 undo policy vpn-target peer as enable peer as reflect-client #
sysname r2 # isis 1 is-level level-1 network-entity 01.0020.0200.2002.00 # mpls lsr-id 2.2.2.2 #	sysname r2 # ip vpn-instance NRT-VPN route-distinguisher 200:1 vpn-target 200:1 import-extcommunity vpn-target 200:1 export-extcommunity # ip vpn-instance RT-VPN route-distinguisher 100:1 vpn-target 100:1 import-extcommunity vpn-target 100:1 export-extcommunity # isis 1 is-level level-1 network-entity 01.0020.0200.2002.00 # mpls lsr-id 2.2.2.2 #

续表

预配置	正确配置
mpls ldp # interface Serial1/0 ip address 10.2.2.2 255.255.255.0 isis enable 1 mpls enable # interface LoopBack0 ip address 2.2.2.2 255.255.255.255 isis enable 1 # interface GigabitEthernet0/1 ip address 10.6.6.2 255.255.255.252 isis enable 1 mpls enable mpls ldp enable #	mpls ldp # interface Serial1/0 ip address 10.2.2.1 255.255.255.252 isis enable 1 mpls enable mpls ldp enable # interface LoopBack0 ip address 2.2.2.2 255.255.255.255 isis enable 1 # interface GigabitEthernet0/0.100 ip binding vpn-instance RT-VPN ip address 10.10.10.11 255.255.255.0 vrrp vrid 100 virtual-ip 10.10.10.254 vrrp vrid 100 priority 120 vrrp vrid 100 preempt-mode delay 200 vlan-type dot1q vid 100 # interface GigabitEthernet0/0.200 ip binding vpn-instance NRT-VPN ip address 100.100.100.101 255.255.255.0 vrrp vrid 200 virtual-ip 100.100.100.254 vlan-type dot1q vid 200 # interface GigabitEthernet0/1 ip address 10.6.6.2 255.255.255.252 isis enable 1 mpls enable mpls ldp enable #

续表

预配置	正确配置

bgp 65001
 peer 1.1.1.1 as-number 65001
 peer 1.1.1.1 connect-interface LoopBack0
 #
 address-family vpnv4
  peer 1.1.1.1 enable
#
	bgp 65001
	 peer 1.1.1.1 as-number 65001
	 peer 1.1.1.1 connect-interface LoopBack0
	 #
	 address-family vpnv4
	  peer 1.1.1.1 enable
	 #
	 ip vpn-instance NRT-VPN
	  #
	  address-family ipv4 unicast
	   network 100.100.100.0 255.255.255.0
	#
	 ip vpn-instance RT-VPN
	  #
	  address-family ipv4 unicast
	   network 10.10.10.0 255.255.255.0
	#

sysname r3 # isis 1 is-level level-1 network-entity 01.0030.0300.3003.00 # mpls lsr-id 10.10.10.10	sysname r3 # ip vpn-instance NRT-VPN route-distinguisher 200:1 vpn-target 200:1 import-extcommunity vpn-target 200:1 export-extcommunity # ip vpn-instance RT-VPN route-distinguisher 100:1 vpn-target 100:1 import-extcommunity vpn-target 100:1 export-extcommunity # isis 1 is-level level-1 network-entity 01.0030.0300.3003.00 # mpls lsr-id 3.3.3.3

续表

预配置	正确配置
#	#
mpls ldp	mpls ldp
#	#
interface Serial1/0	interface Serial1/0
ip address 10.5.5.1 255.255.255.252	ip address 10.5.5.1 255.255.255.252
isis enable 1	isis enable 1
mpls enable	mpls enable
mpls ldp enable	mpls ldp enable
#	#
interface LoopBack0	interface LoopBack0
ip address 3.3.3.3 255.255.255.255	ip address 3.3.3.3 255.255.255.255
isis enable 1	isis enable 1
#	#
interface LoopBack1	interface LoopBack1
ip address 10.10.10.10 255.255.255.255	ip address 10.10.10.10 255.255.255.255
#	#
	interface GigabitEthernet0/0.100
	ip binding vpn-instance RT-VPN
	ip address 10.10.10.12 255.255.255.0
	vrrp vrid 100 virtual-ip 10.10.10.254
	vlan-type dot1q vid 100
	#
	interface GigabitEthernet0/0.200
	ip binding vpn-instance NRT-VPN
	ip address 100.100.100.102 255.255.255.0
	vrrp vrid 200 virtual-ip 100.100.100.254
	vrrp vrid 200 priority 120
	vrrp vrid 200 preempt-mode delay 200
	vlan-type dot1q vid 200
	#
interface GigabitEthernet0/1	interface GigabitEthernet0/1
ip address 10.9.9.2 255.255.255.252	ip address 10.9.9.2 255.255.255.252

续表

预配置	正确配置
isis enable 1 mpls enable # bgp 65001 peer 1.1.1.1 as-number 65001 peer 1.1.1.1 connect-interface LoopBack0 # address-family vpnv4 peer 1.1.1.1 enable #	isis enable 1 mpls enable mpls ldp enable # bgp 65001 peer 1.1.1.1 as-number 65001 peer 1.1.1.1 connect-interface LoopBack0 # address-family vpnv4 peer 1.1.1.1 enable # ip vpn-instance NRT-VPN # address-family ipv4 unicast network 100.100.100.0 255.255.255.0 # ip vpn-instance RT-VPN # address-family ipv4 unicast network 10.10.10.0 255.255.255.0 #
sysname r4 # isis 1 network-entity 01.0040.0400.4004.00 network-entity 02.0040.0400.4004.00 # mpls lsr-id 4.4.4.4 # mpls ldp # interface Serial1/0 ip address 10.2.2.2 255.255.255.252 isis enable 1	sysname r4 # isis 1 network-entity 01.0040.0400.4004.00 network-entity 02.0040.0400.4004.00 # mpls lsr-id 4.4.4.4 # mpls ldp # interface Serial1/0 ip address 10.2.2.2 255.255.255.252 isis enable 1

续表

预配置	正确配置
mpls enable mpls ldp enable # interface LoopBack0 ip address 4.4.4.4 255.255.255.255 isis enable 1 # interface GigabitEthernet0/0 ip address 10.3.3.1 255.255.255.252 mpls enable # interface GigabitEthernet0/2 shutdown ip address 10.7.7.2 255.255.255.252 isis enable 1 mpls enable mpls ldp enable # bgp 65001 peer 1.1.1.1 as-number 65001 peer 1.1.1.1 connect-interface LoopBack0 peer 10.3.3.2 as-number 65000 # address-family vpnv4 peer 1.1.1.1 enable peer 10.3.3.2 enable #	mpls enable mpls ldp enable # interface LoopBack0 ip address 4.4.4.4 255.255.255.255 isis enable 1 isis circuit-level level-2 # interface GigabitEthernet0/0 ip address 10.3.3.1 255.255.255.252 mpls enable # interface GigabitEthernet0/2 ip address 10.7.7.2 255.255.255.252 isis enable 1 mpls enable mpls ldp enable # bgp 65001 peer 1.1.1.1 as-number 65001 peer 1.1.1.1 connect-interface LoopBack0 peer 10.3.3.2 as-number 65000 # address-family vpnv4 undo policy vpn-target peer 1.1.1.1 enable peer 10.3.3.2 enable #
sysname r5 # isis 1 network-entity 01.0050.0500.5005.00 network-entity 02.0050.0500.5005.00	sysname r5 # isis 1 network-entity 01.0050.0500.5005.00 network-entity 02.0050.0500.5005.00

续表

预配置	正确配置
#	#
mpls lsr-id 5.5.5.5	mpls lsr-id 5.5.5.5
#	#
mpls ldp	mpls ldp
#	#
interface Serial1/0	interface Serial1/0
ip address 10.5.5.2 255.255.255.252	ip address 10.5.5.2 255.255.255.252
isis enable 1	isis enable 1
mpls enable	mpls enable
mpls ldp enable	mpls ldp enable
#	#
interface LoopBack0	interface LoopBack0
ip address 5.5.5.5 255.255.255.255	ip address 5.5.5.5 255.255.255.255
isis enable 1	isis enable 1
	isis circuit-level level-2
#	#
interface GigabitEthernet0/0	interface GigabitEthernet0/0
ip address 10.8.8.2 255.255.255.252	ip address 10.8.8.2 255.255.255.252
isis enable 1	isis enable 1
mpls enable	mpls enable
mpls ldp enable	mpls ldp enable
#	#
interface GigabitEthernet0/1	interface GigabitEthernet0/1
ip address 10.4.4.1 255.255.255.252	ip address 10.4.4.1 255.255.255.252
mpls enable	mpls enable
#	#
bgp 65001	bgp 65001
peer 1.1.1.1 as-number 65001	peer 1.1.1.1 as-number 65001
peer 1.1.1.1 connect-interface LoopBack0	peer 1.1.1.1 connect-interface LoopBack0
peer 10.4.4.2 as-number 65000	peer 10.4.4.2 as-number 65000
#	#
address-family vpnv4	address-family vpnv4
	undo policy vpn-target
peer 1.1.1.1 enable	peer 1.1.1.1 enable

续表

预配置	正确配置
peer 10.4.4.2 enable #	peer 10.4.4.2 enable #
sysname r6 # ip vpn-instance NRT-VPN route-distinguisher 200:1 vpn-target 200:1 import-extcommunity vpn-target 200:1 export-extcommunity # ip vpn-instance RT-VPN route-distinguisher 100:1 vpn-target 100:1 import-extcommunity vpn-target 100:1 export-extcommunity # interface LoopBack0 ip address 6.6.6.6 255.255.255.255 # interface LoopBack20 ip binding vpn-instance RT-VPN ip address 20.20.20.20 255.255.255.255 # interface LoopBack200 ip binding vpn-instance NRT-VPN ip address 200.200.200.200 255.255.255.255 # interface GigabitEthernet0/0 ip address 10.3.3.2 255.255.255.252 # interface GigabitEthernet0/1 ip address 10.4.4.2 255.255.255.252	sysname r6 # ip vpn-instance NRT-VPN route-distinguisher 200:1 vpn-target 200:1 import-extcommunity vpn-target 200:1 export-extcommunity # ip vpn-instance RT-VPN route-distinguisher 100:1 vpn-target 100:1 import-extcommunity vpn-target 100:1 export-extcommunity # interface LoopBack0 ip address 6.6.6.6 255.255.255.255 # interface LoopBack20 ip binding vpn-instance RT-VPN ip address 20.20.20.20 255.255.255.255 # interface LoopBack200 ip binding vpn-instance NRT-VPN ip address 200.200.200.200 255.255.255.255 # interface GigabitEthernet0/0 ip address 10.3.3.2 255.255.255.252 mpls enable # interface GigabitEthernet0/1 ip address 10.4.4.2 255.255.255.252 mpls enable

续表

预配置	正确配置

#
bgp 65000
 peer 10.3.3.1 as-number 65000
 peer 10.4.4.1 as-number 65001
 #
 address-family vpnv4
  peer 10.3.3.1 enable
  peer 10.4.4.1 enable
 #
 ip vpn-instance NRT-VPN
  #
  address-family ipv4 unicast
   network 200.200.200.200
255.255.255.255
 #
 ip vpn-instance RT-VPN
  #
  address-family ipv4 unicast
   network 20.20.20.20 255.255.255.255
#
	#
	bgp 65000
	 peer 10.3.3.1 as-number 65001
	 peer 10.4.4.1 as-number 65001
	 #
	 address-family vpnv4
	  peer 10.3.3.1 enable
	  peer 10.3.3.1 route-policy a-rt-loc import
	  peer 10.3.3.1 route-policy b-nrt-med export
	  peer 10.4.4.1 enable
	  peer 10.4.4.1 route-policy a-nrt-loc import
	  peer 10.4.4.1 route-policy b-rt-med export
	 #
	 ip vpn-instance NRT-VPN
	  #
	  address-family ipv4 unicast
	   network 200.200.200.200
	255.255.255.255
	 #
	 ip vpn-instance RT-VPN
	  #
	  address-family ipv4 unicast
	   network 20.20.20.20 255.255.255.255
	#
	route-policy a-nrt-loc permit node 10
	 if-match ip address prefix-list a-nrt
	 apply local-preference 200
	#
	route-policy a-nrt-loc permit node 20
	#
	route-policy a-rt-loc permit node 10
	 if-match ip address prefix-list a-rt
	 apply local-preference 200
	#

续表

预配置	正确配置
	route-policy a-rt-loc permit node 20 # route-policy b-nrt-med permit node 10 if-match ip address prefix-list b-nrt apply cost 200 # route-policy b-nrt-med permit node 20 # route-policy b-rt-med permit node 10 if-match ip address prefix-list b-rt apply cost 200 # route-policy b-rt-med permit node 20 # ip prefix-list a-nrt index 10 permit 100.100.100.0 24 ip prefix-list a-rt index 10 permit 10.10.10.0 24 ip prefix-list b-nrt index 10 permit 200.200.200.200 32 ip prefix-list b-rt index 10 permit 20.20.20.20 32 #

9.5 实操模拟考题五

9.5.1 考试概述

请在50分钟内，根据题目要求，在网络设备上完成相关配置，修复相应故障。

试题难度：★

9.5.2 设备列表

试题五使用的网络设备见表 9-17。

表 9-17　　试题五使用的网络设备

设备类型	设备型号	版本	数量
路由器	H3C MSR3620	Version 7.1.075	8

9.5.3 网络拓扑

试题五网络拓扑如图 9-5 所示。

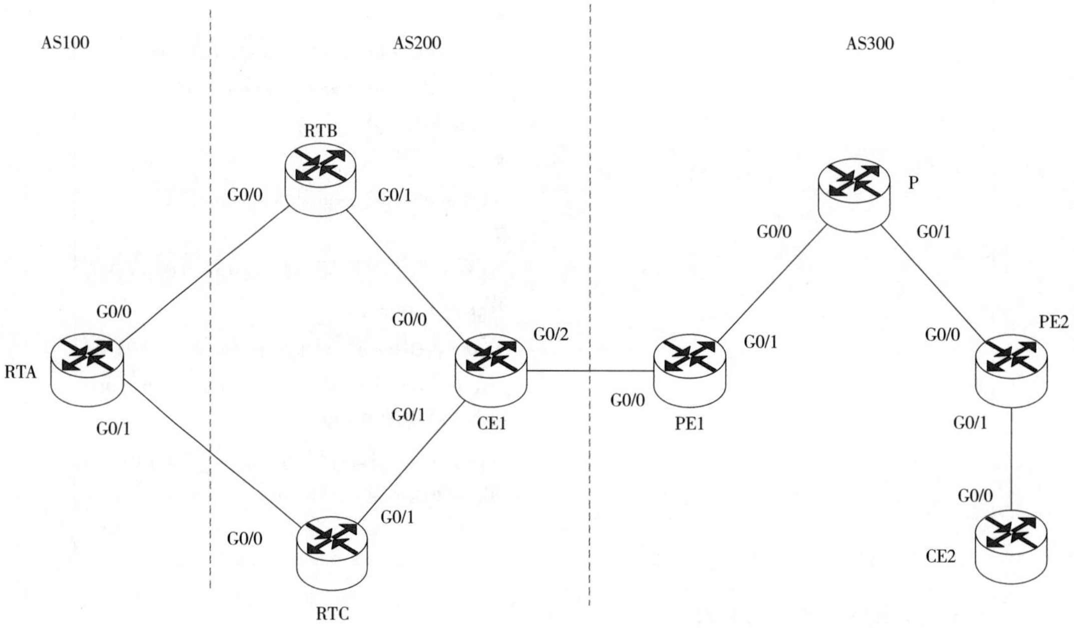

图 9-5　试题五网络拓扑

9.5.4 网络概述

本网络模拟一个实验型的 MPLS VPN 网络。

网络由 8 台路由器构成，RTA 属于 AS100，RTB、RTC、CE1 属于 AS200，PE1、P、PE2、CE2 属于 AS300。RTA 分别与 RTB、RTC 建立 EBGP 邻居，RTB、RTC 分别与 CE1 建立 IBGP 邻居。CE1 与 PE1 建立 EBGP 邻居，

并通过 BGP 传递私网路由。

PE1、P、PE2 间通过 OSPF（进程号为 300）实现全局路由的互访，相关接口均属于区域 0。PE1、PE2 之间建立 MP-BGP 邻居。PE2 与 CE2 间通过私网 OSPF（进程号为 3001）传递私网路由。

网络中有一个 VPN（vpn1），相关业务接口均属于该 VPN。

试题五 VPN 的 RD/RT 值规划见表 9-18。

表 9-18 试题五 VPN 的 RD/RT 值规划

VPN 实例	RD	RT
vpn1	300 : 300	Import RT ： 300 : 300 Export RT ： 300 : 300

试题五网络中使用的地址见表 9-19。

表 9-19 试题五网络中使用的地址

设备	接口	IP 地址	备注
RTA	Loopback0	1.1.1.1/32	
	Loopback10	172.16.1.1/32	业务接口
	Loopback20	192.168.1.1/32	
	Loopback21	192.168.2.1/32	
	G0/0	10.1.1.1/30	
	G0/1	10.1.1.5/30	
RTB	Loopback0	2.2.2.2/32	
	G0/0	10.1.1.2/30	
	G0/1	10.1.1.9/30	
RTC	Loopback0	3.3.3.3/32	
	G0/0	10.1.1.6/30	
	G0/1	10.1.1.13/30	

续表

设备	接口	IP 地址	备注
CE1	Loopback0	4.4.4.4/32	
	G0/0	10.1.1.10/30	
	G0/1	10.1.1.14/30	
	G0/2	20.1.1.1/32	
PE1	Loopback0	5.5.5.5/32	
PE1	G0/0	20.1.1.2/30	
	G0/1	20.1.1.5/30	
P	Loopback0	6.6.6.6/32	
	G0/0	20.1.1.6/30	
	G0/1	20.1.1.9/30	
PE2	Loopback0	7.7.7.7/32	
	G0/0	20.1.1.10/30	
	G0/1	20.1.1.13/30	
CE2	Loopback0	8.8.8.8/32	
	Loopback10	172.16.2.1/32	业务接口
	Loopback20	192.168.3.1/32	
	G0/0	20.1.1.14/30	

9.5.5 操作任务

◆ 实现目标

RTA 与 CE2 的业务接口能够互访，访问路径满足题目要求。

◆ 任务一：排障部分

排除网络上存在的故障，使得 RTA 上的业务接口（Loopback10、Loopback20、Loopback21）与 CE2 上的业务接口（Loopback10、Loopback20）能够互访。

◆ 任务二：配置部分

（1）子任务一：设置业务互访时的来回路径。

在 RTB、RTC 上已经配置了 route-policy，但存在错误。

请修改相关配置，使得 172 地址段（RTA 与 CE2 的 Loopback10 接口）互访时，数据报文来回路径为 RTA–RTB–CE1–PE1–P–PE2–CE2。

192 地址段（RTA 的 Loopback20、Loopback21 接口与 CE2 的 Loopback20 接口）互访时，数据报文来回路径为 RTA–RTC–CE1–PE1–P–PE2–CE2。

（2）子任务二：配置路由聚合。

在 PE1 上，对 RTA 的 Loopback20、Loopback21 地址进行聚合，要求 CE2 上只有聚合后的路由，不能有 RTA 的 Loopback20、Loopback21 明细路由。RTA 上要有 CE2 Loopback20 的明细路由。

9.5.6 参考答案（设备配置）

设备配置请扫码

试题五参考答案见表 9–20。

表 9–20 试题五参考答案

预配置	正确配置
sysname RTA # interface LoopBack0 ip address 1.1.1.1 255.255.255.255 # interface LoopBack10 ip address 172.16.1.1 255.255.255.255 # interface LoopBack20 ip address 192.168.1.1 255.255.255.255 # interface LoopBack21	sysname RTA # interface LoopBack0 ip address 1.1.1.1 255.255.255.255 # interface LoopBack10 ip address 172.16.1.1 255.255.255.255 # interface LoopBack20 ip address 192.168.1.1 255.255.255.255 # interface LoopBack21

续表

预配置	正确配置

ip address 192.168.2.1
255.255.255.255
#
interface GigabitEthernet0/0
 ip address 10.1.1.1 255.255.255.252
#
interface GigabitEthernet0/1
 ip address 10.1.1.5 255.255.255.252
#
bgp 100
 	
 peer 10.1.1.2 as-number 200
 peer 10.1.1.6 as-number 200
 #
 address-family ipv4 unicast
  network 1.1.1.1 255.255.255.255
  network 172.16.1.1 255.255.255.255
  network 192.168.1.1 255.255.255.255
  network 192.168.2.1 255.255.255.255
  peer 10.1.1.2 enable
  peer 10.1.1.6 enable
	ip address 192.168.2.1
	255.255.255.255
	#
	interface GigabitEthernet0/0
	 ip address 10.1.1.1 255.255.255.252
	#
	interface GigabitEthernet0/1
	 ip address 10.1.1.5 255.255.255.252
	#
	bgp 100
	 router-id 1.1.1.1
	 peer 10.1.1.2 as-number 200
	 peer 10.1.1.6 as-number 200
	 #
	 address-family ipv4 unicast
	  network 1.1.1.1 255.255.255.255
	  network 172.16.1.1 255.255.255.255
	  network 192.168.1.1 255.255.255.255
	  network 192.168.2.1 255.255.255.255
	  peer 10.1.1.2 enable
	  peer 10.1.1.6 enable

sysname RTB
#
ospf 200
 area 0.0.0.0
  network 2.2.2.2 0.0.0.0
  network 10.1.1.9 0.0.0.0
#
interface LoopBack0
 ip address 2.2.2.2 255.255.255.255
#
interface GigabitEthernet0/0
 ip address 10.1.1.2 255.255.255.252
#
interface GigabitEthernet0/1
	sysname RTB
	#
	ospf 200
	 area 0.0.0.0
	  network 2.2.2.2 0.0.0.0
	  network 10.1.1.9 0.0.0.0
	#
	interface LoopBack0
	 ip address 2.2.2.2 255.255.255.255
	#
	interface GigabitEthernet0/0
	 ip address 10.1.1.2 255.255.255.252
	#
	interface GigabitEthernet0/1

续表

预配置	正确配置

ip address 10.1.1.9 255.255.255.252
#
bgp 200
 group AS200 internal
 peer AS200 connect-interface LoopBack0
 peer 4.4.4.4 group AS200
 peer 10.1.1.1 as-number 100
 #
 address-family ipv4 unicast
  peer AS200 enable
  peer AS200 route-policy 2 export
  peer AS200 next-hop-local
  peer 10.1.1.1 enable
  peer 10.1.1.1 route-policy 1 export
#
route-policy 1 permit node 10
 if-match ip address acl 2000
 apply cost 5
#
route-policy 1 permit node 20
#
route-policy 2 permit node 10
 if-match ip address acl 2001
 apply local-preference 200
#
route-policy 2 permit node 20
#
acl basic 2000
 rule 0 permit source 192.168.0.0 0.0.3.255
#
acl basic 2001
 rule 0 permit source 192.168.1.1 0
#
	ip address 10.1.1.9 255.255.255.252
	#
	bgp 200
	 group AS200 internal
	 peer AS200 connect-interface LoopBack0
	 peer 4.4.4.4 group AS200
	 peer 10.1.1.1 as-number 100
	 #
	 address-family ipv4 unicast
	  peer AS200 enable
	  peer AS200 route-policy 2 export
	  peer AS200 next-hop-local
	  peer 10.1.1.1 enable
	  peer 10.1.1.1 route-policy 1 export
	#
	route-policy 1 permit node 10
	 if-match ip address acl 2000
	 apply cost 5
	#
	route-policy 1 permit node 20
	#
	route-policy 2 permit node 10
	 if-match ip address acl 2001
	 apply local-preference 200
	#
	route-policy 2 permit node 20
	#
	acl basic 2000
	 rule 0 permit source 192.168.0.0 0.0.3.255
	#
	acl basic 2001
	 rule 0 permit source 172.16.1.1 0
	#

sysname RTC	sysname RTC

续表

预配置	正确配置

#
ospf 200
 area 0.0.0.0
  network 3.3.3.3 0.0.0.0
  network 10.1.1.13 0.0.0.0
#
interface LoopBack0
 ip address 3.3.3.3 255.255.255.255
#
interface GigabitEthernet0/0
 ip address 10.1.1.6 255.255.255.252
#
interface GigabitEthernet0/1
 ip address 10.1.1.13 255.255.255.252
#
bgp 200
 group AS200 internal
 peer AS200 connect-interface LoopBack0
 peer 4.4.4.4 group AS200
 peer 10.1.1.5 as-number 100
 #
 address-family ipv4 unicast
  peer AS200 enable
  peer AS200 route-policy 2 export
  peer AS200 next-hop-local
  peer 10.1.1.5 enable
  peer 10.1.1.5 route-policy 1 export
#
route-policy 1 permit node 10
 if-match ip address acl 2000
 apply cost 5
#
route-policy 1 permit node 20
#
	#
	ospf 200
	 area 0.0.0.0
	  network 3.3.3.3 0.0.0.0
	  network 10.1.1.13 0.0.0.0
	#
	interface LoopBack0
	 ip address 3.3.3.3 255.255.255.255
	#
	interface GigabitEthernet0/0
	 ip address 10.1.1.6 255.255.255.252
	#
	interface GigabitEthernet0/1
	 ip address 10.1.1.13 255.255.255.252
	#
	bgp 200
	 group AS200 internal
	 peer AS200 connect-interface LoopBack0
	 peer 4.4.4.4 group AS200
	 peer 10.1.1.5 as-number 100
	 #
	 address-family ipv4 unicast
	  peer AS200 enable
	  peer AS200 route-policy 2 export
	  peer AS200 next-hop-local
	  peer 10.1.1.5 enable
	  peer 10.1.1.5 route-policy 1 export
	#
	route-policy 1 permit node 10
	 if-match ip address acl 2000
	 apply cost 5
	#
	route-policy 1 permit node 20
	#

续表

<table>
<tr><th>预配置</th><th>正确配置</th></tr>
<tr><td>route-policy 2 permit node 10
 if-match ip address acl 2001
 apply local-preference 200
#
route-policy 2 permit node 20
#
acl basic 2000
 rule 0 permit source 192.168.2.1 0
#
acl basic 2001
 rule 0 permit source 172.16.2.1 0
#</td><td>route-policy 2 permit node 10
 if-match ip address acl 2001
 apply local-preference 200
#
route-policy 2 permit node 20
#
acl basic 2000
 rule 0 permit source 172.16.2.1 0
#
acl basic 2001
 rule 0 permit source 192.168.0.0 0.0.3.255
#</td></tr>
<tr><td>sysname CE1
#
ospf 200
 area 0.0.0.0
  network 4.4.4.4 0.0.0.0
  network 10.1.1.10 0.0.0.0
  network 10.1.1.14 0.0.0.0
#
interface LoopBack0
 ip address 4.4.4.4 255.255.255.255
#
interface GigabitEthernet0/0
 ip address 10.1.1.10 255.255.255.252
#
interface GigabitEthernet0/1
 ip address 10.1.1.14 255.255.255.252
#
interface GigabitEthernet0/2
 ip address 20.1.1.1 255.255.255.252
#
bgp 200
 group AS200 internal</td><td>sysname CE1
#
ospf 200
 area 0.0.0.0
  network 4.4.4.4 0.0.0.0
  network 10.1.1.10 0.0.0.0
  network 10.1.1.14 0.0.0.0
#
interface LoopBack0
 ip address 4.4.4.4 255.255.255.255
#
interface GigabitEthernet0/0
 ip address 10.1.1.10 255.255.255.252
#
interface GigabitEthernet0/1
 ip address 10.1.1.14 255.255.255.252
#
interface GigabitEthernet0/2
 ip address 20.1.1.1 255.255.255.252
#
bgp 200
 group AS200 internal</td></tr>
</table>

续表

预配置	正确配置
peer AS200 connect-interface LoopBack0 peer 2.2.2.2 group AS200 peer 3.3.3.3 group AS200 peer 20.1.1.2 as-number 300 # address-family ipv4 unicast peer AS200 enable peer 20.1.1.2 enable #	peer AS200 connect-interface LoopBack0 peer 2.2.2.2 group AS200 peer 3.3.3.3 group AS200 peer 20.1.1.2 as-number 300 # address-family ipv4 unicast network 4.4.4.4 255.255.255.255 peer AS200 enable peer AS200 next-hop-local peer 20.1.1.2 enable #
sysname PE1 # ip vpn-instance vpn1 route-distinguisher 300:300 vpn-target 300:300 import-extcommunity vpn-target 300:300 export-extcommunity # router id 5.5.5.5 # ospf 300 area 0.0.0.0 network 5.5.5.5 0.0.0.0 network 20.1.1.5 0.0.0.0 # mpls lsr-id 5.5.5.5 # mpls ldp # interface LoopBack0 ip address 5.5.5.5 255.255.255.255 #	sysname PE1 # ip vpn-instance vpn1 route-distinguisher 300:300 vpn-target 300:300 import-extcommunity vpn-target 300:300 export-extcommunity # router id 5.5.5.5 # ospf 300 area 0.0.0.0 network 5.5.5.5 0.0.0.0 network 20.1.1.5 0.0.0.0 # mpls lsr-id 5.5.5.5 # mpls ldp # interface LoopBack0 ip address 5.5.5.5 255.255.255.255 #

续表

预配置	正确配置
interface GigabitEthernet0/0	interface GigabitEthernet0/0
ip binding vpn-instance vpn1	ip binding vpn-instance vpn1
ip address 20.1.1.2 255.255.255.252	ip address 20.1.1.2 255.255.255.252
#	#
interface GigabitEthernet0/1	interface GigabitEthernet0/1
ip address 20.1.1.5 255.255.255.252	ip address 20.1.1.5 255.255.255.252
mpls enable	mpls enable
	mpls ldp enable
#	#
bgp 300	bgp 300
peer 7.7.7.7 as-number 300	peer 7.7.7.7 as-number 300
peer 7.7.7.7 connect-interface LoopBack0	peer 7.7.7.7 connect-interface LoopBack0
#	#
address-family vpnv4	address-family vpnv4
peer 7.7.7.7 enable	peer 7.7.7.7 enable
	#
	ip vpn-instance vpn1
	peer 20.1.1.1 as-number 200
	#
	address-family ipv4 unicast
	aggregate 192.168.0.0 255.255.252.0 suppress-policy 1
	peer 20.1.1.1 enable
	#
	route-policy 1 permit node 10
	if-match ip address prefix-list 1
	#
	route-policy 1 permit node 20
	if-match ip address prefix-list 1
	#
	ip prefix-list 1 index 10 permit 192.168.1.1 32
	ip prefix-list 1 index 20 permit 192.168.2.1 32

续表

预配置	正确配置
#	#
sysname P # ospf 300 area 0.0.0.0 network 6.6.6.6 0.0.0.0 network 20.1.1.6 0.0.0.0 network 20.1.1.9 0.0.0.0 # mpls lsr-id 6.6.6.6 # mpls ldp # interface LoopBack0 ip address 6.6.6.6 255.255.255.255 # interface GigabitEthernet0/0 ip address 20.1.1.6 255.255.255.252 ospf network-type p2p mpls enable mpls ldp enable # interface GigabitEthernet0/1 ip address 20.1.1.9 255.255.255.252 mpls enable mpls ldp enable	sysname P # ospf 300 area 0.0.0.0 network 6.6.6.6 0.0.0.0 network 20.1.1.6 0.0.0.0 network 20.1.1.9 0.0.0.0 # mpls lsr-id 6.6.6.6 # mpls ldp # interface LoopBack0 ip address 6.6.6.6 255.255.255.255 # interface GigabitEthernet0/0 ip address 20.1.1.6 255.255.255.252 mpls enable mpls ldp enable # interface GigabitEthernet0/1 ip address 20.1.1.9 255.255.255.252 mpls enable mpls ldp enable
sysname PE2 # ip vpn-instance vpn1 route-distinguisher 300:300 vpn-target 300:301 import-extcommunity vpn-target 300:300 export-extcommunity #	sysname PE2 # ip vpn-instance vpn1 route-distinguisher 300:300 vpn-target 300:300 import-extcommunity vpn-target 300:300 export-extcommunity #

续表

预配置	正确配置

ospf 300
 area 0.0.0.0
  network 7.7.7.7 0.0.0.0
  network 20.1.1.10 0.0.0.0
#
ospf 3001 vpn-instance vpn1
 import-route bgp
 area 0.0.0.0
  network 20.1.1.13 0.0.0.0
#
 mpls lsr-id 7.7.7.7
#
mpls ldp
#
interface LoopBack0
 ip address 7.7.7.7 255.255.255.0
#
interface GigabitEthernet0/0
 ip address 20.1.1.10 255.255.255.252
 mpls enable
 mpls ldp enable
#
interface GigabitEthernet0/1
 ip binding vpn-instance vpn1
 ip address 20.1.1.13 255.255.255.252
#
bgp 300
 peer 5.5.5.5 as-number 300
 peer 5.5.5.5 connect-interface LoopBack0
 #
 address-family vpnv4
  peer 5.5.5.5 enable
 #
 ip vpn-instance vpn1
  #
	ospf 300
	 area 0.0.0.0
	  network 7.7.7.7 0.0.0.0
	  network 20.1.1.10 0.0.0.0
	#
	ospf 3001 vpn-instance vpn1
	 import-route bgp
	 area 0.0.0.0
	  network 20.1.1.13 0.0.0.0
	#
	 mpls lsr-id 7.7.7.7
	#
	mpls ldp
	#
	interface LoopBack0
	 ip address 7.7.7.7 255.255.255.255
	#
	interface GigabitEthernet0/0
	 ip address 20.1.1.10 255.255.255.252
	 mpls enable
	 mpls ldp enable
	#
	interface GigabitEthernet0/1
	 ip binding vpn-instance vpn1
	 ip address 20.1.1.13 255.255.255.252
	#
	bgp 300
	 peer 5.5.5.5 as-number 300
	 peer 5.5.5.5 connect-interface LoopBack0
	 #
	 address-family vpnv4
	  peer 5.5.5.5 enable
	 #
	 ip vpn-instance vpn1
	  #

续表

预配置	正确配置
address-family ipv4 unicast import-route ospf 3001 #	address-family ipv4 unicast import-route ospf 3001 #
sysname CE2 # ospf 3001 area 0.0.0.0 network 8.8.8.8 0.0.0.0 network 20.1.1.14 0.0.0.0 network 172.16.1.1 0.0.0.0 network 192.168.3.1 0.0.0.0 # interface LoopBack0 ip address 8.8.8.8 255.255.255.255 # interface LoopBack10 ip address 172.16.2.1 255.255.255.255 # interface LoopBack20 ip address 192.168.3.1 255.255.255.255 # interface GigabitEthernet0/0 ip address 20.1.1.14 255.255.255.252	sysname CE2 # ospf 3001 area 0.0.0.0 network 8.8.8.8 0.0.0.0 network 20.1.1.14 0.0.0.0 network 172.16.2.1 0.0.0.0 network 192.168.3.1 0.0.0.0 # interface LoopBack0 ip address 8.8.8.8 255.255.255.255 # interface LoopBack10 ip address 172.16.2.1 255.255.255.255 # interface LoopBack20 ip address 192.168.3.1 255.255.255.255 # interface GigabitEthernet0/0 ip address 20.1.1.14 255.255.255.252

9.6 实操模拟考题六

9.6.1 考试概述

请在50分钟内，根据题目要求，在网络设备上完成相关配置，修复相应故障。

试题难度：★★

9.6.2 设备列表

试题六使用的网络设备见表 9-21。

表 9-21 试题六使用的网络设备

设备类型	设备型号	版本	数量
路由器	H3C MSR3620	Version 7.1.075	6
交换机	H3C S5820	Version 7.1.075	2

9.6.3 网络拓扑

试题六网络拓扑如图 9-6 所示。

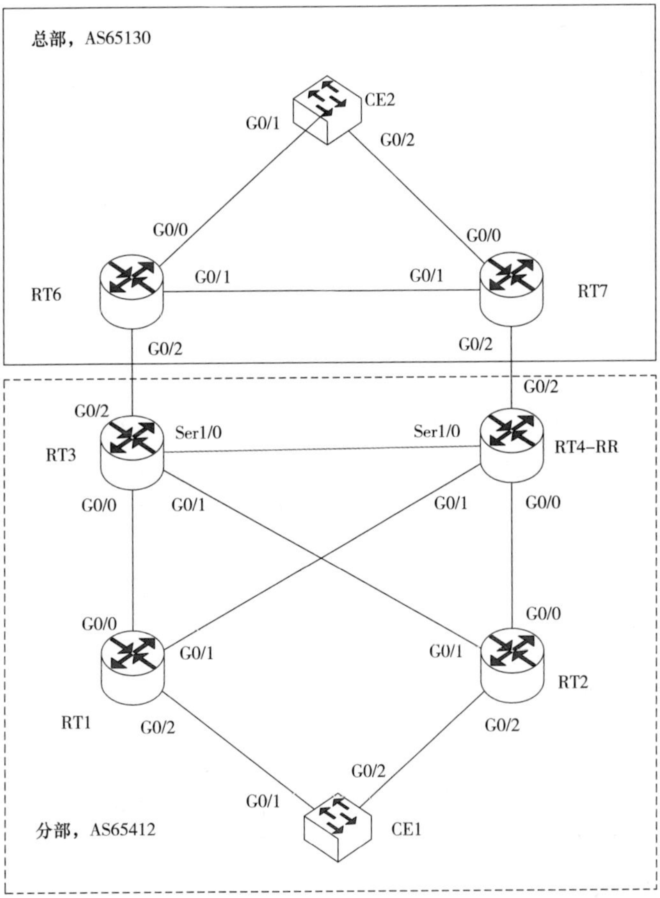

图 9-6 试题六网络拓扑

9.6.4 网络概述

本网络模拟一个总部与分部互联的 MPLS VPN 网络。

总部 AS 号为 65130，分部 AS 号为 65412。两个 AS 间通过 MPLS VPN Option B 方式进行业务互通。网络中存在 RT-VPN 和 NRT-VPN 两个 VPN，在 CE1、CE2 上使用 VLAN100、VLAN200 分别模拟两个 VPN 的业务接口。

在分部 AS 中，RT1、RT2、R3、RT4 间运行 OSPF 协议（进程号为 1，区域号为 0），实现全局路由互通。RT4 作为路由反射器，与 RT1、RT2、RT3 建立 MP-BGP 邻居。RT1、RT2 与 CE1 之间运行 VRRP，实现上行链路的主备。

在总部 AS 中，RT6 与 RT7 间运行 OSPF 协议（进程号为 1，区域号为 0），并互相建立 MP-BGP 邻居，实现私网路由的传递。RT6、RT7 与 CE2 间运行 VRRP，实现下行链路的主备。

在总部、分部 AS 中，为加快 OSPF 收敛速度，接口网络类型全部为 P2P。

在总部任一台路由器上，可以对总部、分部的所有路由器进行统一网管，全局网管地址段为 10.89.13.0/24。

试题六 VPN 的 RD/RT 值规划见表 9-22。

表 9-22　　试题六 VPN 的 RD/RT 值规划

VPN 实例	所属 AS	RD	RT
RT-VPN	总部	65130 : 100	Import RT ：65130 : 100，65412 : 100 Export RT ：65130 : 100
	分部	65412 : 100	Import RT ：65412 : 100，65130 : 100 Export RT ：65412 : 100
NRT-VPN	总部	65130 : 200	Import RT ：65130 : 200，65412 : 200 Export RT ：65130 : 200
	分部	65412 : 200	Import RT ：65412 : 200，65130 : 200 Export RT ：65412 : 200

试题六网络中使用的地址见表 9-23。

表 9-23　　试题六网络中使用的地址

设备	接口	IP 地址	备注
CE1	Vlan100	10.87.10.100/24	RT-VPN
	Vlan200	10.87.20.200/24	NRT-VPN
CE2	Vlan100	10.85.10.100/24	RT-VPN
	Vlan200	10.85.20.200/24	NRT-VPN
RT1	Loopback0	10.89.13.14/32	
	G0/0	10.89.16.1/30	
	G0/1	10.89.12.10/30	
	G0/2.100	10.87.10.1/24	RT-VPN
	Vrid 1 虚拟网关	10.87.10.254	
	G0/2.200	10.87.20.1/24	NRT-VPN
	Vrid 2 虚拟网关	10.87.20.254	
RT2	Loopback0	10.89.13.15/32	
	G0/0	10.89.16.5/30	
	G0/1	10.89.12.14/30	
	G0/2.100	10.87.10.2/24	RT-VPN
	Vrid 1 虚拟网关	10.87.10.254	
	G0/2.200	10.87.20.2/24	NRT-VPN
	Vrid 2 虚拟网关	10.87.20.254	
RT3	Loopback0	10.89.13.12/32	
	G0/0	10.89.16.2/30	
	G0/1	10.89.12.13/30	
	G0/2	10.89.11.2/30	
	Ser1/0	10.89.14.6/30	

续表

设备	接口	IP 地址	备注
RT4	Loopback0	10.89.13.13/32	
	G0/0	10.89.16.6/30	
	G0/1	10.89.12.9/30	
	G0/2	10.89.11.6/30	
	Ser1/0	10.89.14.6/30	
RT6	G0/0.100	10.85.10.1/24	RT-VPN
	Vrid 1 虚拟网关	10.85.10.254	
	G0/0.200	10.85.20.1/24	NRT-VPN
	Vrid 2 虚拟网关	10.85.20.254	
	Loopback0	10.89.13.10/32	
	G0/1	10.89.14.1/30	
	G0/2	10.89.11.1/30	
RT7	G0/0.100	10.85.10.2/24	RT-VPN
	Vrid 1 虚拟网关	10.85.10.254	
	G0/0.200	10.85.20.2/24	NRT-VPN
	Vrid 2 虚拟网关	10.85.20.254	
	Loopback0	10.89.13.11/32	
	G0/1	10.89.14.2/30	
	G0/2	10.89.11.5/30	

9.6.5 操作任务

◆ 实现目标

CE1 与 CE2 的 RT-VPN、NRT-VPN 接口能够互访，RT-VPN 业务的访问路径为 CE1-RT1-RT4-RT3-RT6-CE2，NRT-VPN 业务的访问路径为 CE1-

RT2-RT3-RT4-RT7-CE2，并且来回路径一致。

全局网管路由在 AS 间能实现互通，跨域时主用路径为 RT3-RT6，备用路径为 RT4-RT7。

◆ 前置条件

交换机 CE1、CE2 配置无误，无需修改配置。

◆ 任务一：配置部分

（1）子任务一：VRRP 配置。

对于 CE1、CE2，通过将 VRRP 网关优先级设置为 120，使得 RT-VPN 的网关在 RT1、RT6 上，NRT-VPN 的网关在 RT2、RT7 上。

（2）子任务二：串口链路认证配置。

在 RT3 与 RT4 之间的串口链路启用 CHAP 单向认证，RT3 为认证方，已配置了认证用户，用户名为 aaa，认证密码为 123。

（3）子任务三：业务路径控制。

在网络故障排除后，通过适当的配置，使得在 VPN 业务来回路径满足题目要求。

AS 间通过 BGP 属性控制报文来回路径时，只能在总部 AS（RT6、RT7）上配置 BGP 路由属性。

（4）子任务四：全局网管路由配置。

在网络故障排除后，通过适当的配置，实现全局网管路由在 AS 间的跨域互通，且来回路径满足题目要求。

由于分部路由器内存容量有限，通过适当的配置，使得分部路由器的全局路由表，在任何时刻只能额外新增一条全局网管路由。

◆ 任务二：排障部分

网络上各设备的配置部分缺失或有误，请排除网络中的错误，使得 CE1、CE2 的 RT-VPN、NRT-VPN 业务能够实现互访。

9.6.6 难点解析

本题的难点在于全局路由配置部分，具体可以分为两步进行操作。

（1）第一步。根据题目要求，网管使用的地址段为 10.89.13.0/24，因为主用路径要求从 RT3 前往总部，因此可以在 RT3 上配置目标地址为 10.89.13.0/24，下一跳为 RT6 互联接口的静态路由，然后在分部内的 OSPF 进行引入。

根据题目要求，分部路由器的全局路由表，在任何时刻只能额外新增一条全局网管路由。通过第一步的操作，分部路由器的全局路由表已经新增了一条全局网管路由，所以此时不能再新增全局网管路由了。也就是说，RT4 应该对 RT3 引入的静态路由进行监测，当引入的静态路由消失时，才向分部 OSPF 内引入备用路径的路由，使得全局网管数据流，在 RT3–RT6 链路中断后，能够自动切换到 RT4–RT7。

对路由表条目进行监测，我们需要使用到 track。因为我们的判断逻辑是路由表中不存在 10.89.13.0/24 表项，备用路径才生效，这是一个否定逻辑（即判断条件为假时，结果为真）。单纯的 track 命令无法实现否定逻辑，因此我们要借助 track list 命令。

（2）第二步。使用 track list 监测全局路由表是否存在 10.89.13.0/24 表项，配置一条静态默认路由（0.0.0.0/0）关联该 track list 项，同时在 OSPF 中配置 default–route–advertise。通过上述配置，当 RT3–RT6 链路中断时，RT4 的全局路由表中 10.89.13.0/24 表项会消失，此时通过 track 的联动，静态默认路由会生效，OSPF 进程会向其他 AS 内路由器发布默认路由，从而实现全局网管路由的主备，并且任意时刻全局路由表只额外新增一条全局网管路由。完整的配置为：

```
track 1 list boolean and
 object 2 not
#
```

```
track 2 ip route 10.89.13.0 24 reachability
#
ip route-static 0.0.0.0 0 10.89.11.5 track 1 preference 160
#
ospf 1 router-id 10.89.13.13
 default-route-advertise
```

9.6.7 参考答案（设备配置）

试题六参考答案见表 9-24。

设备配置请扫码

表 9-24 试题六参考答案

预配置	正确配置
sysname RT1 # ip vpn-instance NRT-VPN route-distinguisher 65412:200 vpn-target 65412:200 65130:200 import-extcommunity vpn-target 65412:200 export-extcommunity # ip vpn-instance RT-VPN route-distinguisher 65412:100 vpn-target 65412:100 65130:100 import-extcommunity vpn-target 65412:100 export-extcommunity # ospf 1 area 0.0.0.0 network 10.89.12.10 0.0.0.0 network 10.89.13.14 0.0.0.0	sysname RT1 # ip vpn-instance NRT-VPN route-distinguisher 65412:200 vpn-target 65412:200 65130:200 import-extcommunity vpn-target 65412:200 export-extcommunity # ip vpn-instance RT-VPN route-distinguisher 65412:100 vpn-target 65412:100 65130:100 import-extcommunity vpn-target 65412:100 export-extcommunity # ospf 1 area 0.0.0.0 network 10.89.12.10 0.0.0.0 network 10.89.13.14 0.0.0.0

续表

预配置	正确配置
network 10.89.16.1 0.0.0.0	network 10.89.16.1 0.0.0.0
#	#
mpls lsr-id 10.89.13.13	mpls lsr-id 10.89.13.14
#	#
mpls ldp	mpls ldp
	md5-authentication 10.89.13.12 cipher
	c3$h3CsDq2Ep0gXUaxOfX92LSuAd/3Dtw==
#	#
interface LoopBack0	interface LoopBack0
ip address 10.89.13.14	ip address 10.89.13.14
255.255.255.255	255.255.255.255
#	#
interface GigabitEthernet0/0	interface GigabitEthernet0/0
ip address 10.89.16.1 255.255.255.252	ip address 10.89.16.1 255.255.255.252
	ospf cost 2000
	ospf network-type p2p
mpls enable	mpls enable
mpls ldp enable	mpls ldp enable
#	#
interface GigabitEthernet0/1	interface GigabitEthernet0/1
ip address 10.89.12.10	ip address 10.89.12.10
255.255.255.252	255.255.255.252
	ospf network-type p2p
mpls enable	mpls enable
mpls ldp enable	mpls ldp enable
#	#
interface GigabitEthernet0/2.100	interface GigabitEthernet0/2.100
ip binding vpn-instance RT-VPN	ip binding vpn-instance RT-VPN
ip address 10.87.10.1 255.255.255.0	ip address 10.87.10.1 255.255.255.0
vrrp vrid 1 virtual-ip 10.87.10.254	vrrp vrid 1 virtual-ip 10.87.10.254
	vrrp vrid 1 priority 120
	vlan-type dot1q vid 100
#	#
interface GigabitEthernet0/2.200	interface GigabitEthernet0/2.200

续表

预配置	正确配置
ip binding vpn-instance NRT-VPN ip address 10.87.20.1 255.255.255.0 vrrp vrid 2 virtual-ip 10.87.20.254 # bgp 65412 peer 10.89.13.13 as-number 65412 peer 10.89.13.13 connect-interface LoopBack0 # address-family vpnv4 peer 10.89.13.13 enable # ip vpn-instance NRT-VPN # address-family ipv4 unicast network 10.87.20.0 255.255.255.0 # ip vpn-instance RT-VPN # address-family ipv4 unicast network 10.87.10.0 255.255.255.0 #	ip binding vpn-instance NRT-VPN ip address 10.87.20.1 255.255.255.0 vrrp vrid 2 virtual-ip 10.87.20.254 vlan-type dot1q vid 200 # bgp 65412 peer 10.89.13.13 as-number 65412 peer 10.89.13.13 connect-interface LoopBack0 # address-family vpnv4 peer 10.89.13.13 enable peer 10.89.13.13 route-policy com export peer 10.89.13.13 advertise-community # ip vpn-instance NRT-VPN # address-family ipv4 unicast network 10.87.20.0 255.255.255.0 # ip vpn-instance RT-VPN # address-family ipv4 unicast network 10.87.10.0 255.255.255.0 # route-policy com permit node 10 apply community 65412:100 #
sysname RT2 # ip vpn-instance NRT-VPN route-distinguisher 65412:200 vpn-target 65412:200 65130:200 import-extcommunity vpn-target 65412:200	sysname RT2 # ip vpn-instance NRT-VPN route-distinguisher 65412:200 vpn-target 65412:200 65130:200 import-extcommunity vpn-target 65412:200

续表

预配置	正确配置
export-extcommunity	export-extcommunity
#	#
ip vpn-instance RT-VPN	ip vpn-instance RT-VPN
route-distinguisher 65412:100	route-distinguisher 65412:100
vpn-target 65412:100 65130:100	vpn-target 65412:100 65130:100
import-extcommunity	import-extcommunity
vpn-target 65412:100 export-extcommunity	vpn-target 65412:100 export-extcommunity
#	#
ospf 1	ospf 1 router-id 10.89.13.15
area 0.0.0.0	area 0.0.0.0
network 10.89.12.14 0.0.0.0	network 10.89.12.14 0.0.0.0
network 10.89.13.5 0.0.0.0	network 10.89.13.15 0.0.0.0
network 10.89.16.5 0.0.0.0	network 10.89.16.5 0.0.0.0
#	#
mpls lsr-id 10.89.13.15	mpls lsr-id 10.89.13.15
#	#
mpls ldp	mpls ldp
#	#
interface LoopBack0	interface LoopBack0
ip address 10.89.13.15	ip address 10.89.13.15
255.255.255.255	255.255.255.255
#	#
interface GigabitEthernet0/0	interface GigabitEthernet0/0
ip address 10.89.16.5 255.255.255.252	ip address 10.89.16.5 255.255.255.252
	ospf cost 2000
ospf network-type p2p	ospf network-type p2p
	mpls enable
	mpls ldp enable
#	#
interface GigabitEthernet0/1	interface GigabitEthernet0/1
ip address 10.89.12.14	ip address 10.89.12.14
255.255.255.252	255.255.255.252
ospf network-type p2p	ospf network-type p2p
	mpls enable

续表

预配置	正确配置
	mpls ldp enable
#	#
interface GigabitEthernet0/2.100	interface GigabitEthernet0/2.100
ip binding vpn-instance RT-VPN	ip binding vpn-instance RT-VPN
ip address 10.87.10.2 255.255.255.0	ip address 10.87.10.2 255.255.255.0
vrrp vrid 1 virtual-ip 10.87.10.254	vrrp vrid 1 virtual-ip 10.87.10.254
vlan-type dot1q vid 100	vlan-type dot1q vid 100
#	#
interface GigabitEthernet0/2.200	interface GigabitEthernet0/2.200
ip binding vpn-instance NRT-VPN	ip binding vpn-instance NRT-VPN
ip address 10.87.20.2 255.255.255.0	ip address 10.87.20.2 255.255.255.0
vrrp vrid 2 virtual-ip 10.87.20.254	vrrp vrid 2 virtual-ip 10.87.20.254
vrrp vrid 2 priority 120	vrrp vrid 2 priority 120
vlan-type dot1q vid 200	vlan-type dot1q vid 200
#	#
bgp 65412	bgp 65412
peer 10.89.13.13 as-number 65412	peer 10.89.13.13 as-number 65412
peer 10.89.13.13 connect-interface LoopBack0	peer 10.89.13.13 connect-interface LoopBack0
#	#
address-family vpnv4	address-family vpnv4
peer 10.89.13.13 enable	peer 10.89.13.13 enable
	peer 10.89.13.13 route-policy com export
	peer 10.89.13.13 advertise-community
#	#
ip vpn-instance NRT-VPN	ip vpn-instance NRT-VPN
#	#
address-family ipv4 unicast	address-family ipv4 unicast
network 10.87.20.0 255.255.255.0	network 10.87.20.0 255.255.255.0
#	#
ip vpn-instance RT-VPN	ip vpn-instance RT-VPN
#	#
address-family ipv4 unicast	address-family ipv4 unicast
network 10.87.10.0 255.255.255.0	network 10.87.10.0 255.255.255.0

续表

预配置	正确配置
#	# route-policy com permit node 10 apply community 65412:100 #
sysname RT3 # ip vpn-instance NRT-VPN route-distinguisher 65412:200 vpn-target 65412:200 65130:200 import-extcommunity vpn-target 65412:200 export-extcommunity # ip vpn-instance RT-VPN route-distinguisher 65412:100 vpn-target 65412:100 65130:100 import-extcommunity vpn-target 65412:100 export-extcommunity # ospf 1 area 0.0.0.0 network 10.89.12.13 0.0.0.0 network 10.89.13.12 0.0.0.0 network 10.89.14.5 0.0.0.0 network 10.89.16.2 0.0.0.0 # mpls lsr-id 10.89.13.12 # mpls ldp md5-authentication 10.89.13.13 cipher c3$OacCNWVJZGhQouFVfCsqeuMB8Wdbqg==	sysname RT3 # ip vpn-instance NRT-VPN route-distinguisher 65412:200 vpn-target 65412:200 65130:200 import-extcommunity vpn-target 65412:200 export-extcommunity # ip vpn-instance RT-VPN route-distinguisher 65412:100 vpn-target 65412:100 65130:100 import-extcommunity vpn-target 65412:100 export-extcommunity # ospf 1 router-id 10.89.13.12 import-route static area 0.0.0.0 network 10.89.12.13 0.0.0.0 network 10.89.13.12 0.0.0.0 network 10.89.14.5 0.0.0.0 network 10.89.16.2 0.0.0.0 # mpls lsr-id 10.89.13.12 # mpls ldp md5-authentication 10.89.13.13 cipher c3$OacCNWVJZGhQouFVfCsqeuMB8Wdbqg==

续表

预配置	正确配置
md5-authentication 10.89.13.14 cipher c3$h3CsDq2Ep0gXUaxOfX92LSuAd/3Dtw== # interface Serial1/0 ppp authentication-mode chap ip address 10.89.14.5 255.255.255.252 mpls enable mpls ldp enable # interface LoopBack0 ip address 10.89.13.12 255.255.255.255 # interface GigabitEthernet0/0 ip address 10.89.16.2 255.255.255.252 ospf network-type p2p mpls enable mpls ldp enable # interface GigabitEthernet0/1 ip address 10.89.12.13 255.255.255.252 ospf network-type p2p mpls enable mpls ldp enable # interface GigabitEthernet0/2 ip address 10.89.11.2 255.255.255.252 # bgp 65412	md5-authentication 10.89.13.14 cipher c3$h3CsDq2Ep0gXUaxOfX92LSuAd/3Dtw== # interface Serial1/0 ppp authentication-mode chap ip address 10.89.14.5 255.255.255.252 mpls enable mpls ldp enable # interface LoopBack0 ip address 10.89.13.12 255.255.255.255 # interface GigabitEthernet0/0 ip address 10.89.16.2 255.255.255.252 ospf cost 2000 ospf network-type p2p mpls enable mpls ldp enable # interface GigabitEthernet0/1 ip address 10.89.12.13 255.255.255.252 ospf network-type p2p mpls enable mpls ldp enable # interface GigabitEthernet0/2 ip address 10.89.11.2 255.255.255.252 mpls enable # bgp 65412 router-id 10.89.13.12

续表

预配置	正确配置
peer 10.89.11.1 as-number 65130 peer 10.89.13.14 as-number 65412 peer 10.89.13.14 connect-interface LoopBack0 # address-family vpnv4 undo policy vpn-target peer 10.89.11.1 enable peer 10.89.13.14 enable # local-user aaa class network password cipher c3$57lHcjaf7a5EHBrRPf0dTY4oUzzrdQ== service-type ppp #	peer 10.89.11.1 as-number 65130 peer 10.89.13.13 as-number 65412 peer 10.89.13.13 connect-interface LoopBack0 # address-family vpnv4 undo policy vpn-target peer 10.89.11.1 enable peer 10.89.13.13 enable peer 10.89.13.13 route-policy com export peer 10.89.13.13 advertise-community # route-policy com permit node 10 apply community 65412:100 # ip route-static 10.89.13.0 24 10.89.11.1 # local-user aaa class network password cipher c3$57lHcjaf7a5EHBrRPf0dTY4oUzzrdQ== service-type ppp #
sysname RT4 # ospf 1 area 0.0.0.0 network 10.89.12.9 0.0.0.0	sysname RT4 # track 1 list boolean and object 2 not # track 2 ip route 10.89.13.0 24 reachability # ospf 1 router-id 10.89.13.13 default-route-advertise area 0.0.0.0 network 10.89.12.9 0.0.0.0

续表

预配置	正确配置
network 10.89.13.13 0.0.0.0	network 10.89.13.13 0.0.0.0
network 10.89.14.6 0.0.0.0	network 10.89.14.6 0.0.0.0
network 10.89.16.6 0.0.0.0	network 10.89.16.6 0.0.0.0
#	#
mpls lsr-id 10.89.13.13	mpls lsr-id 10.89.13.13
#	#
mpls ldp	mpls ldp
	md5-authentication 10.89.13.12 cipher
	c3$OacCNWVJZGhQouFVfCsqeuMB8Wdbqg==
#	#
interface Serial1/0	interface Serial1/0
shutdown	ppp chap password cipher
	c3$57lHcjaf7a5EHBrRPf0dTY4oUzzrdQ==
	ppp chap user aaa
ip address 10.89.14.6 255.255.255.252	ip address 10.89.14.6 255.255.255.252
mpls enable	mpls enable
mpls ldp enable	mpls ldp enable
#	#
interface LoopBack0	interface LoopBack0
ip address 10.89.13.13	ip address 10.89.13.13
255.255.255.255	255.255.255.255
#	#
interface GigabitEthernet0/0	interface GigabitEthernet0/0
ip address 10.89.13.6 255.255.255.252	ip address 10.89.16.6 255.255.255.252
	ospf cost 2000
ospf network-type p2p	ospf network-type p2p
mpls enable	mpls enable
mpls ldp enable	mpls ldp enable
#	#
interface GigabitEthernet0/1	interface GigabitEthernet0/1
ip address 10.89.12.9 255.255.255.252	ip address 10.89.12.9 255.255.255.252
ospf network-type p2p	ospf network-type p2p
	mpls enable
	mpls ldp enablc

续表

预配置	正确配置

#
interface GigabitEthernet0/2
 ip address 10.89.11.6 255.255.255.252
 mpls enable
#
bgp 65412
 group rr internal
 peer rr connect-interface LoopBack0
 peer 10.89.11.5 as-number 65130
 peer 10.89.13.12 group rr
 peer 10.89.13.14 group rr
 peer 10.89.13.15 group rr
 #
 address-family vpnv4
 	
  peer rr enable
  peer rr route-policy com import
  peer rr reflect-client
  peer 10.89.11.5 enable
  peer 10.89.11.5 route-policy com import
#
route-policy com permit node 10
 if-match community 1
#
 ip community-list 1 permit 65412:100
#
	#
	interface GigabitEthernet0/2
	 ip address 10.89.11.6 255.255.255.252
	 mpls enable
	#
	bgp 65412
	 group rr internal
	 peer rr connect-interface LoopBack0
	 peer 10.89.11.5 as-number 65130
	 peer 10.89.13.12 group rr
	 peer 10.89.13.14 group rr
	 peer 10.89.13.15 group rr
	 #
	 address-family vpnv4
	  undo policy vpn-target
	  peer rr enable
	  peer rr route-policy com import
	  peer rr reflect-client
	  peer 10.89.11.5 enable
	  peer 10.89.11.5 route-policy com import
	#
	route-policy com permit node 10
	 if-match community 1
	#
	 ip community-list 1 permit 65412:100
	#
	ip route-static 0.0.0.0 0 10.89.11.5 track 1 preference 160
	#

sysname RT6 # ip vpn-instance NRT-VPN route-distinguisher 65130:200	sysname RT6 # ip vpn-instance NRT-VPN route-distinguisher 65130:200

续表

预配置	正确配置
vpn-target 65130:200 65412:200	vpn-target 65130:200 65412:200
import-extcommunity	import-extcommunity
vpn-target 65130:200	vpn-target 65130:200
export-extcommunity	export-extcommunity
#	#
ip vpn-instance RT-VPN	ip vpn-instance RT-VPN
route-distinguisher 65130:100	route-distinguisher 65130:100
vpn-target 65130:100 65412:100	vpn-target 65130:100 65412:100
import-extcommunity	import-extcommunity
vpn-target 65130:100	vpn-target 65130:100
export-extcommunity	export-extcommunity
#	#
ospf 1	ospf 1
	import-route static
area 0.0.0.0	area 0.0.0.0
network 10.89.13.10 0.0.0.0	network 10.89.13.10 0.0.0.0
network 10.89.14.1 0.0.0.0	network 10.89.14.1 0.0.0.0
#	#
mpls lsr-id 10.89.13.10	mpls lsr-id 10.89.13.10
#	#
	mpls ldp
#	#
interface LoopBack0	interface LoopBack0
ip address 10.89.13.10	ip address 10.89.13.10
255.255.255.255	255.255.255.255
#	#
interface GigabitEthernet0/0.100	interface GigabitEthernet0/0.100
ip binding vpn-instance RT-VPN	ip binding vpn-instance RT-VPN
ip address 10.85.10.1 255.255.255.0	ip address 10.85.10.1 255.255.255.0
vrrp vrid 1 virtual-ip 10.85.10.254	vrrp vrid 1 virtual-ip 10.85.10.254
vrrp vrid 1 priority 120	vrrp vrid 1 priority 120
vlan-type dot1q vid 100	vlan-type dot1q vid 100
#	#
interface GigabitEthernet0/0.200	interface GigabitEthernet0/0.200

续表

预配置	正确配置
ip binding vpn-instance NRT-VPN	ip binding vpn-instance NRT-VPN
ip address 10.85.20.1 255.255.255.0	ip address 10.85.20.1 255.255.255.0
vrrp vrid 2 virtual-ip 10.85.20.254	vrrp vrid 2 virtual-ip 10.85.20.254
vrrp vrid 2 priority 120	
vlan-type dot1q vid 200	vlan-type dot1q vid 200
#	#
interface GigabitEthernet0/1	interface GigabitEthernet0/1
ip address 10.89.14.1 255.255.255.252	ip address 10.89.14.1 255.255.255.252
ospf network-type p2p	ospf network-type p2p
mpls enable	mpls enable
	mpls ldp enable
#	#
interface GigabitEthernet0/2	interface GigabitEthernet0/2
ip address 10.89.11.1 255.255.255.252	ip address 10.89.11.1 255.255.255.252
mpls enable	mpls enable
#	#
bgp 65130	bgp 65130
peer 10.89.11.2 as-number 65412	peer 10.89.11.2 as-number 65412
peer 10.89.13.11 as-number 65130	peer 10.89.13.11 as-number 65130
peer 10.89.13.11 connect-interface LoopBack0	peer 10.89.13.11 connect-interface LoopBack0
#	#
address-family vpnv4	address-family vpnv4
peer 10.89.11.2 enable	peer 10.89.11.2 enable
	peer 10.89.11.2 route-policy lo import
	peer 10.89.11.2 route-policy mm export
peer 10.89.13.11 enable	peer 10.89.13.11 enable
#	#
	route-policy lo permit node 10
	if-match ip address prefix-list 1
	apply local-preference 200
	#
	route-policy lo permit node 20
	#
	route-policy mm permit node 10
	if-match ip address prefix-list 2

续表

预配置	正确配置
	apply cost 200 # route-policy mm permit node 20 # ip prefix-list 1 index 10 permit 10.87.10.0 24 ip prefix-list 2 index 10 permit 10.85.20.0 24 # ip route-static 10.89.13.0 24 10.89.11.2 #
sysname RT7 # ip vpn-instance NRT-VPN route-distinguisher 65130:200 vpn-target 65130:200 65412:200 import-extcommunity vpn-target 65130:200 export-extcommunity # ip vpn-instance RT-VPN route-distinguisher 65130:100 vpn-target 65130:100 65412:100 import-extcommunity vpn-target 65130:100 export-extcommunity # ospf 1 area 0.0.0.0 network 10.89.13.11 0.0.0.0	sysname RT7 # ip vpn-instance NRT-VPN route-distinguisher 65130:200 vpn-target 65130:200 65412:200 import-extcommunity vpn-target 65130:200 export-extcommunity # ip vpn-instance RT-VPN route-distinguisher 65130:100 vpn-target 65130:100 65412:100 import-extcommunity vpn-target 65130:100 export-extcommunity # track 1 list boolean and object 2 not # track 2 ip route 10.89.13.0 24 reachability # ospf 1 default-route-advertise area 0.0.0.0 network 10.89.13.11 0.0.0.0

续表

预配置	正确配置
network 10.89.14.2 0.0.0.0	network 10.89.14.2 0.0.0.0
#	#
mpls lsr-id 10.89.13.11	mpls lsr-id 10.89.13.11
#	#
mpls ldp	mpls ldp
#	#
interface LoopBack0	interface LoopBack0
ip address 10.89.13.11	ip address 10.89.13.11
255.255.255.255	255.255.255.255
#	#
interface GigabitEthernet0/0.100	interface GigabitEthernet0/0.100
ip binding vpn-instance RT-VPN	ip binding vpn-instance RT-VPN
ip address 10.85.10.2 255.255.255.0	ip address 10.85.10.2 255.255.255.0
vrrp vrid 1 virtual-ip 10.85.10.254	vrrp vrid 1 virtual-ip 10.85.10.254
vlan-type dot1q vid 100	vlan-type dot1q vid 100
#	#
interface GigabitEthernet0/0.200	interface GigabitEthernet0/0.200
ip binding vpn-instance NRT-VPN	ip binding vpn-instance NRT-VPN
ip address 10.85.20.2 255.255.255.0	ip address 10.85.20.2 255.255.255.0
vrrp vrid 2 virtual-ip 10.85.20.254	vrrp vrid 2 virtual-ip 10.85.20.254
	vrrp vrid 2 priority 120
vlan-type dot1q vid 200	vlan-type dot1q vid 200
#	#
interface GigabitEthernet0/1	interface GigabitEthernet0/1
ip address 10.89.14.2 255.255.255.252	ip address 10.89.14.2 255.255.255.252
ospf network-type p2p	ospf network-type p2p
mpls enable	mpls enable
mpls ldp enable	mpls ldp enable
#	#
interface GigabitEthernet0/2	interface GigabitEthernet0/2
ip address 10.89.11.5 255.255.255.252	ip address 10.89.11.5 255.255.255.252
mpls enable	mpls enable
#	#
bgp 65130	bgp 65130
peer 10.89.11.6 as-number 65412	peer 10.89.11.6 as-number 65412
peer 10.89.13.10 as-number 65130	peer 10.89.13.10 as-number 65130
peer 10.89.13.10 connect-interface LoopBack0	peer 10.89.13.10 connect-interface LoopBack0

续表

预配置	正确配置
#	#
address-family vpnv4	address-family vpnv4
peer 10.89.11.6 enable	peer 10.89.11.6 enable
	peer 10.89.11.6 route-policy lo
	import peer 10.89.11.6 route-policy mm
	export peer 10.89.11.6 advertise-community
peer 10.89.13.10 enable	peer 10.89.13.10 enable
#	#
ip vpn-instance NRT-VPN	ip vpn-instance NRT-VPN
#	#
address-family ipv4 unicast	address-family ipv4 unicast
network 10.85.20.0 255.255.255.0	network 10.85.20.0 255.255.255.0
#	#
ip vpn-instance RT-VPN	ip vpn-instance RT-VPN
#	#
address-family ipv4 unicast	address-family ipv4 unicast
network 10.85.10.0 255.255.255.0	network 10.85.10.0 255.255.255.0
#	#
	route-policy lo permit node 10
	if-match ip address prefix-list 1
	apply local-preference 200
	#
	route-policy lo permit node 20
	#
	route-policy mm permit node 20
	if-match ip address prefix-list 2
	apply community 65412:100
	apply cost 200
	#
	route-policy mm permit node 30
	apply community 65412:100
	#
	ip prefix-list 1 index 10 permit 10.87.20.0 24
	ip prefix-list 2 index 10 permit 10.85.10.0 24
	#
	ip route-static 0.0.0.0 0 10.89.11.6 track 1
	#

9.7 实操模拟考题七

9.7.1 考试概述

请在50分钟内，根据题目要求，在网络设备上完成相关配置，修复相应故障。

试题难度：★★

9.7.2 设备列表

试题七使用的网络设备见表 9-25。

表 9-25 试题七使用的网络设备

设备类型	设备型号	版本	数量
路由器	H3C MSR3620	Version 7.1.075	6

9.7.3 网络拓扑

试题七网络拓扑如图 9-7 所示。

9.7.4 网络概述

本网络模拟两个区域公司组成的 MPLS VPN 网络。

网络由 6 台路由器构成，RT1、RT3、RT4、RT5、RT6 属于 A 区（AS 号为 65130），RT2 属于 B 区（AS 号为 65400）。网络上存在两个 VPN，分别为 RT-VPN 和 NRT-VPN，区域间通过 MPLS VPN Option B 方式进行 VPN 业务互通。

RT1、RT3、RT4 为 A 区总部，运行 OSPF（进程号为 10，区域号为 0）实现全局路由互通。RT5、RT6 为 A 区分部，运行 OSPF（进程号为 1，区域号为 60）实现全局路由互通。RT3、RT4 为 A 区路由反射器 (RR)，RT1、RT5、RT6 分别与 RT3、RT4 建立 MP-BGP 邻居。

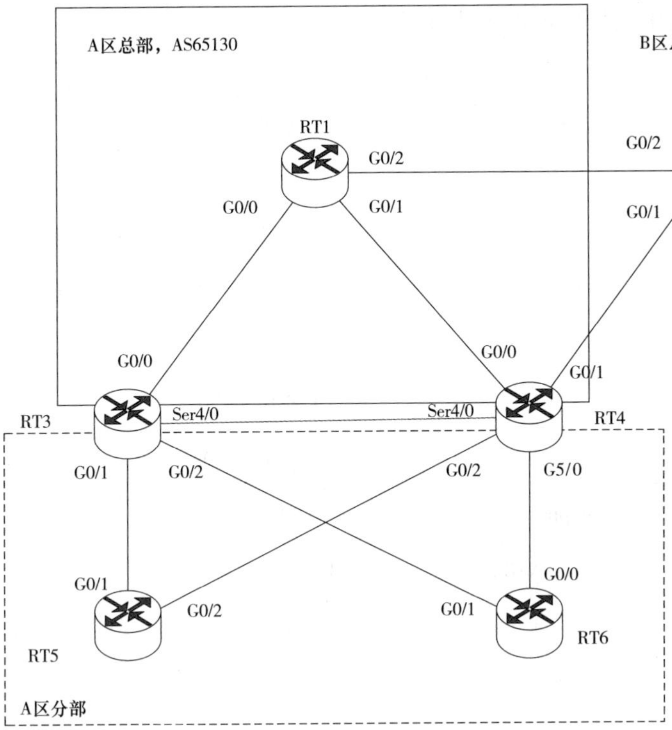

图 9–7 试题七网络拓扑

业务接口使用 Loopback 环回口进行模拟。

VPN 业务间的互访有以下规则：

（1）RT–VPN 业务，A 区所有节点和 B 区均可以互访。

（2）NRT–VPN 业务，A 区总部和 B 区可以互访，A 区总部和分部可以互访。

（3）任何情况下，A 区分部 RT5 与 RT6 间的任何业务都不得互访。

试题七 A 区分部 VPN 的 RD/RT 值规划见表 9–26。

表 9–26 试题七 A 区分部 VPN 的 RD/RT 值规划

VPN 实例	RD	A 区分部 RT 值
RT–VPN	65130 : 100	Import RT ：65130 : 101 Export RT ：65130 : 100
NRT–VPN	65130 : 200	Import RT ：65130 : 201 Export RT ：65130 : 200

试题七网络中使用的地址见表 9-27。

表 9-27 试题七网络中使用的地址

设备	接口	IP 地址	备注
RT1	Loopback0	10.29.1.70/32	
	Loopback100	10.82.28.20/29	RT-VPN
	Loopback200	10.85.28.20/29	NRT-VPN
	G0/0	10.29.14.225/30	
	G0/1	10.29.14.98/30	
	G0/2	10.29.12.1/30	
RT2	Loopback0	10.29.2.74/32	
	Loopback100	10.82.28.60/29	RT-VPN
	Loopback200	10.85.28.60/29	NRT-VPN
	G0/1	10.29.12.6/30	
	G0/2	10.29.12.2/30	
RT3	Loopback0	10.29.1.72/30	
	G0/0	10.29.14.226/30	
	G0/1	10.29.28.66/30	
	G0/2	10.29.28.78/30	
	Ser4/0	10.29.14.65/30	
RT4	Loopback0	10.29.1.76/32	
	G0/0	10.29.14.97/30	
	G0/1	10.29.12.5/30	
	G0/2	10.29.28.70/30	
	G5/0	10.29.28.73/30	
	Ser4/0	10.29.14.66/30	

续表

设备	接口	IP 地址	备注
RT5	Loopback0	10.29.3.136/32	
	Loopback100	10.82.28.148/29	RT-VPN
	Loopback200	10.85.28.148/29	NRT-VPN
	G0/1	10.29.28.65/30	
	G0/2	10.29.28.69/30	
RT6	Loopback0	10.29.3.138/32	
	Loopback100	10.82.28.190/29	RT-VPN
	Loopback200	10.85.28.190/29	NRT-VPN
	G0/0	10.29.28.74/30	
	G0/1	10.29.28.77/30	

9.7.5 操作任务

◆ 实现目标

实现节点间 RT-VPN、NRT-VPN 业务的互访，访问规则满足题目要求。

◆ 任务一：配置部分

（1）子任务一：串口 CHAP 双向认证配置。

在 RT3-RT4 的串口上，完成 CHAP 双向认证配置，认证用户已创建，认证密码为 123456。

该串口链路属于 A 区总部链路，应发布在 A 区总部 OSPF 进程中。

（2）子任务二：完成 RT 规划和配置。

A 区分部的 RT 已规划好，请合理规划 A 区总部和 B 区节点的 RT 值，使得 VPN 业务访问规则满足题目要求。不能创建新的 RT 值，只能使用 A 区分部已规划的 RT 值进行适当的组合。

（3）子任务三：业务主备路径设置。

在网络故障排障后，在 RT1、RT4 上，通过适当的配置，使得跨域访问时，RT-VPN 业务主用路径为 RT1-RT2，备用路径为 RT4-RT2。NRT-VPN 业务主用路径为 RT4-RT2，备用路径为 RT1-RT2。

◆ 任务二：排障部分

排除网络上存在的故障，使得 RT-VPN、NRT-VPN 业务能够互访，访问规则满足题目要求。

9.7.6 参考答案（设备配置）

设备配置请扫码

试题七参考答案见表 9-28。

表 9-28 试题七参考答案

预配置	正确配置
sysname RT1 # ip vpn-instance NRT-VPN route-distinguisher 65130:200 vpn-target 65130:200 import-extcommunity vpn-target 65130:200 export-extcommunity # ip vpn-instance RT-VPN route-distinguisher 65130:100 vpn-target 65130:100 import-extcommunity vpn-target 65130:100 export-extcommunity # router id 10.29.3.136 # ospf 10 area 0.0.0.0 network 10.29.1.70 0.0.0.0 network 10.29.14.98 0.0.0.0 network 10.29.14.225 0.0.0.0	sysname RT1 # ip vpn-instance NRT-VPN route-distinguisher 65130:200 vpn-target 65130:200 import-extcommunity vpn-target 65130:201 export-extcommunity # ip vpn-instance RT-VPN route-distinguisher 65130:100 vpn-target 65130:100 import-extcommunity vpn-target 65130:101 export-extcommunity # router id 10.29.3.136 # ospf 10 router-id 10.29.1.70 area 0.0.0.0 network 10.29.1.70 0.0.0.0 network 10.29.14.98 0.0.0.0 network 10.29.14.225 0.0.0.0

续表

预配置	正确配置
#	#
mpls lsr-id 10.29.1.70	mpls lsr-id 10.29.1.70
#	#
mpls ldp	mpls ldp
	md5-authentication 10.29.1.76 cipher
	c3$msy+X1FxkPH7TAgGjpQNhlYzwCSW44J2Ag==
#	#
interface LoopBack0	interface LoopBack0
ip address 10.29.1.70 255.255.255.255	ip address 10.29.1.70 255.255.255.255
#	#
interface LoopBack100	interface LoopBack100
ip binding vpn-instance RT-VPN	ip binding vpn-instance RT-VPN
ip address 10.82.28.20 255.255.255.248	ip address 10.82.28.20 255.255.255.248
#	#
interface LoopBack200	interface LoopBack200
ip binding vpn-instance NRT-VPN	ip binding vpn-instance NRT-VPN
ip address 10.85.28.20 255.255.255.248	ip address 10.85.28.20 255.255.255.248
#	#
interface GigabitEthernet0/0	interface GigabitEthernet0/0
ip address 10.29.14.225 255.255.255.252	ip address 10.29.14.225 255.255.255.252
mpls enable	mpls enable
mpls ldp enable	mpls ldp enable
#	#
interface GigabitEthernet0/1	interface GigabitEthernet0/1
ip address 10.29.14.98 255.255.255.252	ip address 10.29.14.98 255.255.255.252
mpls enable	mpls enable
mpls ldp enable	mpls ldp enable
#	#
interface GigabitEthernet0/2	interface GigabitEthernet0/2
ip address 10.29.12.1 255.255.255.252	ip address 10.29.12.1 255.255.255.252
mpls enable	mpls enable
#	#
bgp 65130	bgp 65130
	router-id 10.29.1.70

续表

预配置	正确配置
group area0 internal peer area0 connect-interface LoopBack0 peer 10.29.1.72 group area0 peer 10.29.1.76 group area0 peer 10.29.12.2 as-number 65400 # address-family vpnv4 peer area0 enable peer 10.29.12.2 enable # ip vpn-instance NRT-VPN # address-family ipv4 unicast network 10.85.28.16 255.255.255.248 # ip vpn-instance RT-VPN # address-family ipv4 unicast network 10.82.28.16 255.255.255.248 #	group area0 internal peer area0 connect-interface LoopBack0 peer 10.29.1.72 group area0 peer 10.29.1.76 group area0 peer 10.29.12.2 as-number 65400 # address-family vpnv4 peer area0 enable peer 10.29.12.2 enable peer 10.29.12.2 route-policy lo import peer 10.29.12.2 route-policy com export peer 10.29.12.2 advertise-community # ip vpn-instance NRT-VPN # address-family ipv4 unicast network 10.85.28.16 255.255.255.248 # ip vpn-instance RT-VPN # address-family ipv4 unicast network 10.82.28.16 255.255.255.248 # route-policy com permit node 10 if-match ip address prefix-list 2 apply community 65130:100 apply cost 200 # route-policy com permit node 20 apply community 65130:100 # route-policy lo permit node 10 if-match ip address prefix-list 1 apply local-preference 200

续表

预配置	正确配置
	# route-policy lo permit node 20 # ip prefix-list 1 index 10 permit 10.82.28.56 29 ip prefix-list 2 index 10 permit 10.85.28.0 24 less-equal 32 #
sysname RT2 # ip vpn-instance NRT-VPN route-distinguisher 65130:200 vpn-target 65130:200 65130:201 import-extcommunity vpn-target 65130:200 65130:201 export-extcommunity # ip vpn-instance RT-VPN route-distinguisher 65130:100 vpn-target 65130:100 65130:101 import-extcommunity vpn-target 65130:100 65130:101 export-extcommunity # interface LoopBack0 ip address 10.29.2.74 255.255.255.255 # interface LoopBack100 ip binding vpn-instance RT-VPN ip address 10.82.28.60 255.255.255.248 # interface LoopBack200	sysname RT2 # ip vpn-instance NRT-VPN route-distinguisher 65130:200 vpn-target 65130:201 import-extcommunity vpn-target 65130:200 export-extcommunity # ip vpn-instance RT-VPN route-distinguisher 65130:100 vpn-target 65130:100 65130:101 import-extcommunity vpn-target 65130:100 65130:101 export-extcommunity # mpls lsr-id 10.29.2.74 # interface LoopBack0 ip address 10.29.2.74 255.255.255.255 # interface LoopBack100 ip binding vpn-instance RT-VPN ip address 10.82.28.60 255.255.255.248 # interface LoopBack200

续表

预配置	正确配置
ip binding vpn-instance NRT-VPN	ip binding vpn-instance NRT-VPN
ip address 10.85.28.60 255.255.255.248	ip address 10.85.28.60 255.255.255.248
#	#
interface GigabitEthernet0/1	interface GigabitEthernet0/1
ip address 10.29.12.6 255.255.255.252	ip address 10.29.12.6 255.255.255.252
	mpls enable
#	#
interface GigabitEthernet0/2	interface GigabitEthernet0/2
ip address 10.29.12.2 255.255.255.252	ip address 10.29.12.2 255.255.255.252
	mpls enable
#	#
bgp 65400	bgp 65400
peer 10.29.12.1 as-number 65130	peer 10.29.12.1 as-number 65130
peer 10.29.12.5 as-number 65130	peer 10.29.12.5 as-number 65130
#	#
address-family vpnv4	address-family vpnv4
undo policy vpn-target	undo policy vpn-target
peer 10.29.12.1 enable	peer 10.29.12.1 enable
peer 10.29.12.1 route-policy com import	peer 10.29.12.1 route-policy com import
peer 10.29.12.5 enable	peer 10.29.12.5 enable
peer 10.29.12.5 route-policy com import	peer 10.29.12.5 route-policy com import
#	#
ip vpn-instance NRT-VPN	ip vpn-instance NRT-VPN
#	#
address-family ipv4 unicast	address-family ipv4 unicast
network 10.85.28.56 255.255.255.248	network 10.85.28.56 255.255.255.248
#	#
ip vpn-instance RT-VPN	ip vpn-instance RT-VPN
#	#
address-family ipv4 unicast	address-family ipv4 unicast
network 10.82.28.56 255.255.255.248	network 10.82.28.56 255.255.255.248
#	#
route-policy com permit node 5	route-policy com permit node 5
if-match community 1	if-match community 1

续表

预配置	正确配置
# ip community-list 1 permit 65130:100 #	# ip community-list 1 permit 65130:100 #
sysname RT3 # router id 10.29.1.72 # ospf 1 default-route-advertise always bandwidth-reference 2500 area 0.0.0.60 network 10.29.1.72 0.0.0.0 network 10.29.28.66 0.0.0.0 network 10.29.28.78 0.0.0.0 # ospf 10 default-route-advertise always area 0.0.0.0 network 10.29.14.65 0.0.0.0 network 10.29.14.226 0.0.0.0 # mpls lsr-id 10.29.1.72 # mpls ldp #	sysname RT3 # router id 10.29.1.72 # ospf 1 default-route-advertise always import-route ospf 10 bandwidth-reference 2500 area 0.0.0.60 network 10.29.1.72 0.0.0.0 network 10.29.28.66 0.0.0.0 network 10.29.28.78 0.0.0.0 # ospf 10 default-route-advertise always import-route ospf 1 area 0.0.0.0 network 10.29.14.65 0.0.0.0 network 10.29.14.226 0.0.0.0 # mpls lsr-id 10.29.1.72 # mpls ldp # interface Serial4/0 ppp authentication-mode chap ppp chap user rr2 ip address 10.29.14.65 255.255.255.252 mpls enable mpls ldp enable #

续表

预配置	正确配置
interface LoopBack0 ip address 10.29.1.72 255.255.255.255 # interface GigabitEthernet0/0 ip address 10.29.14.226 255.255.255.252 mpls enable mpls ldp enable # interface GigabitEthernet0/1 ip address 10.29.28.66 255.255.255.252 ospf authentication-mode md5 2 cipher c3$ifXCejydOdsUhLk9wh9FetOBWYqw3z VjTA== ospf bfd enable mpls enable mpls ldp enable # interface GigabitEthernet0/2 ip address 10.29.28.78 255.255.255.252 ospf authentication-mode md5 1 cipher c3$wxU5wl+9s5ryPk/vVXrJEHq9MrbrfWfNmA== ospf bfd enable mpls enable mpls ldp enable # bgp 65130 group area60 internal peer area60 connect-interface LoopBack0 peer 10.29.1.70 as-number 65130 peer 10.29.1.70 connect-interface LoopBack0 peer 10.29.1.76 group area60 peer 10.29.3.136 group area60	interface LoopBack0 ip address 10.29.1.72 255.255.255.255 # interface GigabitEthernet0/0 ip address 10.29.14.226 255.255.255.252 mpls enable mpls ldp enable # interface GigabitEthernet0/1 ip address 10.29.28.66 255.255.255.252 ospf authentication-mode md5 2 cipher c3$ifXCejydOdsUhLk9wh9FetOBWYqw3z VjTA== ospf bfd enable mpls enable mpls ldp enable # interface GigabitEthernet0/2 ip address 10.29.28.78 255.255.255.252 ospf authentication-mode md5 1 cipher c3$wxU5wl+9s5ryPk/vVXrJEHq9MrbrfWfNmA== ospf bfd enable mpls enable mpls ldp enable # bgp 65130 group area60 internal peer area60 connect-interface LoopBack0 peer 10.29.1.70 as-number 65130 peer 10.29.1.70 connect-interface LoopBack0 peer 10.29.1.76 group area60 peer 10.29.3.136 group area60 peer 10.29.3.136 password cipher

续表

预配置	正确配置
peer 10.29.3.138 group area60 # address-family vpnv4 reflector cluster-id 60 peer area60 enable peer 10.29.1.70 enable # local-user rr1 class network password cipher c3$a8EZnjMs56vx6y0MXt+/K7Iw14uxmPrHyA== service-type ppp #	c3$lHPFlyoMoxn0xV/vYt9AohDtAodSD1XfaA== peer 10.29.3.138 group area60 peer 10.29.3.138 password cipher c3$lHPFlyoMoxn0xV/vYt9AohDtAodSD1XfaA== # address-family vpnv4 reflector cluster-id 60 undo policy vpn-target peer area60 enable peer area60 reflect-client peer 10.29.1.70 enable # local-user rr1 class network password cipher c3$a8EZnjMs56vx6y0MXt+/K7Iw14uxmPrHyA== service-type ppp #
sysname RT4 # router id 10.29.1.76 # ospf 1 default-route-advertise always bandwidth-reference 2500 area 0.0.0.60 network 10.29.1.76 0.0.0.0 network 10.29.28.70 0.0.0.0 network 10.29.28.73 0.0.0.0 # ospf 10 default-route-advertise always area 0.0.0.0	sysname RT4 # router id 10.29.1.76 # ospf 1 default-route-advertise always import-route ospf 10 bandwidth-reference 2500 area 0.0.0.60 network 10.29.1.76 0.0.0.0 network 10.29.28.70 0.0.0.0 network 10.29.28.73 0.0.0.0 # ospf 10 default-route-advertise always import-route ospf 1 area 0.0.0.0

续表

预配置	正确配置
network 10.29.14.66 0.0.0.0	network 10.29.14.66 0.0.0.0
network 10.29.14.97 0.0.0.0	network 10.29.14.97 0.0.0.0
#	#
mpls lsr-id 10.29.1.76	mpls lsr-id 10.29.1.76
#	#
mpls ldp	mpls ldp
md5-authentication 10.29.1.70 cipher	md5-authentication 10.29.1.70 cipher
c3$msy+X1FxkPH7TAgGjpQNhlYzwCSW44	c3$msy+X1FxkPH7TAgGjpQNhlYzwCSW
J2Ag==	44J2Ag==
#	#
	interface Serial4/0
	ppp authentication-mode chap
	ppp chap user rr1
	ip address 10.29.14.66 255.255.255.252
	mpls enable
	mpls ldp enable
	#
interface LoopBack0	interface LoopBack0
ip address 10.29.1.76 255.255.255.255	ip address 10.29.1.76 255.255.255.255
#	#
interface GigabitEthernet0/0	interface GigabitEthernet0/0
ip address 10.29.14.97 255.255.255.252	ip address 10.29.14.97 255.255.255.252
mpls enable	mpls enable
mpls ldp enable	mpls ldp enable
#	#
interface GigabitEthernet0/1	interface GigabitEthernet0/1
ip address 10.29.12.5 255.255.255.252	ip address 10.29.12.5 255.255.255.252
	mpls enable
#	#
interface GigabitEthernet0/2	interface GigabitEthernet0/2
ip address 10.29.28.70 255.255.255.252	ip address 10.29.28.70 255.255.255.252
ospf authentication-mode md5 1 cipher	ospf authentication-mode md5 1 cipher
c3$RX//+NgorkTx6BJsx1GtpVNET8ao4qg	c3$RX//+NgorkTx6BJsx1GtpVNET8ao4qg
3Zw==	3Zw==

续表

预配置	正确配置
ospf bfd enable	ospf bfd enable
mpls enable	mpls enable
mpls ldp enable	mpls ldp enable
#	#
interface GigabitEthernet5/0	interface GigabitEthernet5/0
ip address 10.29.28.73 255.255.255.252	ip address 10.29.28.73 255.255.255.252
ospf authentication-mode md5 1 cipher c3$5NqDyWd/NdTb/+t4E98k3GlO5BtQ4qG4lw==	ospf authentication-mode md5 1 cipher c3$5NqDyWd/NdTb/+t4E98k3GlO5BtQ4qG4lw==
ospf bfd enable	ospf bfd enable
mpls enable	mpls enable
mpls ldp enable	mpls ldp enable
#	#
bgp 65130	bgp 65130
group area60 internal	group area60 internal
peer area60 connect-interface LoopBack0	peer area60 connect-interface LoopBack0
peer 10.29.1.70 as-number 65130	peer 10.29.1.70 as-number 65130
peer 10.29.1.72 group area60	peer 10.29.1.72 group area60
peer 10.29.3.136 group area60	peer 10.29.3.136 group area60
	peer 10.29.3.136 password cipher c3$lHPFlyoMoxn0xV/vYt9AohDtAodSD1XfaA==
peer 10.29.3.138 group area60	peer 10.29.3.138 group area60
	peer 10.29.3.138 password cipher c3$lHPFlyoMoxn0xV/vYt9AohDtAodSD1XfaA==
peer 10.29.12.6 as-number 65400	peer 10.29.12.6 as-number 65400
#	#
address-family vpnv4	address-family vpnv4
reflector cluster-id 60	reflector cluster-id 60
	undo policy vpn-target
peer area60 enable	peer area60 enable
	peer area60 reflect-client
peer 10.29.1.70 enable	peer 10.29.1.70 enable

续表

预配置	正确配置
peer 10.29.12.6 enable # route-policy com permit node 5 if-match ip address acl 2001 apply community 65130:100 # route-policy 1 deny node 5 if-match ip address prefix-list 1 # route-policy 1 permit node 10 # ip prefix-list 1 index 10 permit 10.85.28.56 29 # acl basic 2001 rule 1 permit source 10.82.28.0 0.0.0.255 rule 2 permit source 10.85.28.16 0.0.0.7 # local-user rr2 class network password cipher c3$/pZib5ZIIpV4mQiS0HDxfBgC8TmwtpC5vQ== service-type ppp #	peer 10.29.12.6 enable peer 10.29.12.6 route-policy lo import peer 10.29.12.6 route-policy com export peer 10.29.12.6 advertise-community # route-policy com permit node 5 if-match ip address acl 2001 apply community 65130:100 apply cost 200 # route-policy com permit node 10 apply community 65130:100 # route-policy lo permit node 10 if-match ip address prefix-list 1 apply local-preference 200 # route-policy lo permit node 20 # ip prefix-list 1 index 10 permit 10.85.28.56 29 # acl basic 2001 rule 1 permit source 10.82.28.0 0.0.0.255 # local-user rr2 class network password cipher c3$/pZib5ZIIpV4mQiS0HDxfBgC8TmwtpC5vQ== service-type ppp #
sysname RT5	sysname RT5

续表

预配置	正确配置

#
ip vpn-instance NRT-VPN
 route-distinguisher 65130:200
 vpn-target 65130:200 import-extcommunity
 vpn-target 65130:200 export-extcommunity
#
ip vpn-instance RT-VPN
 route-distinguisher 65130:100
 vpn-target 65130:100 import-extcommunity
 vpn-target 65130:100 export-extcommunity
#
 router id 10.29.3.136
#
ospf 1
 bandwidth-reference 2500
 area 0.0.0.0
  network 10.29.3.136 0.0.0.0
  network 10.29.28.65 0.0.0.0
  network 10.29.28.70 0.0.0.0
#
 mpls lsr-id 10.29.3.136
#
mpls ldp
#
interface LoopBack0
 ip binding vpn-instance NRT-VPN
 ip address 10.29.3.136 255.255.255.255
#
interface LoopBack100
 ip binding vpn-instance RT-VPN
 ip address 10.82.28.148 255.255.255.248
#
interface LoopBack200
 ip binding vpn-instance NRT-VPN
	#
	ip vpn-instance NRT-VPN
	 route-distinguisher 65130:200
	 vpn-target 65130:201 import-extcommunity
	 vpn-target 65130:200 export-extcommunity
	#
	ip vpn-instance RT-VPN
	 route-distinguisher 65130:100
	 vpn-target 65130:101 import-extcommunity
	 vpn-target 65130:100 export-extcommunity
	#
	 router id 10.29.3.136
	#
	ospf 1
	 bandwidth-reference 2500
	 area 0.0.0.60
	  network 10.29.3.136 0.0.0.0
	  network 10.29.28.65 0.0.0.0
	  network 10.29.28.69 0.0.0.0
	#
	 mpls lsr-id 10.29.3.136
	#
	mpls ldp
	#
	interface LoopBack0
	
	 ip address 10.29.3.136 255.255.255.255
	#
	interface LoopBack100
	 ip binding vpn-instance RT-VPN
	 ip address 10.82.28.148 255.255.255.248
	#
	interface LoopBack200
	 ip binding vpn-instance NRT-VPN

续表

预配置	正确配置
ip address 10.85.28.148 255.255.255.248	ip address 10.85.28.148 255.255.255.248
#	#
interface GigabitEthernet0/1	interface GigabitEthernet0/1
ip address 10.29.28.65 255.255.255.252	ip address 10.29.28.65 255.255.255.252
	ospf authentication-mode md5 2 cipher
	c3$ifXCejydOdsUhLk9wh9FetOBWYqw3z VjTA==
ospf bfd enable	ospf bfd enable
mpls enable	mpls enable
	mpls ldp enable
#	#
interface GigabitEthernet0/2	interface GigabitEthernet0/2
ip address 10.29.28.69 255.255.255.248	ip address 10.29.28.69 255.255.255.252
ospf authentication-mode md5 1 cipher	ospf authentication-mode md5 1 cipher
c3$aKTDSFbKje9UY29vE5DpIJ/pSFCtQXM/MQ==	c3$aKTDSFbKje9UY29vE5DpIJ/pSFCtQXM/MQ==
ospf bfd enable	ospf bfd enable
mpls enable	mpls enable
	mpls ldp enable
#	#
bgp 65130	bgp 65130
group area60 internal	group area60 internal
peer area60 password cipher	peer area60 password cipher
c3$lHPFlyoMoxn0xV/vYt9AohDtAodSD1XfaA==	c3$lHPFlyoMoxn0xV/vYt9AohDtAodSD1XfaA==
peer 10.29.1.72 group area60	peer 10.29.1.72 group area60
peer 10.29.1.76 group area60	peer 10.29.1.76 group area60
#	#
address-family ipv4 unicast	address-family ipv4 unicast
peer area60 enable	peer area60 enable
#	#
address-family vpnv4	address-family vpnv4
peer area60 enable	peer area60 enable
#	#
ip vpn-instance NRT-VPN	ip vpn-instance NRT-VPN
#	#
address-family ipv4 unicast	address-family ipv4 unicast

续表

<table>
<tr><th>预配置</th><th>正确配置</th></tr>
<tr><td>network 10.85.28.144 255.255.255.248
#
ip vpn-instance RT-VPN
#
address-family ipv4 unicast
network 10.82.28.128 255.255.255.224
#</td><td>network 10.85.28.144 255.255.255.248
#
ip vpn-instance RT-VPN
#
address-family ipv4 unicast
network 10.82.28.144 255.255.255.248
#</td></tr>
<tr><td>sysname RT6
#
ip vpn-instance NRT-VPN
route-distinguisher 65130:200
vpn-target 65130:200 import-extcommunity
vpn-target 65130:201 export-extcommunity
#
ip vpn-instance RT-VPN
route-distinguisher 65130:100
vpn-target 65130:100 import-extcommunity
vpn-target 65130:100 export-extcommunity
#
ospf 1
area 0.0.0.60
network 10.29.3.138 0.0.0.0
network 10.29.28.74 0.0.0.0
network 10.29.28.77 0.0.0.0
#
mpls lsr-id 10.29.3.138
#
mpls ldp
#
interface LoopBack0
ip address 10.29.3.138 255.255.255.255
#
interface LoopBack100
ip binding vpn-instance RT-VPN</td><td>sysname RT6
#
ip vpn-instance NRT-VPN
route-distinguisher 65130:200
vpn-target 65130:201 import-extcommunity
vpn-target 65130:200 export-extcommunity
#
ip vpn-instance RT-VPN
route-distinguisher 65130:100
vpn-target 65130:101 import-extcommunity
vpn-target 65130:100 export-extcommunity
#
ospf 1
area 0.0.0.60
network 10.29.3.138 0.0.0.0
network 10.29.28.74 0.0.0.0
network 10.29.28.77 0.0.0.0
#
mpls lsr-id 10.29.3.138
#
mpls ldp
#
interface LoopBack0
ip address 10.29.3.138 255.255.255.255
#
interface LoopBack100
ip binding vpn-instance RT-VPN</td></tr>
</table>

续表

预配置	正确配置
ip address 10.82.28.190 255.255.255.248	ip address 10.82.28.190 255.255.255.248
#	#
interface LoopBack200	interface LoopBack200
ip binding vpn-instance NRT-VPN	ip binding vpn-instance NRT-VPN
ip address 10.85.28.190 255.255.255.248	ip address 10.85.28.190 255.255.255.248
#	#
interface GigabitEthernet0/0	interface GigabitEthernet0/0
ip address 10.29.28.70 255.255.255.252	ip address 10.29.28.74 255.255.255.252
	ospf authentication-mode md5 1 cipher
	c3$5NqDyWd/NdTb/+t4E98k3GlO5BtQ4qG4lw==
ospf bfd enable	ospf bfd enable
mpls enable	mpls enable
	mpls ldp enable
#	#
interface GigabitEthernet0/1	interface GigabitEthernet0/1
ip address 10.29.28.77 255.255.255.248	ip address 10.29.28.77 255.255.255.252
ospf authentication-mode md5 1 cipher	ospf authentication-mode md5 1 cipher
c3$RI8knotr8O2NZvfbj3S1f2J6/AT7dXdzgA==	c3$RI8knotr8O2NZvfbj3S1f2J6/AT7dXdzgA==
ospf bfd enable	ospf bfd enable
mpls enable	mpls enable
	mpls ldp enable
#	#
bgp 65130	bgp 65130
group area60 internal	group area60 internal
peer area60 connect-interface LoopBack0	peer area60 connect-interface LoopBack0
peer area60 password cipher	peer area60 password cipher
c3$VyMfV/p5jvB8idwNII3SKzQ9qQx7KXxLiA==	c3$VyMfV/p5jvB8idwNII3SKzQ9qQx7KXxLiA==
peer 10.29.1.72 group area60	peer 10.29.1.72 group area60
peer 10.29.1.76 group area60	peer 10.29.1.76 group area60
#	#
address-family vpnv4	address-family vpnv4
peer area60 enable	peer area60 enable
#	#
ip vpn-instance NRT-VPN	ip vpn-instance NRT-VPN

续表

预配置	正确配置

#
 address-family ipv4 unicast
  network 10.85.28.184 255.255.255.248
#
ip vpn-instance RT-VPN
 #
 address-family ipv4 unicast
  network 10.82.28.184 255.255.255.248
#
	#
	 address-family ipv4 unicast
	  network 10.85.28.184 255.255.255.248
	#
	ip vpn-instance RT-VPN
	 #
	 address-family ipv4 unicast
	  network 10.82.28.184 255.255.255.248
	#

9.8 实操模拟考题八

9.8.1 考试概述

请在50分钟内，根据题目要求，在网络设备上完成相关配置，修复相应故障。

试题难度：★

9.8.2 设备列表

试题八使用的网络设备见表 9-29。

表 9-29 试题八使用的网络设备

设备类型	设备型号	版本	数量
路由器	H3C MSR3620	Version 7.1.075	6
交换机	H3C S5820	Version 7.1.075	1

9.8.3 网络拓扑

试题八网络拓扑如图 9-8 所示。

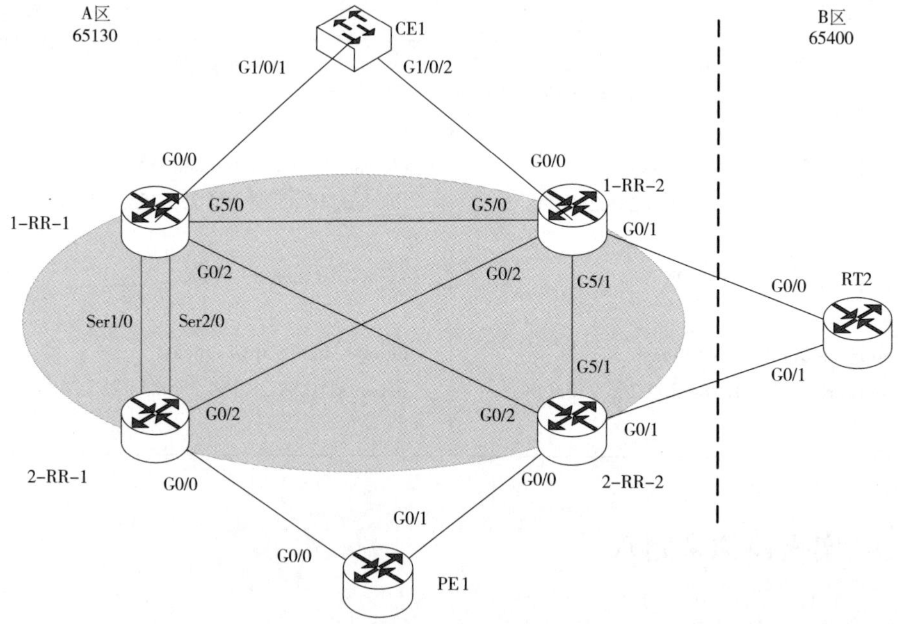

图 9-8 试题八网络拓扑

9.8.4 网络概述

本网络模拟两个区域公司组成的 MPLS VPN 网络。

网络由 6 台路由器构成，1-RR-1、1-RR-2、2-RR-1、2-RR-2、PE1 属于 A 区（AS 号为 65130），RT2 属于 B 区（AS 号为 65400）。网络上存在两个 VPN，分别为 RT-VPN 和 NRT-VPN，区域间通过 MPLS VPN Option B 方式进行 VPN 业务互通。

在 A 区公司内，1-RR-1、1-RR-2、2-RR-1、2-RR-2 组成核心通信网络，运行 OSPF（进程号为 1，区域号为 0）实现全局路由互通，并使用两级 RR 来进行私网路由的传递。1-RR-1、1-RR-2 为一级 RR，2-RR-1、2-RR-2 为二级 RR，上级 RR 作为下级 RR 的路由反射器。

CE1、PE1 为 A 区公司的两个分支机构。CE1 通过三个 OSPF 进程（全局 OSPF 进程号为 1，私网 OSPF 进程号分别为 2、3）与 1-RR-1、1-RR-2 建立

OSPF 邻居传递相应路由。PE1 通过全局 OSPF（进程号为 1，区域号为 9）与核心网建立 OSPF 邻居，并与 2-RR-1、2-RR-2 建立 MP-BGP 邻居。

网络中的业务接口使用 Loopback 环回口进行模拟。

试题八 VPN 的 RD/RT 值规划见表 9-30。

表 9-30 试题八 VPN 的 RD/RT 值规划

VPN 实例	RD	RT 值
RT-VPN	65130 : 100	Import RT ：65130 : 100 Export RT ：65130 : 100
NRT-VPN	65130 : 200	Import RT ：65130 : 200 Export RT ：65130 : 200

试题八网络中使用的地址见表 9-31。

表 9-31 试题八网络中使用的地址

设备	接口	IP 地址	备注
CE1	Loopback100	10.52.43.4/32	RT-VPN
	Loopback200	10.57.43.4/32	NRT-VPN
	VLAN 10	10.42.72.22/30	
	VLAN 20	10.42.72.26/30	
	VLAN 101	10.52.43.9/27	RT-VPN 互联
	VLAN 201	10.57.43.9/27	NRT-VPN 互联
1-RR-1	Loopback0	10.76.23.24/32	
	G0/0	10.42.72.21/30	
	G0/0.1	10.52.43.10/27	RT-VPN 互联
	G0/0.2	10.57.43.10/27	NRT-VPN 互联
1-RR-1	G0/2	10.43.52.38/30	
	G5/0	10.42.72.17/30	
	MP1	10.43.52.26/30	

续表

设备	接口	IP 地址	备注
1-RR-2	Loopback0	10.76.23.25/32	
	G0/0	10.42.72.25/30	
	G0/0.1	10.52.43.11/27	RT-VPN 互联
	G0/0.2	10.57.43.11/27	NRT-VPN 互联
	G0/1	10.0.0.2/30	
	G0/2	10.43.52.34/30	
	G5/0	10.42.72.18/30	
	G5/1	10.43.52.30/30	
2-RR-1	Loopback0	10.76.23.22/32	
	Loopback100	10.52.43.2/32	RT-VPN
	Loopback200	10.57.43.2/32	NRT-VPN
	G0/0	10.43.52.18/30	
	G0/2	10.43.52.33/30	
	MP1	10.43.52.25/30	
2-RR-2	Loopback0	10.76.23.23/32	
	Loopback100	10.52.43.3/32	RT-VPN
	Loopback200	10.57.43.3/32	NRT-VPN
	G0/0	10.43.52.22/30	
2-RR-2	G0/1	10.0.1.1/30	
	G0/2	10.43.52.37/30	
	G5/1	10.43.52.29/30	
PE1	Loopback0	10.76.23.21/32	
	Loopback100	10.52.43.1/32	RT-VPN
	Loopback200	10.57.43.1/32	NRT-VPN
	G0/0	10.43.52.17/30	

续表

设备	接口	IP 地址	备注
PE1	G0/1	10.43.52.21/30	
RT2	Loopback100	10.52.43.100/32	RT-VPN
	Loopback200	10.57.43.100/32	NRT-VPN
	G0/0	10.0.0.1/30	
	G0/1	10.0.1.2/30	

9.8.5 操作任务

◆ 实现目标

（1）节点间 RT-VPN、NRT-VPN 业务能够互访。

（2）正常情况下，PE1 与 CE1 的互访，业务来回路径一致，且满足以下要求：

1）RT-VPN 业务。

（a）主用路径为：PE1 ⟷ 2-RR-1 ⟷ 1-RR-1 ⟷ CE1。

（b）备用路径为：PE1 ⟷ 2-RR-2 ⟷ 1-RR-2 ⟷ CE1。

2）NRT-VPN 业务。

（a）主用路径为：PE1 ⟷ 2-RR-2 ⟷ 1-RR-2 ⟷ CE1。

（b）备用路径为：PE1 ⟷ 2-RR-1 ⟷ 1-RR-1 ⟷ CE1。

（3）RT2 上配置了团体属性进行控制，只需要学习 2-RR-1 与 2-RR-2 的本地私网路由。

◆ 前置条件

路由器 PE1、RT2 配置无误，无需修改配置，不允许登录。

◆ 任务一：配置部分

（1）子任务一：完成 CE1 配置。

CE1 配置为空，请按照下列要求完成配置。

1）按照表 9-23 的 RD/RT 值，创建 RT-VPN、NRT-VPN 两个 VPN。

2）按照表 9-24 的规划，创建相应的 VLAN 及 loopback 环回接口，配置好地址并划入相应的 VPN 中。

3）在端口 G1/0/1 上放通 VLAN 10、101、201，在端口 G1/0/2 上放通 VLAN 20、101、201。两个端口均不允许 VLAN 1 通过。

4）创建 3 个 OSPF 进程，公网进程号为 1，RT-VPN 私网进程号为 2，NRT-VPN 私网进程号为 3，分别与核心网建立 OSPF 邻居，并发布相应的业务接口路由。CE1 两个方向的互联链路在 3 个 OSPF 进程中均属于区域 1，其中公网 OSPF 进程中，区域 1 设置为 Totally STUB 区域。

（2）子任务二：串口认证与聚合配置。

A 区 2、1-RR-1 与 2-RR-1 间有 2 条串口线路，对线路进行捆绑，建立 PPP MP 组。

2-RR-1 上配置了认证账号（用户名为 aaa，密码为 123），在串口链路上启用 CHAP 认证，2-RR-1 为认证方。

（3）子任务三：业务主备路径设置。

在网络故障排障后，通过适当的配置，使得在 A 区内，RT-VPN、NRT-VPN 业务互访时来回路径满足题目要求。

（4）子任务四：RT2 路由学习控制。

在网络故障排障后，通过配置适当的团体属性，使得 RT2 只能学习到 2-RR-1 与 2-RR-2 的本地私网路由。

◆ 任务二：排障部分

排除网络上存在的故障，使得 RT-VPN、NRT-VPN 业务能够互访。

9.8.6 参考答案（设备配置）

设备配置请扫码

试题八参考答案见表 9-32。

表 9-32 试题八参考答案

预配置	正确配置

sysname 1-RR-1
#
ip vpn-instance NRT-VPN
 route-distinguisher 65130:200
 vpn-target 65130:200
import-extcommunity
 vpn-target 65130:200
export-extcommunity
 	
#
ip vpn-instance RT-VPN
 route-distinguisher 65130:100
 vpn-target 65130:100
import-extcommunity
 vpn-target 65130:100
export-extcommunity
#
ospf 1 router-id 10.76.23.21
 area 0.0.0.0
  network 10.42.72.17 0.0.0.0
  network 10.43.52.26 0.0.0.0
  network 10.43.52.38 0.0.0.0
  network 10.76.23.24 0.0.0.0
 area 0.0.0.1
  network 10.42.72.21 0.0.0.0
  stub no-summary
#
ospf 2 vpn-instance RT-VPN
 	
 area 0.0.0.1
  network 10.52.43.10 0.0.0.0
#
	sysname 1-RR-1
	#
	ip vpn-instance NRT-VPN
	 route-distinguisher 65130:200
	 vpn-target 65130:200
	 import-extcommunity
	 vpn-target 65130:200
	 export-extcommunity
	
	#
	ip vpn-instance RT-VPN
	 route-distinguisher 65130:100
	 vpn-target 65130:100
	import-extcommunity
	 vpn-target 65130:100
	export-extcommunity
	#
	ospf 1 router-id 10.76.23.24
	 area 0.0.0.0
	  network 10.42.72.17 0.0.0.0
	  network 10.43.52.26 0.0.0.0
	  network 10.43.52.38 0.0.0.0
	  network 10.76.23.24 0.0.0.0
	 area 0.0.0.1
	  network 10.42.72.21 0.0.0.0
	  stub no-summary
	#
	ospf 2 vpn-instance RT-VPN
	 import-route bgp
	 area 0.0.0.1
	  network 10.52.43.10 0.0.0.0
	#

续表

预配置	正确配置
ospf 3 vpn-instance NRT-VPN	ospf 3 vpn-instance NRT-VPN
	import-route bgp cost 300
area 0.0.0.1	area 0.0.0.1
network 10.57.43.10 0.0.0.0	network 10.57.43.10 0.0.0.0
#	#
mpls lsr-id 10.76.23.24	mpls lsr-id 10.76.23.24
#	#
mpls ldp	mpls ldp
#	#
	interface Serial1/0
	ppp chap password cipher c3$mhGgABALxp4AL/NWlR8PrpPGOJPQ9g==
	ppp chap user aaa
	ppp mp MP-group1
	#
	interface Serial2/0
	ppp chap password cipher c3$mhGgABALxp4AL/NWlR8PrpPGOJPQ9g==
	ppp chap user aaa
	ppp mp MP-group1
	#
	interface MP-group1
	ip address 10.43.52.26 255.255.255.252
	mpls enable
	mpls ldp enable
	#
interface LoopBack0	interface LoopBack0
ip address 10.76.23.24 255.255.255.254	ip address 10.76.23.24 255.255.255.255
#	#
interface GigabitEthernet0/0	interface GigabitEthernet0/0
ip address 10.42.72.21 255.255.255.252	ip address 10.42.72.21 255.255.255.252
#	#
interface GigabitEthernet0/0.1	interface GigabitEthernet0/0.1
ip binding vpn-instance RT-VPN	ip binding vpn-instance RT-VPN

续表

预配置	正确配置
ip address 10.52.43.10 255.255.255.224	ip address 10.52.43.10 255.255.255.224
vlan-type dot1q vid 101	vlan-type dot1q vid 101
#	#
interface GigabitEthernet0/0.2	interface GigabitEthernet0/0.2
ip binding vpn-instance NRT-VPN	ip binding vpn-instance NRT-VPN
ip address 10.57.43.10 255.255.255.224	ip address 10.57.43.10 255.255.255.224
vlan-type dot1q vid 201	vlan-type dot1q vid 201
#	#
interface GigabitEthernet0/2	interface GigabitEthernet0/2
ip address 10.43.52.38 255.255.255.252	ip address 10.43.52.38 255.255.255.252
	ospf cost 2000
mpls enable	mpls enable
mpls ldp enable	mpls ldp enable
#	#
interface GigabitEthernet5/0	interface GigabitEthernet5/0
ip address 10.42.72.17 255.255.255.252	ip address 10.42.72.17 255.255.255.252
	ospf cost 2000
mpls enable	mpls enable
mpls ldp enable	mpls ldp enable
#	#
bgp 65130	bgp 65130
router-id 10.76.23.24	router-id 10.76.23.24
group 2-rr internal	group 2-rr internal
peer 2-rr connect-interface LoopBack0	peer 2-rr connect-interface LoopBack0
peer 10.76.23.22 group 2-rr	peer 10.76.23.22 group 2-rr
peer 10.76.23.23 group 2-rr	peer 10.76.23.23 group 2-rr
peer 10.76.23.25 group 2-rr	peer 10.76.23.25 group 2-rr
#	#
address-family vpnv4	address-family vpnv4
reflector cluster-id 10.76.23.22	
undo policy vpn-target	undo policy vpn-target
peer 2-rr enable	peer 2-rr enable
peer 2-rr reflect-client	peer 2-rr reflect-client
#	#

续表

预配置	正确配置
ip vpn-instance NRT-VPN # address-family ipv4 unicast network 10.57.43.4 255.255.255.255 # ip vpn-instance RT-VPN # address-family ipv4 unicast network 10.52.43.4 255.255.255.255 #	ip vpn-instance NRT-VPN # address-family ipv4 unicast network 10.57.43.4 255.255.255.255 # ip vpn-instance RT-VPN # address-family ipv4 unicast default local-preference 200 network 10.52.43.4 255.255.255.255 #
sysname 1-RR-2 # ip vpn-instance NRT-VPN route-distinguisher 65130:200 vpn-target 65130:200 import-extcommunity vpn-target 65130:200 export-extcommunity # ip vpn-instance RT-VPN route-distinguisher 65130:100 vpn-target 65130:100 import-extcommunity vpn-target 65130:100 export-extcommunity # ospf 1 area 0.0.0.0 network 10.42.72.18 0.0.0.0 network 10.43.52.30 0.0.0.0 network 10.43.52.34 0.0.0.0 network 10.76.23.25 0.0.0.0 area 0.0.0.1	sysname 1-RR-2 # ip vpn-instance NRT-VPN route-distinguisher 65130:200 vpn-target 65130:200 import-extcommunity vpn-target 65130:200 export-extcommunity # ip vpn-instance RT-VPN route-distinguisher 65130:100 vpn-target 65130:100 import-extcommunity vpn-target 65130:100 export-extcommunity # ospf 1 area 0.0.0.0 network 10.42.72.18 0.0.0.0 network 10.43.52.30 0.0.0.0 network 10.43.52.34 0.0.0.0 network 10.76.23.25 0.0.0.0 area 0.0.0.1

续表

预配置	正确配置
network 10.42.72.25 0.0.0.0 stub no-summary # ospf 2 vpn-instance RT-VPN area 0.0.0.1 network 10.52.43.11 0.0.0.0 # ospf 3 vpn-instance NRT-VPN area 0.0.0.1 network 10.57.43.11 0.0.0.0 # mpls lsr-id 10.76.23.25 # mpls ldp # interface LoopBack0 ip address 10.76.23.25 255.255.255.255 # interface GigabitEthernet0/0 ip address 10.42.72.25 255.255.255.252 # interface GigabitEthernet0/0.1 ip binding vpn-instance RT-VPN ip address 10.52.43.11 255.255.255.224 vlan-type dot1q vid 101 # interface GigabitEthernet0/0.2 ip binding vpn-instance NRT-VPN ip address 10.57.43.11 255.255.255.224 vlan-type dot1q vid 201 # interface GigabitEthernet0/1	network 10.42.72.25 0.0.0.0 stub no-summary # ospf 2 vpn-instance RT-VPN import-route bgp cost 300 area 0.0.0.1 network 10.52.43.11 0.0.0.0 # ospf 3 vpn-instance NRT-VPN import-route bgp area 0.0.0.1 network 10.57.43.11 0.0.0.0 # mpls lsr-id 10.76.23.25 # mpls ldp # interface LoopBack0 ip address 10.76.23.25 255.255.255.255 # interface GigabitEthernet0/0 ip address 10.42.72.25 255.255.255.252 # interface GigabitEthernet0/0.1 ip binding vpn-instance RT-VPN ip address 10.52.43.11 255.255.255.224 vlan-type dot1q vid 101 # interface GigabitEthernet0/0.2 ip binding vpn-instance NRT-VPN ip address 10.57.43.11 255.255.255.224 vlan-type dot1q vid 201 # interface GigabitEthernet0/1

续表

预配置	正确配置
ip address 10.0.0.2 255.255.255.252	ip address 10.0.0.2 255.255.255.252
mpls enable	mpls enable
#	#
interface GigabitEthernet0/2	interface GigabitEthernet0/2
ip address 10.43.52.34 255.255.255.252	ip address 10.43.52.34 255.255.255.252
	ospf cost 2000
mpls enable	mpls enable
mpls ldp enable	mpls ldp enable
#	#
interface GigabitEthernet5/0	interface GigabitEthernet5/0
ip address 10.42.72.18 255.255.255.252	ip address 10.42.72.18 255.255.255.252
	ospf cost 2000
mpls enable	mpls enable
mpls ldp enable	mpls ldp enable
#	#
interface GigabitEthernet5/1	interface GigabitEthernet5/1
ip address 10.43.52.30 255.255.255.252	ip address 10.43.52.30 255.255.255.252
	mpls enable
	mpls ldp enable
#	#
bgp 65130	bgp 65130
group 1-rr internal	group 1-rr internal
peer 1-rr connect-interface LoopBack0	peer 1-rr connect-interface LoopBack0
peer 10.0.0.1 as-number 65400	peer 10.0.0.1 as-number 65400
peer 10.76.23.22 group 1-rr	peer 10.76.23.22 group 1-rr
peer 10.76.23.23 group 1-rr	peer 10.76.23.23 group 1-rr
peer 10.76.23.24 group 1-rr	peer 10.76.23.24 group 1-rr
#	#
address-family vpnv4	address-family vpnv4
reflector cluster-id 10.76.23.22	
undo policy vpn-target	undo policy vpn-target
peer 1-rr enable	peer 1-rr enable
peer 1-rr reflect-client	peer 1-rr reflect-client
peer 10.0.0.1 enable	peer 10.0.0.1 enable

续表

预配置	正确配置
 # ip vpn-instance NRT-VPN # address-family ipv4 unicast network 10.57.43.4 255.255.255.255 # ip vpn-instance RT-VPN # address-family ipv4 unicast network 10.52.43.4 255.255.255.255 #	peer 10.0.0.1 advertise-community # ip vpn-instance NRT-VPN # address-family ipv4 unicast default local-preference 200 network 10.57.43.4 255.255.255.255 # ip vpn-instance RT-VPN # address-family ipv4 unicast network 10.52.43.4 255.255.255.255 #
sysname 2-RR-1 # ip vpn-instance NRT-VPN route-distinguisher 65130:200 vpn-target 65130:200 import-extcommunity vpn-target 65130:200 export-extcommunity # ip vpn-instance RT-VPN route-distinguisher 65130:100 vpn-target 65130:100 import-extcommunity vpn-target 65130:100 export-extcommunity # ospf 1 router-id 10.76.23.22 area 0.0.0.0 network 10.43.52.25 0.0.0.0 network 10.43.52.33 0.0.0.0 network 10.76.23.22 0.0.0.0	sysname 2-RR-1 # ip vpn-instance NRT-VPN route-distinguisher 65130:200 vpn-target 65130:200 import-extcommunity vpn-target 65130:200 export-extcommunity # ip vpn-instance RT-VPN route-distinguisher 65130:100 vpn-target 65130:100 import-extcommunity vpn-target 65130:100 export-extcommunity # ospf 1 router-id 10.76.23.22 area 0.0.0.0 network 10.43.52.25 0.0.0.0 network 10.43.52.33 0.0.0.0 network 10.76.23.22 0.0.0.0

续表

预配置	正确配置
area 0.0.0.9	area 0.0.0.9
network 10.43.52.18 0.0.0.0	network 10.43.52.18 0.0.0.0
#	#
mpls lsr-id 10.76.23.22	mpls lsr-id 10.76.23.22
#	#
mpls ldp	mpls ldp
#	#
interface Serial1/0	interface Serial1/0
ppp authentication-mode chap	ppp authentication-mode chap
	ppp mp MP-group1
#	#
interface Serial2/0	interface Serial2/0
ppp authentication-mode chap	ppp authentication-mode chap
	ppp mp MP-group1
#	#
	interface MP-group1
	ip address 10.43.52.25 255.255.255.252
	mpls enable
	mpls ldp enable
	#
interface LoopBack0	interface LoopBack0
ip address 10.76.23.22 255.255.255.255	ip address 10.76.23.22 255.255.255.255
#	#
interface LoopBack100	interface LoopBack100
	ip binding vpn-instance RT-VPN
ip address 10.52.43.2 255.255.255.255	ip address 10.52.43.2 255.255.255.255
#	#
interface LoopBack200	interface LoopBack200
	ip binding vpn-instance NRT-VPN
ip address 10.57.43.2 255.255.255.255	ip address 10.57.43.2 255.255.255.255
#	#
interface GigabitEthernet0/0	interface GigabitEthernet0/0
ip address 10.43.52.18 255.255.255.252	ip address 10.43.52.18 255.255.255.252
mpls enable	mpls enable

续表

预配置	正确配置
mpls ldp enable	mpls ldp enable
#	#
interface GigabitEthernet0/2	interface GigabitEthernet0/2
ip address 10.43.52.33 255.255.255.252	ip address 10.43.52.33 255.255.255.252
	ospf cost 2000
mpls enable	mpls enable
mpls ldp enable	mpls ldp enable
#	#
bgp 65130	bgp 65130
router-id 10.76.23.22	router-id 10.76.23.22
group 1-rr internal	group 1-rr internal
peer 1-rr connect-interface LoopBack0	peer 1-rr connect-interface LoopBack0
peer 10.76.23.21 as-number 65130	peer 10.76.23.21 as-number 65130
peer 10.76.23.21 connect-interface	peer 10.76.23.21 connect-interface
LoopBack0	LoopBack0
peer 10.76.23.24 group 1-rr	peer 10.76.23.24 group 1-rr
peer 10.76.23.25 group 1-rr	peer 10.76.23.25 group 1-rr
#	#
address-family vpnv4	address-family vpnv4
reflector cluster-id 10.76.23.22	reflector cluster-id 10.76.23.22
peer 1-rr enable	peer 1-rr enable
peer 10.76.23.21 enable	peer 10.76.23.21 enable
peer 10.76.23.21 reflect-client	peer 10.76.23.21 reflect-client
	peer 10.76.23.25 route-policy com export
	peer 10.76.23.25 advertise-community
#	#
ip vpn-instance NRT-VPN	ip vpn-instance NRT-VPN
#	#
address-family ipv4 unicast	address-family ipv4 unicast
network 10.57.43.2 255.255.255.255	network 10.57.43.2 255.255.255.255
#	#
ip vpn-instance RT-VPN	ip vpn-instance RT-VPN
#	#
address-family ipv4 unicast	address-family ipv4 unicast

续表

预配置	正确配置
network 10.52.43.2 255.255.255.255 # local-user aaa class network password cipher c3$mhGgABALxp4AL/NWlR8PrpPGOJPQ9g== service-type ppp #	network 10.52.43.2 255.255.255.255 # route-policy com permit node 10 apply community 65130:100 # local-user aaa class network password cipher c3$mhGgABALxp4AL/NWlR8PrpPGOJPQ9g== service-type ppp #
sysname 2-RR-2 # ip vpn-instance NRT-VPN route-distinguisher 65130:200 vpn-target 65130:200 import-extcommunity vpn-target 65130:200 export-extcommunity # ip vpn-instance RT-VPN route-distinguisher 65130:100 vpn-target 65130:100 import-extcommunity vpn-target 65130:100 export-extcommunity # ospf 1 area 0.0.0.0 network 10.43.52.29 0.0.0.0 network 10.43.52.37 0.0.0.0 network 10.76.23.23 0.0.0.0 area 0.0.0.9 network 10.43.52.22 0.0.0.0 #	sysname 2-RR-2 # ip vpn-instance NRT-VPN route-distinguisher 65130:200 vpn-target 65130:200 import-extcommunity vpn-target 65130:200 export-extcommunity # ip vpn-instance RT-VPN route-distinguisher 65130:100 vpn-target 65130:100 import-extcommunity vpn-target 65130:100 export-extcommunity # ospf 1 area 0.0.0.0 network 10.43.52.29 0.0.0.0 network 10.43.52.37 0.0.0.0 network 10.76.23.23 0.0.0.0 area 0.0.0.9 network 10.43.52.22 0.0.0.0 #

续表

预配置	正确配置
mpls lsr-id 10.76.23.23	mpls lsr-id 10.76.23.23
#	#
mpls ldp	mpls ldp
#	#
interface LoopBack0	interface LoopBack0
ip address 10.76.23.23 255.255.255.255	ip address 10.76.23.23 255.255.255.255
#	#
interface LoopBack100	interface LoopBack100
ip binding vpn-instance RT-VPN	ip binding vpn-instance RT-VPN
ip address 10.52.43.3 255.255.255.255	ip address 10.52.43.3 255.255.255.255
#	#
interface LoopBack200	interface LoopBack200
ip binding vpn-instance NRT-VPN	ip binding vpn-instance NRT-VPN
ip address 10.57.43.3 255.255.255.255	ip address 10.57.43.3 255.255.255.255
#	#
interface GigabitEthernet0/0	interface GigabitEthernet0/0
ip address 10.43.52.22 255.255.255.252	ip address 10.43.52.22 255.255.255.252
mpls enable	mpls enable
mpls ldp enable	mpls ldp enable
#	#
interface GigabitEthernet0/1	interface GigabitEthernet0/1
ip address 10.0.1.1 255.255.255.252	ip address 10.0.1.1 255.255.255.252
mpls enable	mpls enable
#	#
interface GigabitEthernet0/2	interface GigabitEthernet0/2
ip address 10.43.52.37 255.255.255.252	ip address 10.43.52.37 255.255.255.252
	ospf cost 2000
mpls enable	mpls enable
mpls ldp enablc	mpls ldp enable
#	#
interface GigabitEthernet5/1	interface GigabitEthernet5/1
ip address 10.43.52.29 255.255.255.252	ip address 10.43.52.29 255.255.255.252
	mpls enable
	mpls ldp enable

续表

预配置	正确配置

#
bgp 65130
 group 1–rr internal
 peer 1–rr connect–interface LoopBack0
 peer 10.0.1.2 as–number 65400
 peer 10.76.23.21 as–number 65130
 (peer 10.76.23.21 connect–interface)
 LoopBack0
 peer 10.76.23.24 group 1–rr
 peer 10.76.23.25 group 1–rr
 #
 address–family vpnv4
  reflector cluster–id 10.76.23.22
  peer 1–rr enable
  peer 10.0.1.2 enable
 	
  peer 10.76.23.21 enable
  peer 10.76.23.21 reflect–client
 #
 ip vpn–instance NRT–VPN
  #
  address–family ipv4 unicast
   network 10.57.43.3 255.255.255.255
 #
 ip vpn–instance RT–VPN
  #
  address–family ipv4 unicast
   network 10.52.43.3 255.255.255.255
#
	#
	bgp 65130
	 group 1–rr internal
	 peer 1–rr connect–interface LoopBack0
	 peer 10.0.1.2 as–number 65400
	 peer 10.76.23.21 as–number 65130
	 (peer 10.76.23.21 connect–interface)
	 LoopBack0
	 peer 10.76.23.24 group 1–rr
	 peer 10.76.23.25 group 1–rr
	 #
	 address–family vpnv4
	  reflector cluster–id 10.76.23.22
	  peer 1–rr enable
	  peer 10.0.1.2 enable
	  peer 10.0.1.2 route–policy com export
	  peer 10.0.1.2 advertise–community
	  peer 10.76.23.21 enable
	  peer 10.76.23.21 reflect–client
	 #
	 ip vpn–instance NRT–VPN
	  #
	  address–family ipv4 unicast
	   network 10.57.43.3 255.255.255.255
	 #
	 ip vpn–instance RT–VPN
	  #
	  address–family ipv4 unicast
	   network 10.52.43.3 255.255.255.255
	#
	route–policy com permit node 10
	 if–match ip address prefix–list 1
	 apply community 65130:100
	#

续表

预配置	正确配置
	route-policy com permit node 20 # ip prefix-list 1 index 10 permit 10.52.43.3 32 ip prefix-list 1 index 20 permit 10.57.43.3 32 #

交换机 CE1 参考配置如下：

```
sysname CE1
#
ip vpn-instance NRT-VPN
 route-distinguisher 65130:200
 vpn-target 65130:200 import-extcommunity
 vpn-target 65130:200 export-extcommunity
#
ip vpn-instance RT-VPN
 route-distinguisher 65130:100
 vpn-target 65130:100 import-extcommunity
 vpn-target 65130:100 export-extcommunity
#
ospf 1
 area 0.0.0.1
  network 10.42.72.22 0.0.0.0
  network 10.42.72.26 0.0.0.0
```

```
 stub
#
ospf 2 vpn-instance RT-VPN
 vpn-instance-capability simple
 area 0.0.0.1
  network 10.52.43.4 0.0.0.0
  network 10.52.43.9 0.0.0.0
#
ospf 3 vpn-instance NRT-VPN
 vpn-instance-capability simple
 area 0.0.0.1
  network 10.57.43.4 0.0.0.0
  network 10.57.43.9 0.0.0.0
#
vlan 1
#
vlan 10
#
vlan 20
#
vlan 101
#
vlan 201
#
interface LoopBack100
```

```
 ip binding vpn-instance RT-VPN
 ip address 10.52.43.4 255.255.255.255
#
interface LoopBack200
 ip binding vpn-instance NRT-VPN
 ip address 10.57.43.4 255.255.255.255
#
interface Vlan-interface10
 ip address 10.42.72.22 255.255.255.252
#
interface Vlan-interface20
 ip address 10.42.72.26 255.255.255.252
#
interface Vlan-interface101
 ip binding vpn-instance RT-VPN
 ip address 10.52.43.9 255.255.255.224
#
interface Vlan-interface201
 ip binding vpn-instance NRT-VPN
 ip address 10.57.43.9 255.255.255.224
#
interface GigabitEthernet1/0/1
 port link-mode bridge
 port link-type trunk
 undo port trunk permit vlan 1
```

```
 port trunk permit vlan 10 101 201
 port trunk pvid vlan 10
 combo enable copper
#
interface GigabitEthernet1/0/2
 port link-mode bridge
 port link-type trunk
 undo port trunk permit vlan 1
 port trunk permit vlan 20 101 201
 port trunk pvid vlan 20
 combo enable copper
#
```

9.9 实操模拟考题九

9.9.1 考试概述

请在60分钟内，根据题目要求，在网络设备上完成相关配置，修复相应故障。

试题难度：★★★

9.9.2 设备列表

试题九使用的网络设备见表 9-33。

表 9-33　　试题九使用的网络设备

设备类型	设备型号	版本	数量
路由器	H3C MSR3620	Version 7.1.075	7
交换机	H3C S5820	Version 7.1.075	2
电脑工作站	—	—	2

9.9.3 网络拓扑

试题九网络拓扑如图 9-9 所示。

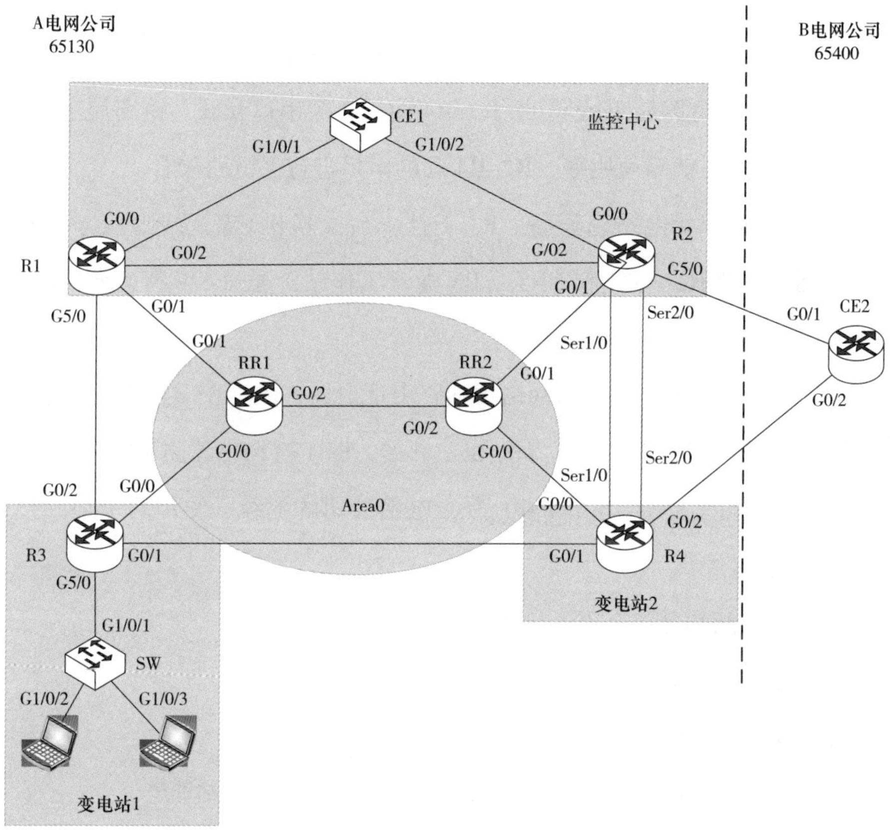

图 9-9 试题九网络拓扑

9.9.4 网络概述

本网络模拟 A、B 两个电网公司的调度数据网络。网络上有两种类型的业务，分别为实时业务（RT-VPN）和非实时业务（NRT-VPN）。

A 电网公司（AS 号为 65130）网络可分为监控中心、核心网络、变电站三个部分，运行全局 OSPF（进程号为 1）实现全局路由互通。

RR1、RR2 属于核心网络，与这两台设备互联的链路均属于 OSPF 区域 0。R3-R4 间的链路也属于区域 0。

R1、R2、CE1 属于监控中心，R1-R2 互联链路属于 OSPF 区域 3。CE1 上使用两个 VLAN 接口模拟业务网段。R1、R2 间运行 VRRP 协议，使得正常情况下，RT-VPN 业务主用网关在 R1 上，NRT-VPN 业务主用网关在 R2 上。

R1-R3 互联链路属于区域 1。R2-R4 使用 2 个串口互联，链路属于 OSPF 区域 2，为了提高链路使用率，R2-R4 间的串口进行了链路聚合。

R3、R4 属于变电站内设备。R3 下挂一台交换机 SW，站内业务（分别用两台电脑模拟 RT-VPN 和 NRT-VPN 业务工作站）通过 SW 接入到网络中。R4 业务使用环回接口模拟。

RR1、RR2 为 A 电网公司网络中的路由反射器，R1、R3 与 RR1 建立 MP-BGP 邻居，R2、R4 与 RR2 建立 MP-BGP 邻居，RR1 与 RR2 建立 MP-BGP 邻居。

B 电网公司（AS 号为 65400）为 A 电网公司的上级，使用两个环回接口模拟业务接入。

VPN 业务间的互访有以下规则：

（1）变电站间业务不能互访。

（2）变电站可以与监控中心互访。

（3）上级公司可以访问下级公司的监控中心以及变电站业务。

试题九 VPN 的 RD/RT 值规划见表 9-34。

表 9-34 试题九 VPN 的 RD/RT 值规划

VPN 实例	区域	RD	RT 值
RT-VPN	A 电网公司变电站	65130 : 100	Import RT ：65130 : 101 Export RT ：65130 : 100
	A 电网公司监控中心	65130 : 100	待规划
	B 电网公司	65400 : 100	待规划

VPN 实例	区域	RD	RT 值
NRT-VPN	A 电网公司变电站	65130 : 200	Import RT ： 65130 : 201 Export RT ： 65130 : 200
	A 电网公司监控中心	65130 : 200	待规划
	B 电网公司	65400 : 200	待规划

试题九网络中使用的地址见表 9-35。

表 9-35 试题九网络中使用的地址

设备	接口	IP 地址	备注
CE1	VLAN10	10.100.10.1/24	RT-VPN
	VLAN20	10.100.20.1/24	NRT-VPN
R1	Loopback0	10.16.28.1/32	
	G0/0.10	10.100.10.10/24	RT-VPN
	Vrid10 虚拟网关	10.100.10.254/24	RT-VPN
	G0/0.20	10.100.20.10/24	NRT-VPN
	Vrid20 虚拟网关	10.100.20.254/24	NRT-VPN
	G0/1	10.16.18.9/30	
	G0/2	10.16.18.5/30	
	G5/0	10.16.18.1/30	
R2	Loopback0	10.16.28.2/32	
	G0/0.10	10.100.10.11/24	RT-VPN
	Vrid10 虚拟网关	10.100.10.254/24	RT-VPN
	G0/0.20	10.100.20.11/24	NRT-VPN
	Vrid20 虚拟网关	10.100.20.254/24	NRT-VPN
	G0/1	10.16.18.13/30	
	G0/2	10.16.18.6/30	

续表

设备	接口	IP 地址	备注
R2	G5/0	10.0.0.2/30	
	VT1	10.16.18.29/30	
R3	Loopback0	10.16.28.3/32	
	G0/0	10.16.18.18/30	
	G0/1	10.16.18.25/30	
	G0/2	10.16.18.2/30	
	G5/0.10	10.100.11.1/24	RT-VPN
	G5/0.20	10.100.21.1/24	NRT-VPN
	电脑 1	10.100.11.100/24	RT-VPN
	电脑 2	10.100.21.100/24	NRT-VPN
R4	Loopback0	10.16.28.4/32	
	Loopback10	10.100.12.1/24	RT-VPN
	Loopback20	10.100.22.1/24	NRT-VPN
	G0/0	10.16.18.22/30	
	G0/1	10.16.18.26/30	
	G0/2	10.0.1.1/30	
	VT1	10.16.18.30/30	
RR1	Loopback0	10.16.28.5/32	
	G0/0	10.16.18.17/30	
	G0/1	10.16.18.10/30	
	G0/2	10.18.16.1/30	
RR2	Loopback0	10.16.28.6/30	
	G0/0	10.16.18.21/30	
	G0/1	10.16.18.14/30	
	G0/2	10.18.16.2/30	

续表

设备	接口	IP 地址	备注
CE2	Loopback0	10.16.28.6/32	
	Loopback10	10.100.13.1/24	RT-VPN
	Loopback20	10.100.23.1/24	NRT-VPN
	G0/1	10.0.0.1/30	
	G0/2	10.0.1.2/30	

9.9.5 操作任务

◆ 实现目标

实现节点间 RT-VPN、NRT-VPN 业务的互访，访问规则满足题目要求。

◆ 任务一：配置部分

（1）子任务一：监控中心 CE1 及 VRRP 配置。

R1、R2 间运行 VRRP 协议，通过 CE1 实现协议报文的互通。试题九 VRRP 规划见表 9-36。

表 9-36 试题九 VRRP 规划

VLAN	VRRP 备份组号	虚拟 IP	所属 VPN
10	10	10.100.20.254	RT-VPN
20	20	10.100.20.254	NRT-VPN

具体配置要求如下：

1）R1 作为 VLAN10 中的 Master 设备，R2 作为 Backup 设备。

2）R2 作为 VLAN20 中的 Master 设备，R1 作为 Backup 设备。

3）Master 的优先级为 150，Slave 的优先级为 120。

4）VRRP 抢占延时为 2s。

5）R1 上 VLAN10，使用 NQA 监控到 RR1 的 Loopback0 接口的可达性，

当接口不可达时，优先级减少 50。

6）R2 上 VLAN20，使用 NQA 监控到 RR2 的 Loopback0 接口的可达性，当接口不可达时，优先级减少 50。

交换机 CE1 配置为空，请在 CE1 上创建 VLAN，根据表 9-35 要求配置 IP 地址，并在相应端口放通（VLAN1 不允许放通），同时根据题目要求完成 R1、R2 上 VRRP 的配置。

（2）子任务二：串口聚合及验证配置。

对 R2-R4 的互联接口使用 Virtual-Template 方式进行聚合，并开启 CHAP 验证，R2 为验证方。在 R2 上已配置验证账号，账号名为 aaa，密码为 123。

（3）子任务三：网络安全配置。

在变电站 1 交换机 SW 上，创建 VLAN 10、20 用于业务接入。将相应接口划入 VLAN 后，关闭所有不使用的端口。并在网络故障排除后，在变电站 1 的 R3 设备上，采用报文过滤方式，使得 B 电网公司可以 ping 通变电站 1 内的电脑，但变电站 1 内的电脑无法 ping 通 B 电网公司的业务 IP（R3 与 CE2 的业务访问不受影响）。

（4）子任务四：变电站 2 的网管配置。

在 R4 设备上开启 SSH 服务，只允许监控中心 CE1 登录。登录账号为 test，密码为 123。登录后只能执行 display interface 命令。

在 R4 设备上配置 SNMPv2c，只读的团体名为 public，写的团体名为 private；并且只有 10.16.28.0/24 段的网管工作站，可以管理此设备。R4 发送 Trap 信息到 10.16.28.1，Trap 的团体名也为 public。

（5）子任务五：RT 规划和配置。

变电站的 RT 已规划好，请合理规划 A 电网公司监控中心和 B 电网公司的 RT 值，使得 VPN 业务访问规则满足题目要求。不能创建新的 RT 值，只能变电站已规划的 RT 值进行适当的组合。

（6）子任务六：主备路径设置。

在网络故障排障后，在 B 电网公司设备上，通过适当的配置，使得跨域访问时，RT-VPN 业务主用路径为 R4-CE2，备用路径为 R2-CE2。NRT-VPN 业务主用路径为 R2-CE2，备用路径为 R4-CE2。

在 A 电网公司网络中，通过适当的配置，使得监控中心与 B 电网公司 RT-VPN 业务互访，来回路径为 CE1-R1-RR1-RR2-R4-CE2；变电站 R3 与 B 电网 NRT-VPN 业务互访，来回路径为 R3-RR1-RR2-R2-CE2。

◆ 任务二：排障部分

排除网络上存在的故障，使得 RT-VPN、NRT-VPN 业务能够互访，访问规则满足题目要求。

9.9.6 参考答案（设备配置）

设备配置请扫码

试题九参考答案见表 9-37。

表 9-37 试题九参考答案

预配置	正确配置
sysname R1 # ip vpn-instance NRT-VPN route-distinguisher 65130:200 vpn-target 65130:200 import-extcommunity vpn-target 65130:200 export-extcommunity # ip vpn-instance RT-VPN route-distinguisher 65130:100 vpn-target 65130:100 import-extcommunity vpn-target 65130:100 export-extcommunity #	sysname R1 # ip vpn-instance NRT-VPN route-distinguisher 65130:200 vpn-target 65130:200 65130:201 import-extcommunity vpn-target 65130:201 export-extcommunity # ip vpn-instance RT-VPN route-distinguisher 65130:100 vpn-target 65130:100 65130:101 import-extcommunity vpn-target 65130:101 export-extcommunity #

续表

预配置	正确配置
	track 1 nqa entry 1 1 reaction 1
	#
ospf 1	ospf 1
area 0.0.0.0	area 0.0.0.0
network 10.16.18.5 0.0.0.0	
network 10.16.18.9 0.0.0.0	network 10.16.18.9 0.0.0.0
network 10.16.28.1 0.0.0.0	network 10.16.28.1 0.0.0.0
area 0.0.0.1	area 0.0.0.1
network 10.16.18.1 0.0.0.0	network 10.16.18.1 0.0.0.0
	area 0.0.0.3
	network 10.16.18.5 0.0.0.0
#	#
mpls lsr-id 10.16.28.1	mpls lsr-id 10.16.28.1
#	#
	nqa entry 1 1
	type icmp-echo
	destination ip 10.16.28.5
	frequency 100
	reaction 1 checked-element probe-fail
	threshold-type consecutive 5 action-type
	trigger-only
	#
	nqa schedule 1 1 start-time now lifetime forever
	#
mpls ldp	mpls ldp
#	#
interface LoopBack0	interface LoopBack0
ip address 10.16.28.1 255.255.255.255	ip address 10.16.28.1 255.255.255.255
#	#
interface GigabitEthernet0/0.10	interface GigabitEthernet0/0.10
ip binding vpn-instance RT-VPN	ip binding vpn-instance RT-VPN
ip address 10.100.10.10 255.255.255.0	ip address 10.100.10.10 255.255.255.0
vrrp vrid 10 virtual-ip 10.100.20.254	vrrp vrid 10 virtual-ip 10.100.10.254

续表

预配置	正确配置
vrrp vrid 10 priority 110	vrrp vrid 10 priority 150
vrrp vrid 10 preempt–mode delay 200	vrrp vrid 10 preempt–mode delay 200
vrrp vrid 10 track 1 priority reduced 50	vrrp vrid 10 track 1 priority reduced 50
vlan–type dot1q vid 10	vlan–type dot1q vid 10
#	#
interface GigabitEthernet0/0.20	interface GigabitEthernet0/0.20
ip binding vpn–instance NRT–VPN	ip binding vpn–instance NRT–VPN
ip address 10.100.20.10 255.255.255.0	ip address 10.100.20.10 255.255.255.0
vrrp vrid 20 virtual–ip 10.100.20.254	vrrp vrid 20 virtual–ip 10.100.20.254
vrrp vrid 20 priority 120	vrrp vrid 20 priority 120
vrrp vrid 20 preempt–mode delay 200	
vrrp vrid 20 track 1 priority reduced 50	
vlan–type dot1q vid 20	vlan–type dot1q vid 20
#	#
interface GigabitEthernet0/1	interface GigabitEthernet0/1
ip address 10.16.18.9 255.255.255.252	ip address 10.16.18.9 255.255.255.252
mpls enable	mpls enable
mpls ldp enable	mpls ldp enable
#	#
interface GigabitEthernet0/2	interface GigabitEthernet0/2
ip address 10.16.18.5 255.255.255.252	ip address 10.16.18.5 255.255.255.252
mpls enable	mpls enable
mpls ldp enable	mpls ldp enable
#	#
interface GigabitEthernet5/0	interface GigabitEthernet5/0
ip address 10.16.18.1 255.255.255.252	ip address 10.16.18.1 255.255.255.252
ospf authentication–mode md5 1 cipher	ospf authentication–mode md5 2 cipher
c3$BScNmhSsDMwIFZRLIPytypBVeSR7Iw==	c3$Ul2+8KIPG5HoIulJp/Cy2k7L980k+g==
mpls enable	mpls enable
mpls ldp enable	mpls ldp enable
#	#
bgp 65130	bgp 65130
peer 10.16.28.5 as–number 65130	peer 10.16.28.5 as–number 65130
#	#

续表

预配置	正确配置
address-family vpnv4 peer 10.16.28.5 enable # ip vpn-instance NRT-VPN # address-family ipv4 unicast network 10.100.20.0 255.255.255.0 # ip vpn-instance RT-VPN # address-family ipv4 unicast network 10.100.10.0 255.255.255.0 #	address-family vpnv4 peer 10.16.28.5 enable # ip vpn-instance NRT-VPN # address-family ipv4 unicast network 10.100.20.0 255.255.255.0 # ip vpn-instance RT-VPN # address-family ipv4 unicast network 10.100.10.0 255.255.255.0 #
sysname R2 # ip vpn-instance NRT-VPN route-distinguisher 65130:200 vpn-target 65130:200 import-extcommunity vpn-target 65130:200 export-extcommunity # ip vpn-instance RT-VPN route-distinguisher 65130:100 vpn-target 65130:100 import-extcommunity vpn-target 65130:100 export-extcommunity # track 1 interface GigabitEthernet0/1 # ospf 1 area 0.0.0.0 network 10.16.18.13 0.0.0.0 network 10.16.28.2 0.0.0.0 area 0.0.0.2	sysname R2 # ip vpn-instance NRT-VPN route-distinguisher 65130:200 vpn-target 65130:200 65130:201 import-extcommunity vpn-target 65130:201 export-extcommunity # ip vpn-instance RT-VPN route-distinguisher 65130:100 vpn-target 65130:100 65130:101 import-extcommunity vpn-target 65130:101 export-extcommunity # track 1 nqa entry 1 1 reaction 1 # ospf 1 area 0.0.0.0 network 10.16.18.13 0.0.0.0 network 10.16.28.2 0.0.0.0 area 0.0.0.2

续表

预配置	正确配置
network 10.16.18.29 0.0.0.0	network 10.16.18.29 0.0.0.0
network 10.16.28.29 0.0.0.0	
area 0.0.0.3	area 0.0.0.3
network 10.16.18.6 0.0.0.0	network 10.16.18.6 0.0.0.0
#	#
mpls lsr-id 10.16.28.2	mpls lsr-id 10.16.28.2
#	#
	nqa entry 1 1
	type icmp-echo
	destination ip 10.16.28.6
	frequency 100
	reaction 1 checked-element probe-fail threshold-
	type consecutive 5 action-type trigger-only
	#
	nqa schedule 1 1 start-time now lifetime forever
	#
mpls ldp	mpls ldp
#	#
interface Serial1/0	interface Serial1/0
ppp authentication-mode chap	ppp authentication-mode chap
	ppp mp Virtual-Template1
#	#
interface Serial2/0	interface Serial2/0
ppp authentication-mode pap	ppp authentication-mode chap
	ppp mp Virtual-Template1
	#
	interface Virtual-Template1
	ip address 10.16.18.29 255.255.255.252
	mpls enable
	mpls ldp enable
#	#
interface LoopBack0	interface LoopBack0
ip address 10.16.28.2 255.255.255.255	ip address 10.16.28.2 255.255.255.255
#	#

续表

预配置	正确配置
interface GigabitEthernet0/0.10	interface GigabitEthernet0/0.10
ip binding vpn-instance RT-VPN	ip binding vpn-instance RT-VPN
ip address 10.100.10.11 255.255.255.0	ip address 10.100.10.11 255.255.255.0
vrrp vrid 10 virtual-ip 10.100.10.254	vrrp vrid 10 virtual-ip 10.100.10.254
vrrp vrid 10 priority 120	vrrp vrid 10 priority 120
vrrp vrid 10 preempt-mode delay 200	
vlan-type dot1q vid 10	vlan-type dot1q vid 10
#	#
interface GigabitEthernet0/0.20	interface GigabitEthernet0/0.20
ip binding vpn-instance NRT-VPN	ip binding vpn-instance NRT-VPN
ip address 10.100.20.11 255.255.255.0	ip address 10.100.20.11 255.255.255.0
vrrp vrid 20 virtual-ip 10.100.10.254	vrrp vrid 20 virtual-ip 10.100.20.254
vrrp vrid 20 priority 150	vrrp vrid 20 priority 150
vrrp vrid 20 preempt-mode delay 2	vrrp vrid 20 preempt-mode delay 200
vrrp vrid 20 track 1 priority reduced 50	vrrp vrid 20 track 1 priority reduced 50
	vlan-type dot1q vid 20
#	#
interface GigabitEthernet0/1	interface GigabitEthernet0/1
ip address 10.16.18.13 255.255.255.252	ip address 10.16.18.13 255.255.255.252
mpls enable	mpls enable
mpls ldp enable	mpls ldp enable
#	#
interface GigabitEthernet0/2	interface GigabitEthernet0/2
ip address 10.16.18.6 255.255.255.252	ip address 10.16.18.6 255.255.255.252
mpls enable	mpls enable
mpls ldp enable	mpls ldp enable
#	#
	interface GigabitEthernet5/0
	ip address 10.0.0.2 255.255.255.252
	mpls enable
	#
bgp 65130	bgp 65130
peer 10.0.0.1 as-number 65400	peer 10.0.0.1 as-number 65400
peer 10.16.28.6 as-number 65130	peer 10.16.28.6 as-number 65130

续表

预配置	正确配置
peer 10.16.28.6 connect-interface LoopBack0 # address-family vpnv4 peer 10.0.0.1 enable peer 10.16.28.6 enable # ip vpn-instance NRT-VPN # address-family ipv4 unicast network 10.100.20.0 255.255.255.0 # ip vpn-instance RT-VPN # address-family ipv4 unicast network 10.100.10.0 255.255.255.0 # local-user aaa class network password cipher c3$5EpFeTMeQ1y5YyivGthlJpUb1UabWw== service-type ppp #	peer 10.16.28.6 connect-interface LoopBack0 # address-family vpnv4 peer 10.0.0.1 enable peer 10.16.28.6 enable # ip vpn-instance NRT-VPN # address-family ipv4 unicast network 10.100.20.0 255.255.255.0 # ip vpn-instance RT-VPN # address-family ipv4 unicast network 10.100.10.0 255.255.255.0 # local-user aaa class network password cipher c3$5EpFeTMeQ1y5YyivGthlJpUb1UabWw== service-type ppp #
sysname R3 # ip vpn-instance NRT-VPN route-distinguisher 65130:200 vpn-target 65400:100 65130:200 import-extcommunity vpn-target 65400:100 65130:200 export-extcommunity # ip vpn-instance RT-VPN route-distinguisher 65130:100 vpn-target 65130:100 import-extcommunity	sysname R3 # ip vpn-instance NRT-VPN route-distinguisher 65130:200 vpn-target 65130:201 import-extcommunity vpn-target 65130:200 export-extcommunity # ip vpn-instance RT-VPN route-distinguisher 65130:100 vpn-target 65130:101 import-extcommunity

续表

预配置	正确配置
vpn-target 65130:100 export-extcommunity	vpn-target 65130:100 export-extcommunity
#	#
	packet-filter default deny
	#
ospf 1	ospf 1 router-id 10.16.28.3
area 0.0.0.0	area 0.0.0.0
network 10.16.18.2 0.0.0.0	
network 10.16.18.18 0.0.0.0	network 10.16.18.18 0.0.0.0
network 10.16.18.25 0.0.0.0	network 10.16.18.25 0.0.0.0
network 10.16.28.3 0.0.0.0	network 10.16.28.3 0.0.0.0
	area 0.0.0.1
	network 10.16.18.2 0.0.0.0
#	#
mpls lsr-id 10.16.28.3	mpls lsr-id 10.16.28.3
#	#
mpls ldp	mpls ldp
	md5-authentication 10.16.28.5 cipher
	c3$AodYYqw+HGXpAWL2ABq+7j2QFJ12mw==
#	#
interface LoopBack0	interface LoopBack0
ip binding vpn-instance RT-VPN	
ip address 10.16.28.3 255.255.255.255	ip address 10.16.28.3 255.255.255.255
#	#
interface LoopBack10	
ip binding vpn-instance RT-VPN	
ip address 10.100.11.1 255.255.255.0	
#	
interface LoopBack20	
ip binding vpn-instance NRT-VPN	
ip address 10.100.21.1 255.255.255.0	
#	
interface GigabitEthernet0/0	interface GigabitEthernet0/0
ip address 10.16.18.18 255.255.255.252	ip address 10.16.18.18 255.255.255.252
mpls enable	mpls enable

续表

预配置	正确配置
mpls ldp enable	mpls ldp enable
#	#
interface GigabitEthernet0/1	interface GigabitEthernet0/1
ip address 10.16.18.25 255.255.255.252	ip address 10.16.18.25 255.255.255.252
	ospf cost 10
mpls enable	mpls enable
mpls ldp enable	mpls ldp enable
#	#
interface GigabitEthernet0/2	interface GigabitEthernet0/2
ip address 10.16.18.2 255.255.255.252	ip address 10.16.18.2 255.255.255.252
ospf authentication-mode md5 2 cipher	ospf authentication-mode md5 2 cipher
c3$Ul2+8KIPG5HoIulJp/Cy2k7L980k+g==	c3$Ul2+8KIPG5HoIulJp/Cy2k7L980k+g==
mpls enable	mpls enable
mpls ldp enable	mpls ldp enable
	#
	interface GigabitEthernet5/0.10
	ip binding vpn-instance RT-VPN
	ip address 10.100.11.1 255.255.255.0
	packet-filter 3000 inbound
	vlan-type dot1q vid 10
	#
	interface GigabitEthernet5/0.20
	ip binding vpn-instance NRT-VPN
	ip address 10.100.21.1 255.255.255.0
	packet-filter 3000 inbound
	vlan-type dot1q vid 20
#	#
bgp 65130	bgp 65130
peer 10.16.28.5 as-number 65130	peer 10.16.28.5 as-number 65130
#	#
address-family vpnv4	address-family vpnv4
peer 10.16.28.5 enable	peer 10.16.28.5 enable
#	#
ip vpn-instance NRT-VPN	ip vpn-instance NRT-VPN

续表

<table>
<tr><th>预配置</th><th>正确配置</th></tr>
<tr><td> #
 address-family ipv4 unicast
  network 10.100.21.0 255.255.255.0
#
ip vpn-instance RT-VPN
 #
 address-family ipv4 unicast
  network 10.100.11.0 255.255.255.0
#</td><td> #
 address-family ipv4 unicast
  network 10.100.21.0 255.255.255.0
#
ip vpn-instance RT-VPN
 #
 address-family ipv4 unicast
  network 10.100.11.0 255.255.255.0
#
 ip prefix-list 1 index 10 permit 10.100.11.0 24
#
acl basic 2001
 rule 0 permit vpn-instance RT-VPN source 10.100.11.0 0.0.0.255
#
acl basic 2002
 rule 0 permit vpn-instance NRT-VPN source 10.100.21.0 0.0.0.255
#
acl advanced 3000
 rule 0 deny icmp vpn-instance RT-VPN source 10.100.11.100 0 destination 10.100.13.0 0.0.0.255 icmp-type echo
 rule 1 permit ip vpn-instance RT-VPN
 rule 2 deny icmp vpn-instance NRT-VPN source 10.100.21.100 0 destination 10.100.23.0 0.0.0.255 icmp-type echo
 rule 3 permit ip vpn-instance NRT-VPN</td></tr>
<tr><td> sysname R4
#
ip vpn-instance NRT-VPN
 route-distinguisher 65130:200</td><td> sysname R4
#
ip vpn-instance NRT-VPN
 route-distinguisher 65130:200
 vpn-target 65130:201 import-extcommunity</td></tr>
</table>

续表

预配置	正确配置
	vpn-target 65130:200 export-extcommunity
#	#
ip vpn-instance RT-VPN	ip vpn-instance RT-VPN
route-distinguisher 65130:100	route-distinguisher 65130:100
vpn-target 65130:100 import-extcommunity	vpn-target 65130:101 import-extcommunity
vpn-target 65130:100 export-extcommunity	vpn-target 65130:100 export-extcommunity
#	#
ospf 1	ospf 1 router-id 10.16.28.4
area 0.0.0.0	area 0.0.0.0
network 10.16.18.22 0.0.0.0	network 10.16.18.22 0.0.0.0
network 10.16.18.26 0.0.0.0	network 10.16.18.26 0.0.0.0
	network 10.16.28.4 0.0.0.0
area 0.0.0.2	area 0.0.0.2
network 10.16.18.29 0.0.0.0	network 10.16.18.30 0.0.0.0
#	#
mpls lsr-id 10.16.28.4	mpls lsr-id 10.16.28.4
#	#
mpls ldp	mpls ldp
#	#
interface Serial1/0	interface Serial1/0
ip address 10.16.18.29 255.255.255.252	ppp chap password cipher
mpls enable	c3$5EpFeTMeQ1y5YyivGthlJpUb1UabWw==
mpls ldp enable	ppp chap user aaa
	ppp mp Virtual-Template1
	#
	interface Serial2/0
	ppp chap password cipher
	c3$5EpFeTMeQ1y5YyivGthlJpUb1UabWw==
	ppp chap user aaa
	ppp mp Virtual-Template1
	#
	interface Virtual-Template1
	ip address 10.16.18.30 255.255.255.252
	mpls enable

续表

预配置	正确配置
	mpls ldp enable
#	#
interface LoopBack0	interface LoopBack0
ip address 10.16.28.4 255.255.255.255	ip address 10.16.28.4 255.255.255.255
#	
interface LoopBack1	
ip address 10.16.28.2 255.255.255.255	
#	#
interface LoopBack10	interface LoopBack10
ip binding vpn-instance RT-VPN	ip binding vpn-instance RT-VPN
ip address 10.100.12.1 255.255.255.0	ip address 10.100.12.1 255.255.255.0
#	#
interface LoopBack20	interface LoopBack20
	ip binding vpn-instance NRT-VPN
ip address 10.100.22.1 255.255.255.0	ip address 10.100.22.1 255.255.255.0
#	#
interface GigabitEthernet0/0	interface GigabitEthernet0/0
ip address 10.16.18.22 255.255.255.252	ip address 10.16.18.22 255.255.255.252
mpls enable	mpls enable
mpls ldp enable	mpls ldp enable
#	#
interface GigabitEthernet0/1	interface GigabitEthernet0/1
ip address 10.16.18.26 255.255.255.0	ip address 10.16.18.26 255.255.255.252
	ospf cost 10
	mpls enable
mpls ldp enable	mpls ldp enable
#	#
interface GigabitEthernet0/2	interface GigabitEthernet0/2
ip address 10.0.1.1 255.255.255.252	ip address 10.0.1.1 255.255.255.252
mpls enable	mpls enable
#	#
bgp 65130	bgp 65130
	router-id 10.16.28.4
peer 10.0.1.2 as-number 65040	peer 10.0.1.2 as-number 65400

续表

预配置	正确配置
peer 10.16.28.6 as-number 65130	peer 10.16.28.6 as-number 65130
#	#
address-family vpnv4	address-family vpnv4
	undo policy vpn-target
peer 10.0.1.2 enable	peer 10.0.1.2 enable
peer 10.16.28.6 enable	peer 10.16.28.6 enable
#	#
ip vpn-instance NRT-VPN	ip vpn-instance NRT-VPN
#	#
address-family ipv4 unicast	address-family ipv4 unicast
network 10.100.22.0 255.255.255.0	network 10.100.22.0 255.255.255.0
#	#
ip vpn-instance RT-VPN	ip vpn-instance RT-VPN
#	#
address-family ipv4 unicast	address-family ipv4 unicast
network 10.100.12.0 255.255.255.0	network 10.100.12.0 255.255.255.0
#	#
	line vty 0 4
	authentication-mode scheme
	protocol inbound ssh
	#
	snmp-agent
	snmp-agent community write private acl 2000
	snmp-agent community read public acl 2000
	snmp-agent sys-info version v2c
	snmp-agent target-host trap address
	udp-domain 10.16.28.1 params securityname
	public v2c
	#
	ssh server enable
	ssh server acl 2001
	#
	acl basic 2000
	rule 0 permit source 10.16.28.0 0.0.0.255

续表

预配置	正确配置
	rule 5 deny # acl basic 2001 rule 0 permit vpn-instance RT-VPN source 10.100.10.1 0 rule 5 permit vpn-instance NRT-VPN source 10.100.20.1 0 # role name disp rule 1 permit command display interface * # local-user test class manage password hash h6$Ty1qcADJ3OybIucB$4WJ6wlUEM7ozt6yX1Bludo96wWdHAXqnTFtiOr4rLpRh66LPwQavPEkRt/9na0O7SHmoFY/lKQdMBAl2tidtvg== service-type ssh authorization-attribute user-role disp #

sysname RR1
#
ospf 1
 area 0.0.0.0
  network 10.16.18.1 0.0.0.0
  network 10.16.18.10 0.0.0.0
  network 10.16.18.17 0.0.0.0
  network 10.16.28.5 0.0.0.0
 	
#
 mpls lsr-id 10.16.28.4
#
mpls ldp
 md5-authentication 10.16.28.3 cipher c3$AodYYqw+HGXpAWL2ABq+7j2QFJ12mw==
	sysname RR1
	#
	ospf 1
	 area 0.0.0.0
	  network 10.16.18.1 0.0.0.0
	  network 10.16.18.10 0.0.0.0
	  network 10.16.18.17 0.0.0.0
	  network 10.16.28.5 0.0.0.0
	  network 10.18.16.1 0.0.0.0
	#
	 mpls lsr-id 10.16.28.5
	#
	mpls ldp
	 md5-authentication 10.16.28.3 cipher c3$AodYYqw+HGXpAWL2ABq+7j2QFJ12mw==

续表

预配置	正确配置

#
interface LoopBack0
 ip address 10.16.28.5 255.255.255.252
#
interface GigabitEthernet0/0
 ip address 10.16.18.17 255.255.255.252
 mpls enable
 mpls ldp enable
#
interface GigabitEthernet0/1
 ip address 10.16.18.10 255.255.255.252
 mpls enable
 mpls ldp enable
#
interface GigabitEthernet0/2
 ip address 10.16.18.1 255.255.255.252
 mpls enable
 mpls ldp enable
#
bgp 65130
 group as1 internal
 peer as1 connect-interface LoopBack0
 peer 10.16.28.1 group as1
 peer 10.16.28.3 group as1
 peer 10.16.28.6 group as1
 #
 address-family vpnv4
  reflector cluster-id 10.16.28.5
  undo policy vpn-target
  peer as1 enable
 	
#
 sysname RR2
#
	#
	interface LoopBack0
	 ip address 10.16.28.5 255.255.255.255
	#
	interface GigabitEthernet0/0
	 ip address 10.16.18.17 255.255.255.252
	 mpls enable
	 mpls ldp enable
	#
	interface GigabitEthernet0/1
	 ip address 10.16.18.10 255.255.255.252
	 mpls enable
	 mpls ldp enable
	#
	interface GigabitEthernet0/2
	 ip address 10.18.16.1 255.255.255.252
	 mpls enable
	 mpls ldp enable
	#
	bgp 65130
	 group as1 internal
	 peer as1 connect-interface LoopBack0
	 peer 10.16.28.1 group as1
	 peer 10.16.28.3 group as1
	 peer 10.16.28.6 group as1
	 #
	 address-family vpnv4
	  reflector cluster-id 10.16.28.5
	  undo policy vpn-target
	  peer as1 enable
	  peer as1 reflect-client
	#
	 sysname RR2
	#

续表

预配置	正确配置
router id 10.16.28.3 # ospf 1 area 0.0.0.0 network 10.16.18.14 0.0.0.0 network 10.16.18.21 0.0.0.0 network 10.16.28.6 0.0.0.0 network 10.18.16.2 0.0.0.0 # mpls lsr-id 10.16.28.6 # mpls ldp # interface LoopBack0 ip address 10.16.28.6 255.255.255.255 # interface GigabitEthernet0/0 ip address 10.16.18.21 255.255.255.252 mpls enable # interface GigabitEthernet0/1 ip address 10.16.18.14 255.255.255.252 mpls enable mpls ldp enable # interface GigabitEthernet0/2 ip address 10.18.16.2 255.255.255.252 mpls enable mpls ldp enable # bgp 65130 group as1 internal	router id 10.16.28.3 # ospf 1 router-id 10.16.28.6 area 0.0.0.0 network 10.16.18.14 0.0.0.0 network 10.16.18.21 0.0.0.0 network 10.16.28.6 0.0.0.0 network 10.18.16.2 0.0.0.0 # mpls lsr-id 10.16.28.6 # mpls ldp # interface LoopBack0 ip address 10.16.28.6 255.255.255.255 # interface GigabitEthernet0/0 ip address 10.16.18.21 255.255.255.252 mpls enable mpls ldp enable # interface GigabitEthernet0/1 ip address 10.16.18.14 255.255.255.252 mpls enable mpls ldp enable # interface GigabitEthernet0/2 ip address 10.18.16.2 255.255.255.252 mpls enable mpls ldp enable # bgp 65130 router-id 10.16.28.6 group as1 internal

续表

预配置	正确配置
peer as1 connect-interface LoopBack0 peer 10.16.28.2 group as1 peer 10.16.28.4 group as1 peer 10.16.28.5 group as1 # address-family vpnv4 reflector cluster-id 10.16.28.5 peer as1 enable peer as1 reflect-client #	peer as1 connect-interface LoopBack0 peer 10.16.28.2 group as1 peer 10.16.28.4 group as1 peer 10.16.28.5 group as1 # address-family vpnv4 reflector cluster-id 10.16.28.6 undo policy vpn-target peer as1 enable peer as1 reflect-client #
sysname CE2 # ip vpn-instance NRT-VPN route-distinguisher 65400:200 vpn-target 65400:200 import-extcommunity vpn-target 65400:200 export-extcommunity # ip vpn-instance RT-VPN route-distinguisher 65400:100 vpn-target 65400:100 import-extcommunity vpn-target 65400:100 export-extcommunity # mpls lsr-id 10.16.28.6 # interface LoopBack10 ip address 10.100.13.1 255.255.255.0 # interface LoopBack20 ip address 10.100.23.1 255.255.255.0	sysname CE2 # ip vpn-instance NRT-VPN route-distinguisher 65400:200 vpn-target 65130:200 65130:201 import-extcommunity vpn-target 65130:201 export-extcommunity # ip vpn-instance RT-VPN route-distinguisher 65400:100 vpn-target 65130:100 65130:101 import-extcommunity vpn-target 65130:101 export-extcommunity # mpls lsr-id 10.16.28.6 # interface LoopBack10 ip binding vpn-instance RT-VPN ip address 10.100.13.1 255.255.255.0 # interface LoopBack20 ip binding vpn-instance NRT-VPN ip address 10.100.23.1 255.255.255.0

续表

预配置	正确配置
#	#
interface GigabitEthernet0/1	interface GigabitEthernet0/1
ip address 10.0.0.1 255.255.255.252	ip address 10.0.0.1 255.255.255.252
mpls enable	mpls enable
#	#
interface GigabitEthernet0/2	interface GigabitEthernet0/2
ip address 10.0.1.2 255.255.255.252	ip address 10.0.1.2 255.255.255.252
mpls enable	mpls enable
#	#
bgp 65400	bgp 65400
group as2 external	group as2 external
peer as2 as-number 65130	peer as2 as-number 65130
peer 10.0.0.1 group as2	peer 10.0.0.2 group as2
peer 10.0.1.2 group as2	peer 10.0.1.1 group as2
#	#
address-family vpnv4	address-family vpnv4
peer as2 enable	peer as2 enable
	peer 10.0.0.2 route-policy lo2 import
	peer 10.0.0.2 route-policy mm1 export
	peer 10.0.1.1 route-policy lo1 import
	peer 10.0.1.1 route-policy mm2 export
#	#
ip vpn-instance NRT-VPN	ip vpn-instance NRT-VPN
#	#
address-family ipv4 unicast	address-family ipv4 unicast
network 10.100.23.0 255.255.255.0	network 10.100.23.0 255.255.255.0
#	#
ip vpn-instance RT-VPN	ip vpn-instance RT-VPN
#	#
address-family ipv4 unicast	address-family ipv4 unicast
network 10.100.13.0 255.255.255.0	network 10.100.13.0 255.255.255.0
#	#
	route-policy lo1 permit node 10
	if-match ip address prefix-list a1

续表

预配置	正确配置
	apply local-preference 200 # route-policy lo1 permit node 20 # route-policy lo2 permit node 1 if-match ip address prefix-list a2 apply local-preference 200 # route-policy lo2 permit node 20 # route-policy mm1 permit node 10 if-match ip address prefix-list b1 apply cost 200 # route-policy mm1 permit node 20 # route-policy mm2 permit node 10 if-match ip address prefix-list b2 apply cost 200 # route-policy mm2 permit node 20 # ip prefix-list a1 index 10 permit 10.100.10.0 24 ip prefix-list a1 index 20 permit 10.100.11.0 24 ip prefix-list a1 index 30 permit 10.100.12.0 24 ip prefix-list a2 index 10 permit 10.100.20.0 24 ip prefix-list a2 index 20 permit 10.100.21.0 24 ip prefix-list a2 index 30 permit 10.100.22.0 24 ip prefix-list b1 index 10 permit 10.100.13.0 24 ip prefix-list b2 index 10 permit 10.100.23.0 24 #

交换机 CE1 参考配置如下：

```
 sysname CE1
#
ip vpn-instance NRT-VPN
 route-distinguisher 65130:200
#
ip vpn-instance RT-VPN
 route-distinguisher 65130:100
#
vlan 10
#
vlan 20
#
interface Vlan-interface10
 ip binding vpn-instance RT-VPN
 ip address 10.100.10.1 255.255.255.0
#
interface Vlan-interface20
 ip binding vpn-instance NRT-VPN
 ip address 10.100.20.1 255.255.255.0
#
interface GigabitEthernet1/0/1
 port link-mode bridge
 port link-type trunk
 undo port trunk permit vlan 1
```

```
 port trunk permit vlan 10 20
#
interface GigabitEthernet1/0/2
 port link-mode bridge
 port link-type trunk
 undo port trunk permit vlan 1
 port trunk permit vlan 10 20
#
 ip route-static vpn-instance RT-VPN 0.0.0.0 0 10.100.10.254
 ip route-static vpn-instance NRT-VPN 0.0.0.0 0 10.100.20.254
#
```

交换机 SW 参考配置如下：

空闲端口关闭配置省略，可使用 interface range 进行批量操作

```
 sysname SW
#
vlan 10
#
vlan 20
#
interface GigabitEthernet1/0/1
 port link-mode bridge
 port link-type trunk
 undo port trunk permit vlan 1
 port trunk permit vlan 10 20
#
```

```
interface GigabitEthernet1/0/2
 port link-mode bridge
 port access vlan 10
#
interface GigabitEthernet1/0/3
 port link-mode bridge
 port access vlan 20
#
```

9.10 竞赛实操解题思路

9.10.1 第一步：前期准备

（1）打开消息中心（terminal monitor，info enable），以便网络发生变化或明显的故障时，能直接通过终端上显示的日志信息及时发现。

（2）查看是否配置了过滤报文的 ACL（display acl all）。

（3）配置 VTY 不超时（idle-timeout 0），配置后不需要退出重连。如果不配置此步，那么 VTY 超时后需要重新配置 terminal monitor 才会显示日志信息。需要注意的是，这一步骤只在竞赛中才使用。在日常生产运维过程中不要使用该命令，以免造成网络安全问题。

9.10.2 第二步：接口物理故障排查

当发现物理接口为 DOWN 时，按照下列步骤开展检查：

（1）检查两侧端口配置，对于 2M 口检查两侧时隙配置是否一致，是否配置了环回；对于网口检查速率配置是否一致；对于 combo 口检查是否启用了正确的端口类型。

（2）配置检查没问题后，如果端口还无法正常工作，则按照下列步骤进行现场排查：

1）2M 口。当物理层 DOWN 时检查线缆有没有接好，收发有无接反，如果都检查不出来则在一侧打硬环进行检查；当协议层 DOWN 时先去除 PPP 验证，然后检查是否有环回，最后再加回 PPP 验证。

2）光口。物理层 DOWN 时使用光功率计，找到发光端口对应尾纤，检查收光是否正常。如果有光衰，则测量收光时必须要连同光衰一起测量。另外有一个小技巧是，在测到收光后，还要再拔掉发光模块的尾纤，看收光是否消失，以确保测试的是目标链路的尾纤（避免拔错尾纤进行测试）。如果测试不正常则更换尾纤或模块。

3）电口。物理层 DOWN 时使用网线测试仪检查相应网线是否正常。

9.10.3 第三步：检查协议状态

排查协议方面的故障时，所有协议先查看配置，再检查状态。即先排查配置命令上显而易见的错误，再去检查协议的运行状态。

◆ OSPF 检查

（1）使用 display cur con ospf 命令查看配置，如果有私网 OSPF 则检查是否绑定 VRF 及是否引入了 BGP。

（2）使用 display ospf interface 命令检查端口是否被宣告、Router ID 是否正确、接口网络类型是否正确。

（3）使用 display ospf peer 命令检查邻居建立是否成功。

◆ MPLS 检查

（1）使用 display mpls ldp peer 命令检查 LDP 邻居是否正常。

（2）使用 display mpls lsp 命令检查环回口的 LSP 是否建立。顺便检查环回口掩码是否为 32 位。

◆ BGP 检查

（1）使用 display cur con bgp 命令先检查 RR 的 BGP 配置，查看是否配置了 undo policy vpn-target 以及 peer ×.×.×.× reflect-client。如果配置了 cluster-id，则检查是否与本地的 Router ID 一致。

（2）使用 display cur con bgp 命令查看每台设备的 BGP 配置，检查是否配置了 router-policy 并记录。

（3）使用 display bgp peer vpnv4 命令检查邻居状态是否建立以及 Router ID 是否正确。从 RR 开始，依次对每台设备进行检查。

（4）检查 RT 以及路由过滤的配置，验证路由是否学习。

9.10.4 第四步：特定场景的配置检查

如果启用了 MCE，检查是否配置了 vpn-instance-capability simple。

在 MP-BGP 跨域场景下，如果使用 option B 方式进行跨域互联，则检查互联端口是否启用了 MPLS；如果使用 option A 方式进行跨域互联，则检查互联子接口是否配置了 vlan-type。需要注意的是，以太网子接口必须关联 VLAN 才能收发报文。

9.10.5 其他检查命令

（1）检查链路连通性以及 MTU 值（可指定 size 为 1472，指定跳数或出接口：ping -h 1 192.168.1.1 或 ping -i g0/1 192.168.1.1。ping 直连时推荐指定接口）。

（2）对于广域网链路，重新配置后要关闭再打开，以便使配置生效。

（3）跨域时查看 BGP 的 LSP 使用命令 display bgp routing-table vpnv4 inlabel（注意是查看入标签）。

（4）对于子接口，检查是否配置 vlan-type，同时 vlan-type 是否与对端 VLAN 号一致（vlan-type 可能与子接口编号不同，不要搞混）。

参考文献

［1］ 中国南方电网有限责任公司系统运行部 . 南方电网数据网络技术规范：Q/CSG 1204016.1—2016［S］. 北京：中国电力出版社，2016.

［2］ 全国电网运行与控制标准化技术委员会 . 电力调度数据网技术规范：DL/T 1306—2013［S］. 北京：中国电力出版社，2013.

［3］ 全国电网运行与控制标准化技术委员会 . 电力调度自动化系统运行管理规程：DL/T 516—2006［S］. 北京：中国电力出版社，2006.

［4］ 中国南方电网有限责任公司系统运行部 . 南方电网通信网络生产应用接口技术规范：Q/CSG 1204012—2016［S］. 北京：中国电力出版社，2016.

［5］ 国家发展和改革委员会令（2014 年第 14 号）. 电力监控系统安全防护规定［S］.

［6］ 杭州华三通信技术有限公司 . 根叔的云图［M］. 北京：清华大学出版社，2016.

［7］ Charles E. Spurgeon，Joann Zimmerman，斯珀吉翁，等 . 以太网权威指南［M］. 北京：人民邮电出版社，2016.

［8］ Diane Teare.CCNP ROUTE（642-902）学习指南［M］. 北京：人民邮电出版社，2011.

［9］ 新华三大学 . 路由交换技术详解与实践［M］. 北京：清华大学出版社，2018.

[10] 孙学康，毛京丽 . SDH 技术 [M] . 第 3 版 . 北京：人民邮电出版社，2015.

[11] 孙占江，黄璐，刘猛，等 . 网络大爬虫第一期（交换专题）[EB/OL] .(2009) .http://www.h3c.com/cn/Service/Document_Software/TechnicalInfo/PorductMaintanInfo/Tech_Column/Crawl/Crawl/The_One/.

[12] 朱皓，陈旭盛，苏艳梅，等 . 网络大爬虫第二期（OSPF 专题）[EB/OL] .（2009）.http://www.h3c.com/cn/Service/Document_Software/TechnicalInfo/PorductMaintanInfo/Tech_Column/Crawl/Crawl/The_Two/.

[13] 叶翀，程锋章，陈磊，等 . 网络大爬虫第三期（BGP 专题）[EB/OL] .（2010）.http://www.h3c.com/cn/Service/Document_Software/TechnicalInfo/PorductMaintanInfo/Tech_Column/Crawl/Crawl/The_Three/.

[14] 余卉，胡国华，史计达，等 . 网络大爬虫第四期（QoS 专题）[EB/OL] .（2011）.http://www.h3c.com/cn/Service/Document_Software/TechnicalInfo/PorductMaintanInfo/Tech_Column/Crawl/Crawl/The_Four/.

[15] 邹旭东，陆强，蔡金龙，等 . 网络大爬虫第六期（MPLS 专题）[EB/OL] .（2012）.http://www.h3c.com/cn/Service/Document_Software/TechnicalInfo/PorductMaintanInfo/Tech_Column/Crawl/Crawl/The_Six/.